HAISHANG YOUTIAN HANJUHEWU WUSHUI
HUIZHU CHUCENG BAOHU JISHU

海上油田含聚合物污水回注储层保护技术

刘义刚　陈华兴　著

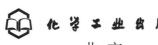

化学工业出版社

·北京·

本书以中国海上主力聚合物驱油田含聚合物污水回注过程暴露出的系列问题为基础，系统介绍了海上油田含聚合物污水处理现状、回注目的层储层地质特征、含聚合物污水结垢机理以及回注地层的堵塞机理、储层保护及解堵增注技术研究应用等方面内容。

　　本书可作为海洋石油开发生产专业技术人员、技术管理人员以及石油院校相关专业的师生阅读参考。

图书在版编目（CIP）数据

　　海上油田含聚合物污水回注储层保护技术 / 刘义刚，陈华兴著. —北京：化学工业出版社，2018.3

　　ISBN 978-7-122-31471-0

　　Ⅰ.①海⋯　Ⅱ.①刘⋯　②陈⋯　Ⅲ.①海上油气田-高聚物-污水回注-储层保护　Ⅳ.①TE53

　　中国版本图书馆 CIP 数据核字（2018）第 020135 号

责任编辑：李晓红　　　　　　　　　　　装帧设计：王晓宇
责任校对：宋　玮

出版发行：化学工业出版社（北京市东城区青年湖南街 13 号　邮政编码 100011）
印　　刷：三河市航远印刷有限公司
装　　订：三河市瞰发装订厂
710mm×1000mm　1/16　印张 15½　字数 292 千字　　2018 年 5 月北京第 1 版第 1 次印刷

购书咨询：010-64518888（传真：010-64519680）　售后服务：010-64519661
网　　址：http://www.cip.com.cn
凡购买本书，如有缺损质量问题，本社销售中心负责调换。

定　　价：88.00 元

前言
FOREWORD

　　中国海上油田稠油资源丰富，提高采收率潜力巨大。海上稠油采收率每增加1%，就相当于发现了一个亿吨级地质储量的大油田。由于海上稠油油田储层疏松、原油黏度高与密度大、注入水水源复杂、油层厚和井距大，特别是受平台空间狭小等海洋工程条件的影响，陆地油田许多成熟技术无法直接照搬到海上稠油油田开发。自 2003 年海上油田创新应用聚合物驱油技术至今，形成了一系列海上油田化学驱生产规律认识，聚合物驱油田达到 3 个，包括绥中 36-1 油田、旅大 10-1 油田和锦州 9-3 油田，取得了聚合物驱累积增油超过 515 万立方米的良好效果，其中，绥中 36-1 油田已建成全球最大的海上聚合物驱示范油田。尽管取得了上述成功，但也发现和暴露出含聚合物污水（以下简称含聚污水）水质变差、达标处理难、注水井注入压力高、欠注井比例高、欠注量大、注水井解堵措施有效期短、层间矛盾突出等制约海上油田化学驱油技术推广应用的关键技术瓶颈，对这些问题的解决是渤海油田完成"十三五"期间"保增长"目标中不可或缺的重要组成部分。

　　聚合物注入储层除具有驱油功效外，必然会与储层孔隙流体、储层敏感性矿物、地层微粒等发生物理、化学、物理化学反应，储层孔隙结构参数发生改变，影响油水渗流规律与特征；其次是聚合物大量注入储层，在驱油的同时也伴随着地下流体进入油井被采出，使采出液由油/水二元体系转变为油/水/聚合物三元体系导致油田污水含有一定浓度的产出聚合物，即形成了含聚污水，其性质与普通水驱油田生产污水存在较大差异。将含聚污水处理达标后回注地层既是油田注水开发对水源的实际需求，也是海上油田实现零排放、"绿色油田"建设的强制性规定。但是，聚合物驱采出液处理是一个带有普遍性的世界难题，在处理流程停留时间短和无联合站可用的海上平台，与其他作业措施交织在一起，处理难度更大，问题更加复杂，处理后的含聚污水水质相比常规采油污水显著恶化，注入储层必然要与储层岩石、流体发生各种物理化学作用，从而导致储层渗透率降低，使储层受到伤害。目前，渤海注聚合物油田含聚污水日总量高达 6.7 万立方米，随着注聚合物的扩大化，今后含聚污水的产量和产出污水中聚合物的浓度等也会逐步升高。

　　本书以海上聚合物驱油田含聚污水回注储层过程中暴露出的系列问题为研究对象，在系统分析储层地质特征的基础上，建立含聚污水配伍性实验评价方法与含聚污水水质准确测定方法，指导应用于现场的水质监测，提升了现场的水质科学管理水平。同时，本书还研究含聚污水与普通污水结垢机理的差异，探讨了产出聚合物对结垢形态的调控机理，明确含聚污水回注对储层的伤害机理，总结含聚污水回注井与常规水源注入井吸水规律的差异，分析欠注井的堵塞物类型和堵塞范围，针对性地提出储层保护技术措施和解堵增注技术，并开展了现场试验应用，取得了良好效果。

　　海上油田含聚污水无论是处理技术还是回注地层保护技术，都属于全新的课题和难题，本书虽参考了大量文献资料，并开展了大量的实验，但由于我们编著水平有限，书中难免有欠妥之处，敬请读者批评指正。

编　者

2018 年 2 月

目录
CONTENTS

第一章　海上油田含聚污水回注技术现状

中国海上已发现原油地质储量 47 亿立方米，其中 32.9 亿立方米为稠油，占 70%；目前已动用稠油储量约 16.5 亿立方米，稠油油田水驱采收率标定为 20%，相对于陆地类似油田，提高采收率潜力巨大。海上稠油采收率每增加 1%，就相当于发现了一个亿吨级地质储量的大油田。因此，中国海上油田的提高采收率技术和高速高效开发技术对确保国民经济的长期可持续发展和缓解石油供需矛盾，支持国民经济建设意义重大。

海上油田由于隔层海水，需要采用平台开发，成本高，工程建设难度大，平台寿命短，一般为 20～25 年，空间狭小，生产污水在平台上停留时间一般不超过 2h，因此陆地油田许多成熟技术无法直接用到海上稠油油田开发。海上油田必须在较短时间内，提高采油速度，达到最大采收率。

聚合物驱油是油田进入中高含水期进一步提高采收率采取的有效方式之一，具有明显的降水增油效果。中海油于 2003 年进行聚合物驱先导性试验，截至 2015 年 12 月底已经进行了绥中 36-1、旅大 10-1 和锦州 9-3 三个油田共计 44 口井实施注聚，一线注聚受效采油井 187 口，动用地质储量达 1.4 亿吨。三个油田将实现年度增油 98 万立方米，累积增油超过 515 万立方米，注聚提高采收率 3.2%，初步建成了海上稠油油田化学驱油高效开发示范基地。十三五期间，海上油田注聚规模还将进一步扩大。

聚合物大量注入储层，部分聚合物通过降解/剪切等作用后从生产井产出，形成含聚采出液，其性质和成分相比水驱采油产出液更为复杂，具有黏度大、含油量高、原油油珠小、乳化严重、油水处理药剂用量大、伴生含聚油泥堵塞污水处理设备等特征，处理难度更大，处理成本更高，因此，聚驱采出液处理是一个带有普遍性的世界难题。由于海上平台空间及承载有限，使得聚驱采出液在油水处理流程停留时间短，另外，目前海上聚驱油田的油水处理设备是先期 ODP 阶段设计建造的用于处理常规水驱采出液的"斜板除油器+气浮装置+核桃壳过滤器（或双介质过滤器）"三级处理工艺，聚合物采出液的出现，或多或少造成现有油水处理流程、处理设备、处理药剂不适应，工艺处理效能逐步降低。

为实现注采平衡以及兼顾污水排放，海上绝大部分注水开发油田采取了将处理后的生产污水全部回注储层，水量不足则补充一定量浅层水源水或海水，即清污混注的注水开发方式。但实际运行中，水源水或海水和处理后的生产污水混合后常发生不配伍现象，含聚污水中由于含有一定浓度的产出聚合物，势必对清污混注配伍性产生更复杂的影响。目前，渤海三个注聚油田含聚污水处理总量高达 6.2 万方/天，占注水总量的 75.6%，其余水量由采自馆陶组的浅层水源水补充。含聚污水处理得当是资源，处理不妥则是污染源，如果处理后的含聚污水水质不达标则会造成注水地层污染，宏观表现为注入压力高、注不进，常规解决方法只有酸化解堵，但频繁的酸化作业不仅使采油成本增加，并且会导致地层伤害更为复杂。随着注聚扩大化的逐步开展，今后含聚污水的产量和产出污水中聚合物的浓度等也会逐步升高，地面处理负荷将越来越大，含聚污水注水水质达标难度也将越来越大，含聚污水回注地层造成的储层伤害机理将越来越复杂。因此，将含聚污水按照"安全、环保、经济"六字方针回注储层既是油田注水开发对水源的切实需求，也是海上油田实现零排放、"绿色油田"建设的强制性规定。

安全注水：满足油田配注要求情况下，实施低压注水，注水管汇和地层不破裂，通过有效调控注水水质，研发有效的降压增注措施，确保含聚污水零排放、无事故的全面回注。目前，聚驱油田部分含聚污水回注井欠注、注入压力高的现象存在着多种弊端：①注入压力高，设备运行能源消耗量大，浪费能源；②采油平台注水流程高压运行，安全隐患大；③严重影响开发效果，无法实现油田高效快速开发。因此，为了高效快速开发海上注聚油田，必须对注水水质进行全面调控，并进行解堵作业以改善储层吸水能力，降低注入压力。

环保注水：含聚污水含油率高、乳化严重、伴生油泥等，常规处理方法是通过加入各种药剂进行破乳、絮凝等处理，最终形成难以处理的中间层和大量的伴生油泥，这样既浪费资源，又形成新的环境污染源，而海上油田无时间和空间来处理这类污染物。因而，从源头避免含聚油泥出现是实施环保注水的必然要求。

经济注水：含聚污水对设备堵塞严重，造成处理流程非常脆弱，水处理效率低；解堵频次增加，解堵有效期短；破乳剂、清水剂等主要处理剂用量增大，且对药剂的依赖性更加明显，导致处理后的含聚污水含油等主控水质指标大幅度提高，达不到回注的标准。遵循将产出聚合物不絮凝，溶解于水中形成均相溶液的原则，确保回注水质达标，不但不会造成堵塞，产出聚合物回注还可再次利用，变废为宝，有利于提高水驱油效率，降低解堵作业的频率。

第一节　聚合物驱油技术发展历程与产出液处理技术现状

聚合物驱油技术是三次采油技术中的一种，主要是通过向注入水中加入一定浓度的分子量大小一般在千万以上的聚合物，实现注入水的黏度增加，从而改善原油与水的流度比，抑制油井含水率的快速上升，提高采出液中原油的比例，达到提高原油采收率的目的，具有很好的经济效益。聚合物驱研究始于20世纪50年代末，美国于1964年开始先导性试验，20世纪60~80年代开展了多个聚合物驱研究项目。加拿大、法国、德国、俄罗斯、罗马尼亚等国也先后尝试了聚合物驱的矿场试验，取得了一定效果。

20世纪80年代后期，由于油价下跌和税收优惠政策的出台，聚合物驱矿场项目持续减少，但聚合物驱的研究一直没有停止过。包括新型聚合物的开发、驱油机理的认识、聚合物驱的界限条件、注入设备的改进、小型矿场试验。法国石油研究院1994年在加拿大进行了一次水平井的聚合物驱试验，地层的原油黏度达到2000mPa·s，扩大了聚合物驱在井型和井网以及原油黏度方面的应用范围。

我国陆上油田聚合物驱研究于1984年开始陆续与日本、英国、美国、法国合作，将引进国外先进技术与国内科技攻关及现场试验结合起来，从基础实验、先导试验、扩大试验到工业化试验，逐步形成了较为完整的聚合物驱配套技术。形成了包括室内实验、精细油藏描述、方案设计决策、注采工艺优化、动态监测调整、效果综合评价等聚合物驱配套技术。在大庆、大港、胜利、南阳等油田的矿场试验表明，聚合物驱比水驱的采收率提高10%~12%。1996年，以聚合物驱为代表的强化采油技术进入了工业化应用阶段。大庆油田聚合物驱年产油量在1200万吨以上，胜利油田聚合物驱年产油量也在400万吨以上，有效地遏制了原油产量递减的趋势，为维持我国原油产量稳定作出了突出贡献。

然而，随着聚合物驱应用规模的扩大，大量聚合物注入地层，经地层降解、剪切后，部分聚合物随污水产出地面，形成了含聚污水。与水驱采油污水的水质条件相比，聚合物驱采油污水中不仅含油量高而且含有大量的聚合物，使得含聚合物的含油污水成为一种复杂的油水体系，采出液黏度增大，原油乳化严重，油水很难靠自然沉降分离，其较普通水驱采出液更加难以处理，因此聚合物的存在严重影响了污水处理效果。含聚污水主要特征如下：①采出水中含有聚合物，会使含油污水的黏度成倍增加(通常增加4~6倍以上)，油水乳化程度和强度增高，油水分离速度减慢；同时会增大水中胶体颗粒的稳定性，使污水处理所需的自然沉降时间增长。②聚合物属亲水性表面活性剂，对W/O型乳状液具有一定的破坏作用，阻碍W/O型乳状液的生成，却有助于O/W型乳状液的生成，因而增加了处理难度，使处理后的污水中油含量较高。③由于阴离子型聚合物的存在严重干扰了絮凝剂的使用效果，使絮凝作用变差，大大增加了药剂的用量。含聚合物后，含油污水处理的总体效果变差，处理后的水质达不到原有水质标准，油含量、悬浮固体含量严重超标。④由于聚合物吸附性较强，携带的泥沙量较大，大大缩短了反冲洗周期，增加了反冲洗工作量；同时由于泥沙量增大，要求污水处理各工艺环节排泥设施必须得当，必要时需增加污泥处理环节。

含油污水处理的方法有物理方法和化学方法，但在生产实践过程中两种方法往往结合应用，通常由几种方法组合起来，形成多级处理工艺。物理除油法的主要优点是不会对海洋环境造成污染。但仅凭物理方法进行除油，很难在有限的时间和空间内将石油开采过程中的污水全部处理达标。化学除油法可以根据不同的油田和处理设备，投加不同的清水剂、浮选剂等化学药剂，以破除乳化或形成絮团上浮，有效增强除油效果。而且根据污水处理量和处理难度的不同，也可以有针对性地调整化学药剂注入量，以适应处理需求。经过投加化学药剂，联合物理除油法一起使用，一般可以将污水含油值降低到规定标准。对于化学药剂的使用，一方面是合理控制药量，另一方面是不断努力研发环保型清水药剂，以实现环保作业的理念。

目前含油污水处理方法主要有沉降法、混凝法、气浮法、过滤法、生物处理法、旋流器法等。各种方法都有自身所适用的相应设备。海上污水处理的总原则是：利用最小的空间和最少的设备，在投加尽量少的化学药剂的情况下完成污水处理，保证污水处理合格。

1. 沉降除油

沉降除油主要用于除去浮油及部分粒径较大的分散油。在油水混合物中，油珠由于相对密度小而上浮，水下沉，经过一段时间后，油与水就分离出来。顶部的污油撇入污油回收装置中，其余的污水进入下一级污水处理装置中进行深入处理。

油珠的上浮速度可用下面的公式来计算：

$$W = \beta(\rho_w - \rho_o)d_o^2 g / (18\mu\psi) \tag{1-1}$$

式中　W——油珠上升速度，m/s；

　　　β——污水中油珠的上浮速度降低系数取 β=0.95；

　　　ρ_w——污水密度，kg/m^3；

　　　ρ_o——油密度，kg/m^3；

　　　g——重力加速度，m/s^2；

d_o——油珠直径，m；

μ——污水的动力黏度系数，kg/(m·s)；

ψ——考虑水流不均匀、紊流等因素的修正系数，一般取 $\psi=1.35\sim1.50$。

沉降法除油的特点：能除去直径较大的油珠；一般在沉降罐、沉降舱等中进行；能够处理的污水量一般比较大，最适合应用于污水处理前几道工序。但由于油水密度的天然差异，沉降除油的原理可以贯穿于整个污水处理的全部过程。

作为首道工序，比重除油效果的好坏直接影响着后续除油处理的质量。由于含油污水中的原油大量以乳化油的形式存在，单纯的比重除油难以将原油全部除去。因此，在的污水处理流程中，比重除油的同时一般也投加一定量的化学药剂来破除乳化，以辅助提高除油效果。

2. 气浮法除油

气浮法除油就是向污水中通入或在污水中产生微细气泡，使污水中的乳化油或细小的固体颗粒吸附在气泡上，随气泡一起上浮到水面，然后采用机械的方法撇除，达到油水分离的目的。气浮法除油按采用的供气方式不同又可分溶气气浮法、电解凝聚气浮法、机械碎细气浮法等，见图1-1。各种方法简单介绍如下。

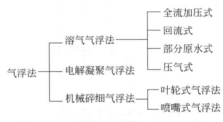

图 1-1　气浮法除油简单分类示意图

（1）溶气气浮法

溶气气浮是使气体在一定压力下溶于含油污水中，并达到饱和状态，然后再突然减压，使溶于水中的气体以微小气泡的形式从水中逸出的气浮方法。

（2）电解凝聚气浮法

电解凝聚气浮法是把含有电解质的污水作为被电解的介质，在污水中通入电流，利用通电过程的氧化还原反应使其被电解形成微小气泡，进而利用气泡上浮作用完成的气浮分离。这种方法不仅能使污水中的微小固体颗粒和乳化油得到净化，而且对水中的一些金属离子和有机物也有净化作用。

（3）机械碎细气浮法

机械碎细气浮法是海上油田应用较广泛的方法。它是采用机械混合的方法把气泡分散于水中，以进行气浮的除油方法。

① 叶轮式气浮法　在叶轮式气浮装置的运行中，污水流入水罐，叶轮旋转产生的低压使水流入叶轮。叶轮旋转起到泵的作用，把水通过叶轮周围的环形微孔板甩出。于是装叶轮的立管形成了真空，使气从水层上的气顶入立管，同时水也进入立管，水气混合，一起被高速甩出。当混合流体通过微孔板时，剪切力将气体破碎为微细气泡。气泡在上浮过程中附着到油滴和固体颗粒上。气泡冒出水面，油和固体颗粒留在水面，形成的泡沫不断地被缓慢旋转的刮板刮出槽外，气体又开始循环。

② 喷嘴式气浮法　喷嘴式气浮装置的结构与叶轮式气浮装置类似，大多有 4个串联在一起的气浮室。喷嘴式气浮法的基本原理是利用水喷射泵，将含油污水作为喷射流体，当污水从喷嘴以高速喷出时，在喷嘴处形成低压区，造成真空，空气就被吸入到吸入室。喷嘴式气浮要求有 0.2MPa 以上的压力。当高速的污水流入混合段时，同时将吸入的空气带入混合段，并将空气剪切成微小气泡。在混合阶段，气泡与水相互混合，经扩散段进入浮选池。在气浮室，微小气泡上浮并逸出水面，同时将乳化油带至水面加以去除。

在喷嘴式气浮污水处理中，喷嘴是关键部件，在国内外喷嘴都是专利产品。喷嘴的设计原则要求喷嘴直径小于混合段的直径。这样，流体速度提高，压力升高，气体在水中的溶解度增大。

在喷嘴式气浮污水处理中，喷嘴的位置直接影响除油效果，喷嘴入水较深为好。另外，喷嘴与气浮室之间要有一段较长的管道，使水和气有充分接触混合的时间，增加溶气量，提高气浮效率。

国内外有关气浮法净化油田污水的理论研究和试验结果说明，除油效率随着气泡和油珠、固体颗粒接触效率和附着效率的提高而提高。气液接触时间延长可提高接触效率和附着效率，从而提高除油效率。增大油珠直径、减小气泡直径和提高气泡浓度既可以提高接触效率，又可以提高附着效率，因此是提高除油效率的重要措施。其他一些因素如温度、pH 值、矿化度、污水含油量和水中所含原油类型也都直接或间接地影响除油效率。因此，处理不同油田的污水，即使同样的设计，处理后的含油量也不同。同一个水源，采用不同的气浮法处理，处理后的水质也不一样。即使同一个水源，采用同样的气浮法处理，但随着污水物理性质的变化，处理后的水质也会发生变化。因此，必须搞清这些因素对除油效率的影响及它们之间的相互作用，从而采用针对性措施，提高气浮法净化油田污水的效率。

各种气浮法的特点可以归纳如下：

① 与油田污水的其他处理方法比较，气浮法具有停留时间短，处理速度快，

除油效率高和占地面积小等优点，适于海上油田污水处理。

② 各种气浮法各有其优缺点。气浮方法的选用要根据处理量、来水特点、出水水质要求、操作条件、动力消耗等因素进行综合分析比较，选用较适合的气浮污水净化方法。机械碎细气浮法是在油田污水处理中应用较广泛的污水净化方法。它晚于溶气气浮法出现，但其应用远比溶气气浮法更加广泛、高效。

③ 喷嘴式气浮法除油效率高，电耗低，结构紧凑，占地面积小，但对循环水的压力、水质和动力等条件要求较高，适于污水处理量小、水质要求不高、运行条件好的情况下采用。

④ 叶轮式气浮法溶气量大，溶气率都在 60%以上；停留时间短，仅为 4～5min；除油效率高；造价低，四级叶轮式气浮装置的除油效率相当于或高于单级溶气气浮装置，而其造价仅为前者的 60%；适于处理不同含油量的油田污水，但是入口含油量要求不能大于 2000mg/L。叶轮式气浮法是现在国内应用最为广泛的油田污水处理工艺。

⑤ 油田污水气浮处理工艺要与其他污水处理方法结合采用，如浮选剂、混凝剂和发泡剂等，可以大大提高气浮法的除油效率。

在阿曼 Sultanate 的一个油田含聚污水中，操作人员发现若含聚污水黏度增加 1.5～2mPa·s，气浮的处理性能会大大降低。含聚污水黏度降至某一值时，可以加强常规气浮设备的处理性能。最终，提出了机械方法（阀门处剪切）和化学方法（次氯酸钠）分解聚合物[1]。

渤海三大注聚油田含聚污水油水分离特征实验表明，增加气浮选剂浓度、气量，减小气泡尺寸能加强气浮对含聚污水的处理效率[2]。

为解决含聚污水处理药剂用量大的问题，在强化原油脱水药剂和工艺的同时，形成了在不加药剂的情况下将填料聚结和加压溶气气浮相结合的聚结气浮除油技术，去除含聚污水中的原油。污水经过亲油聚结填料时，材料表面的聚结性能使分散小油珠聚并，并借助气浮形成的微小气泡携带油珠上浮、分离。该技术在胜利孤岛油田进行了含聚污水除油工艺试验[3]，不投加化学药剂，通过聚结及溶气气浮等工艺处理后，可实现孤二联合站的进口含聚污水含油在 1980.0～3720.0mg/L 之间时，出水含油能稳定保持在 5.0mg/L 以下，达到了相关注水水质要求。

3. 离心分离法除油

离心分离法进行含油污水处理，是近期发展起来的一种方法，在我国海上油田有成功应用。其原理是利用油水密度的不同，使高速旋转的油水混合液产生高达几百倍重力加速度的离心力，受离心力的作用，密度大的水相向边缘运动，密度小的油相向中心聚集，从而将油水在很短的时间内彻底分开。利用离心原理分离油水的主要设备是水力旋流器，水力旋流器是用来将作为连续相的液体与作为分散相的固粒、液滴或气泡进行物理分离的设备。该方法具有体积小、质量轻、分离效果好、不易损件、安全可靠等优点，但高流速产生的紊流可能剪碎分散油，致使含油污水的二次乳化，因此在操作运行时，进出口必须保持较大的压差，对排液的控制要求和运行费用都较高。

4. 过滤法除油

过滤法除油就是通过滤料床的物理和化学作用来除去污水中的微小悬浮物和油珠，以及被杀菌剂杀死的细菌和藻类等。过滤法是一种用于含油污水深度处理的方法。污水经过自然沉降除油、化学药剂破乳除油、气浮除油之后，再经过滤进一步处理，就可达到污水排放或回注地层的标准。用于过滤的滤料有石英砂、无烟煤、核桃壳等。目前，海上用于过滤法除油的设备主要是核桃壳过滤器。过滤法除油一般是污水处理的最后一道工序。

过滤一方面是通过滤料的机械筛滤作用，把悬浮固体颗粒、油珠以及细菌和藻类等截留到滤料表面，或转到先前被截留在滤料内的絮凝体表面；另一方面，通过滤料的电化学特性把悬浮固体颗粒、油珠及细菌、藻类等吸附在滤料的表面上。影响吸附的因素主要有滤料颗粒、絮凝体和油珠的大小以及它们的黏着特性和剪切强度等物理因素，还与悬浮固体颗粒、油珠等的电化学特性有关。

5. 化学法除油

所谓化学除油法就是向污水中加入一定量的化学药剂，使乳化液破乳，微小油滴颗粒发生凝聚，油滴变大，上浮速度加快，以达到或加快油水分离的速度和提高油水分离的程度。

电泳试验表明，污水中的油珠带负电荷，因此只要加入水解后能形成正电荷的胶体物质，使其和油珠所带的负电荷中和，就能达到凝聚目的。化学药剂的注入量与污水水质有关，尤其与污水含油量和悬浮物含量有关。室内应评选出合适的化学药剂并确定最佳的加药量，然后根据现场试验进行上下调整，以确定现场的最佳使用浓度。

化学除油法的优点是能够很好地处理污水系统中难以被分离的乳化液（主要是水包油型乳化液）。根据处理设备和处理要求的不同，用于污水处理的化学药剂可以分为油系统清水剂（反相破乳剂）、水系统清水剂、浮选剂、絮凝剂等不同种类。从广义上讲，可以将所有达到清水目的的化学药剂通称为清水剂，其主要通过破乳性、絮凝性、浮选性、凝聚性形成微小絮团达到除油目的。这类清水剂按照化学组成分为无机清水剂、有机清水剂和微生物清水剂三类。

（1）无机清水剂

无机清水剂主要是铁盐、铝盐及其水解产物等低分子盐类以及无机高分子等聚合物，按分子量大小分为低分子和高分子清水剂。无机低分子清水剂包括硫酸铝、氯化铝、硫酸铁、氯化铁等，其优点是比较经济、用法简单，缺点是用量大、清水效果较差，而且絮渣量大。现常用的是无机高分子清水剂主要分为聚合铝类、聚合铁类、活性硅酸类和复合型四大类。如聚合氯化铝（PAC）和聚合硫酸铁（PFC）是使用较多的无机浮选剂，其作用机理通常有中和与架桥作用，类似于有机高分子聚合物，能够降低水中黏土、油分等胶体所带电荷，成为继明矾、硫酸铝之后混凝性能较好，使用范围较广的无机高分子混凝剂，在我国大部分炼油厂中应用广泛。

（2）有机清水剂

有机清水剂主要分为天然高分子和合成高分子两大类。天然高分子清水剂大体可分为淀粉衍生物、纤维素衍生物、甲壳素衍生物、植物胶改性产物、多糖类蛋白质改性产物等。这类化合物中含有羟基、酚羟基等多种活性基团，通过羟基的酯化、醚化、氧化、交联、接枝共聚等化学改性，其活性基团大大增加，对悬浮颗粒有更强的捕捉作用。改性天然高分子清水剂具有高效、无毒、廉价等优点。合成高分子清水剂包括聚丙烯酰胺、聚铵盐等，其中聚丙烯酰胺（PAM）应用最为广泛，占我国高分子絮凝剂合成量的86%，分子量在150万到800万之间，根据所带电荷不同可分为阳离子型、阴离子型、非离子型和两性离子型四种。

① 阳离子型　阳离子型清水剂指分子链上带有氨基、亚氨基或季铵基，无论在酸性、碱性和中性环境下都能保持带正电的性质。同种电荷的排斥作用使得分子链舒展，有利于分子的吸附及架桥作用。常用的阳离子型清水剂如阳离子化聚丙烯酰胺（CPAM）和聚二甲基二烯丙基氯化铵（PDADMA），分子结构如图1-2所示。

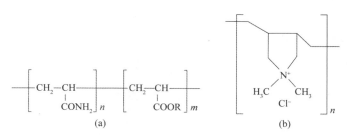

图1-2　阳离子化聚丙烯酰胺（a）和聚二甲基二烯丙基氯化铵（b）

② 阴离子型 阴离子型清水剂（图 1-3）的结构中带有 COONa 基团或 SO₃H 基团，如阴离子型水解聚丙烯酰胺（PHP），分子结构如图 1-3 所示，其分子量在 7×10^6 左右。由于分子结构上存在带负电的强亲水基团，因此可通过中和及吸附作用去除表面带正电的胶体颗粒。

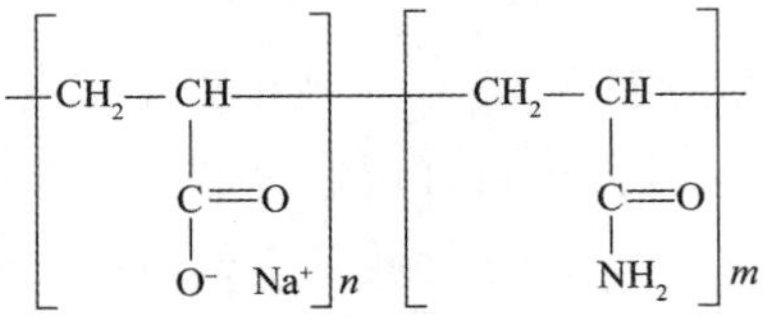

图 1-3 阴离子型水解聚丙烯酰胺

③ 非离子型 非离子型清水剂本身不带电，在水溶液中凭借质子化作用产生暂时性的电荷，可通过去水化和架桥作用将悬浮物除去，其相对分子量在 50 万～600 万之间，如聚丙烯酰胺（PAM），聚氧化乙烯（PEO）等，见图 1-4。

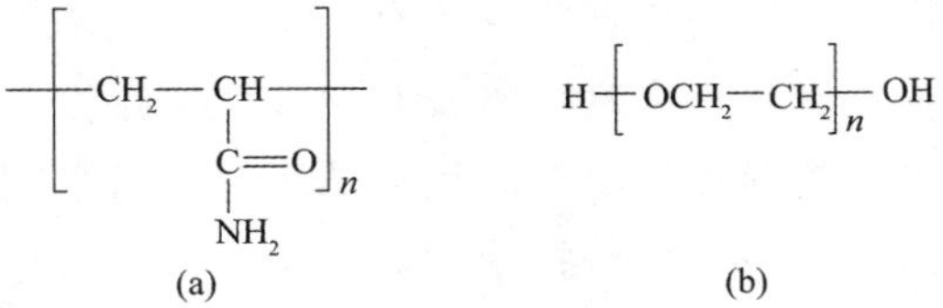

图 1-4 聚丙烯酰胺（a）和聚氧化乙烯（b）

④ 两性离子型 两性离子絮凝剂是在同一聚合物链上同时含有正电荷和负电荷两种官能团，兼具阴、阳离子的特点，不仅通过带电荷表现出中和及吸附架桥作用，而且具有分子结构的"缠绕"作用，适用于强酸、强碱介质中。如图 1-5 为代表的两性聚丙烯酰胺（APAM）类。

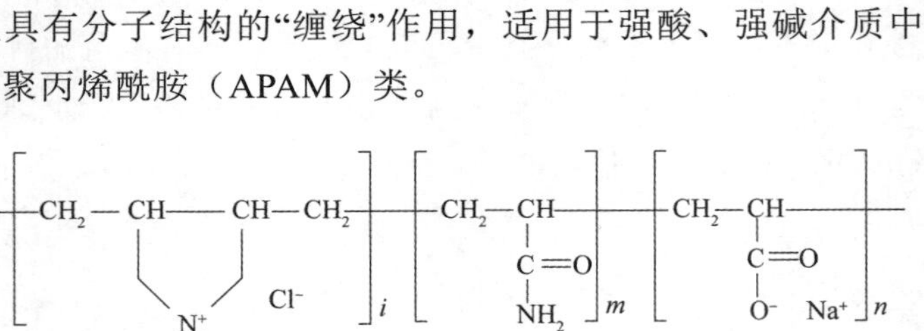

图 1-5 二甲基二烯丙基氯化铵-丙烯酰胺-丙烯酸钠共聚物

人工合成高分子，由于可根据污水特性选择单体种类和结构，调节产品的分子量及分布，具有用量少、效率高等优点，已经广泛应用在油田污水处理中。

（3）微生物清水剂

微生物清水剂按物质组成可分为微生物细胞、微生物细胞提取物、代谢物和克隆技术产生的絮凝物三类，其结构主要含糖蛋白、蛋白质、多糖、纤维素、DNA以及有絮凝活性的菌体等。微生物清水剂除油机理与高分子絮凝剂相似，主要包括桥连、中和及卷扫作用。

微生物清水剂是一种高效、无毒、可降解、使用范围广的新型清水剂。国外关于微生物清水剂的报道主要有 AJ7002 微生物清水剂、PF101 和 NOC-1 型清水剂等。

根据油田现有生产状况，含聚污水主要有如下几种去向[4,5]：①处理后达标外排；②将含聚污水循环利用，处理后达到回注水指标回注油层；③处理后配制聚合物溶液。但经过处理后的含聚污水仍然存在一定的问题，如水质波动较大，水质达标率低。

综上分析，从工艺的适应性看，目前没有专门针对含聚污水进行过整体处理工艺设计和研究，基本上是针对个别常规的水驱采出液处理工艺设备进行改造和优化后用于含聚污水处理的工艺，但没有形成成熟的可推广应用的工业化设备，尤其是适用于海上油田的高效处理设备。

第二节　海上油田聚合物驱技术特点

我国近海稠油油田采收率偏低，海上平台寿命期有限。平台寿命期满后，地层剩余油将难以经济有效利用，即花费高昂代价发现的石油资源将无法有效开采。随着我国石油接替资源量和后备可采储量的日趋紧张，在勘探上寻找新资源的难度越来越大，而且从勘探到油田开发，需要一个较长的周期。陆地油田以聚合物驱为代表的化学驱油技术为油田开发获得了巨大的技术和经济效益。海上稠油油田原油高黏度与高密度、注入水高矿化度、油层厚和井距大，特别是受工程条件的影响，很多陆地油田使用的化学驱技术无法照搬到海上油田。

传统开发模式，即一次、二次、三次采油依次顺序进行，为国内外大多数油田广泛采用。然而近年来渤海稠油开发的探索与实践表明，传统开发模式根本不可能实现海上稠油油田的高效开发，突出表现在：一方面，海上工程建设难度大、投资规模大，要求尽快回收投资。如果按照传统模式开发，采油速度为1%～2%，并保持一定的稳产时间，那么项目资金回收期将会很长，投资回收难度和风险就会加大；另一方面，海上油田开发寿命受海洋工程设备制约，要求在平台的服役期限内获得最大采收率。所以，海上稠油开发的客观条件直接决定了开展化学驱提高采收率技术面临着技术和经济双重挑战，在技术发展上滞后于陆上油田。

海上油田实施聚合物驱主要存在以下技术问题：在驱油剂方面，由于海水矿化度高、二价离子含量高，缺乏适应高矿化度条件的抗盐聚合物和表面活性剂产品；在工程条件方面，缺乏体积小、重量轻和对聚合物剪切降解小的速溶高效自动化配聚设备与流程，因而在海上特殊作业环境和有限平台空间下难以实现大规模配聚作业；此外，井距大、平台寿命有限等，都制约了海上化学驱技术的发展。仅见的海上油田聚合物驱矿场试验的报道为：1964年美国亨丁顿滩海油田进行了海水配注聚合物驱油，1981年美国海湾石油公司进行的滩海油田的聚合物驱试验，1985年英国北海Beatrice油田，1997年在巴西Carmpolis海上油田实施的聚合物驱先导试验。上述试验的注入量及规模都很小，同时由于区块选择、油藏方案设计和工程上的原因，时间都很短，未见明显效果。另外，还受到环保和税收政策的影响。总的说来，国外海上油田聚合物驱技术研究与应用进程发展缓慢。

在深入研究目前国内外技术发展、科技进步及国家对海洋石油发展的要求，结合我国海洋油气生产特点的基础上，以效益最大化和资源充分利用为前提，以目前油田开发的最新成熟技术和通过攻关就能突破的先进技术为基础，以在尽可能短的时间内达到最大采收率为总体战略目标来探索海上油田高效开发，提出了海上油田化学驱开发生产模式：打破目前油田常规的一次采油、二次采油、三次采油阶段的界限，提前实施以聚合物驱为主的化学驱，油田开发全过程保持较高的采油速度，大幅度提高原油采收率，从而将目前海上油田快速高效开发模式推进到一个新的高度。

1. 海上化学驱开发模式目标

如果以最大限度利用石油资源为目的，根据油藏条件和目前油田开发的最新技术成果，先制定原油采收率目标，再根据海上油田开发的特点（时间、空间限制）和开发技术现状，制定开发模式、制定开发方案、进行经济评价，有可能打破现有模式，更新开发观念，带来更大的经济效益和社会效益。

化学驱开发模式的基本目标：以目前化学驱领域的最新技术为依托，以最大限度提高原油的采收率为原则，以最大经济效益为目标来制定油田化学驱开发方案。以最大限度利用现有资源和最大社会效益为目的，如何充分利用先进的原油开发技术，将更多的原油经济快速地开采出来，不仅是经济效益的要求，更是保护资源、合理利用资源的要求。

2. 海上化学驱开发模式特点

海上化学驱模式的特点：①把提高油藏采收率作为油田开发全过程的战略目标，并与勘探放到同等重要的位置上。把"在最短时间内，开采原油达到油藏最大采收率"作为油田开发的指导思想。在现阶段把尽快解决海上聚合物驱油技术使采收率再提高5%～10%以上作为此模式的油藏基础及技术保证之一。②利用石油开发生产最新技术，大幅度提高油井产能和油田产量，加快油田开发速度，尽可能缩短一次采油时间。③模糊一次、二次、三次采油界限，合并这三个阶段，把它作为提高油藏采收率、使油田高产稳产的系列技术，加以优化、组合、综合应用，在达到大幅度提高油藏采收率的同时，大大缩短油田开发时间，以获得更大的社会效益和经济效益（图1-6）。

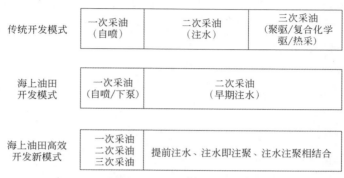

图1-6　海上油田化学驱开发新模式示意图

海上化学驱新模式的内涵可以概括为：早期注水、注水即注聚和注水注聚相结合，即模糊一次、二次、三次采油界限，使油田在投产初期高速开采，保持旺盛生产能力。通过以聚合物驱为主的化学驱提高采收率技术，在最短的时间内采出更多的原油，油田开发全过程保持较高的采油速度，使最终采收率达到最大化。

"十五"期间，在国家863计划支持下，在我国近海主要产油区之一的渤海油田开展了海上聚合物驱技术攻关，在抗盐驱油剂、自动化撬装设备、在线熟化室内模拟等方面取得了突破，并开展了我国近海油田首次聚合物驱单井注入试验。这是近年来最受关注的海上聚驱试验之一。试验采用了课题研制的新型疏水缔合抗盐聚合物作驱油剂，采用撬装注入设备，在绥中36-1油田J3井进行了单井注聚作业。试验区面积0.396km²，地层温度65℃，配制水矿化度9165mg/L，钙镁离子浓度为400～800mg/L，地层原油黏度70mPa·s，采用反九点注水井网，平均注采井距370m。2003年9月25日现场投注，2005年5月25日注聚结束，历时598天，共注入疏水缔合聚合物溶液23.31×10⁴m³，干粉421t。整个试验施工顺利，设备运转正常，取得了显著增油降水效果，在与J3注入井对应关系最好的J16井效果最明显：该井含水由94%降低至50%～60%，注聚前日产油量只有十几方，到2006年2月日产油已超过70m³。截止2006年2月，在不考虑综合递减条件下，J16井已累计增油25000m³。

在J3井单井注聚试验取得成功的基础上，中海油从2005年10月30日开始，在绥中 36-1 油田进行了由 4 口注聚井（A14、A20、A03、J13）组成的井组注聚矿场试验，聚合物浓度 1750mg/L，4 口井日注 1600m^3，目前单井注入量、井组注入量均按设计要求顺利进行。截止到 2007 年 2 月 28 日，累计注入聚合物溶液 69.8×10^{4}m^3（0.067PV），聚合物干粉用量 1168t。该试验井组自 2006 年 4 月起开始见效，其中已经明显见效井有 A14、A20、A03、J13。至 2007 年 2 月，井组累计增油 16000m^3。2008 年 7 月 25 日开始实施井组扩大注聚矿场应用，2013 年完成绥中 36-1 油田井组注聚规模扩大实施 6 口井，2014 年绥中 36-1 油田新型聚合物驱技术示范现场实施 4 口井。截至 2015 年 11 月注聚井数为 28 口，累计注入聚合物 60767.2t，注入孔隙体积倍数 0.367PV，累计增油量为 284.5 万立方米。

目前，渤海油田化学驱项目共实施三大油田、七个注聚平台、注聚井 44 口、受益采油井 203 口，累计动用储量约 14000 万立方米。截至 2017 年 3 月，化学驱油田阶段累积注入溶液量 6186.62×10^{4}m^3，累增油量为 612.8×10^{4}m^3，提高采收率 4.18%～5.92%。三个油田的注聚规模及实施完成指标如表 1-1 所示。

表 1-1　渤海油田已实施注聚油田基本情况表（2017 年 3 月）

项　目	绥中 36-1 Ⅰ 期	旅大 10-1	锦州 9-3
注聚时间	2008.8—2019.4	2006.3—2017.6	2006.3—2019.12
地质储量/10^{4}m^3	9199	2607	1489
孔隙体积/10^{4}m^3	15184	4045	2831
注采井数/口	24 注 105 采	8 注 25 采	8 注 31 采
注聚浓度/(mg/L)	1750、2250	800、1500	1327
累注溶液量/10^{4}m^3	3541.2	1471.42	1177.47
注入 PV 数	0.244	0.364	0.416
油田含水/%	78.3	75.11	85.67
累积增油量/10^{4}m^3	384.5	118.10	88.08
提高采收率/%	4.18	4.53	5.92
油田采出程度/%	32.34	28.09	24.2

第三节　海上油田聚合物驱产出液处理及回注技术现状

一、海上油田聚合物驱产出液处理工艺现状

化学驱采出液处理是一个带有普遍性的世界难题，在处理流程停留时间短和无联合站可用的海上平台，与其他作业措施交织在一起，化学驱采出液处理难度

更大，问题更加复杂。随着渤海油田化学驱的试验规模扩大，化学驱油田采出液处理的问题日益凸现。目前，化学驱采出液处理已经是海上油田化学驱技术中所面临的一个瓶颈问题。

与陆地油田不同，海上油田受平台空间限制，采出液处理工艺设备体积小，处理时间短。以胜利油田孤六联为例，原油沉降时间为 24h×4=96h（四级沉降），污水沉降时间为 24h×2=48h（二级沉降）。而渤海绥中 36-1 油田，原油系统三级处理时间累计约 70min，污水系统处理时间累计约 60min，远远低于陆地油田停留时间。这就要求海上油田必须开发出更高效的化学药剂和处理工艺。

目前海上油田主要采用三段式水处理工艺（图 1-7），属于依据 ODP 阶段设计建造的常规油气水处理设备，处理方法采取物理与化学方法相结合（见表 1-2），聚驱采出液的出现造成现有油水处理流程、处理设备、处理药剂或多或少出现不适应的问题。

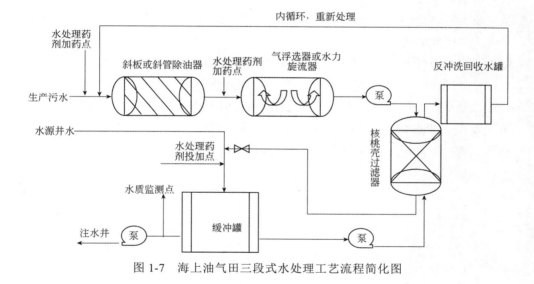

图 1-7　海上油气田三段式水处理工艺流程简化图

表 1-2　目前海上油气田含油污水处理的主要方法

处理方法	特　　点
斜板或斜管沉降法	依靠油株和悬浮杂质与污水的密度差异实现油水渣的自然分离，主要用于除去浮油及部分颗粒直径较大的分散油及杂质。并辅助添加清水剂、絮凝剂或反向破乳剂等药剂提高处理效率
气浮法	向污水中鼓入一定粒径（<10μm）的气泡，使污水中的乳化油或细小的固体颗粒附着在气泡上，随气泡上浮到水面，实现油水分离。并辅助加入高效气浮选剂提高气浮效果

处理方法	特　　点
旋流器法	高速旋转重力分异，脱出水中含油。对普通采油污水效果显著，但对复合驱产出污水效果不佳，反而加剧复合驱采油污水的油水乳化程度，不利于油水分离
过滤法	用石英砂、金刚砂、无烟煤、核桃壳、滤芯或其他滤料过滤污水，除去水中小颗粒油粒及悬浮物。一般采取多层滤料或复合滤料提高过滤效果
化学药剂	油系统处理药剂主要有破乳剂、反相破乳剂、消泡剂、缓蚀剂、防垢剂、杀菌剂；水系统处理药剂主要有：清水剂、浮选剂、缓蚀剂、防垢剂、助滤剂、杀菌剂等

1. 锦州 9-3 油田含聚污水处理工艺现状

锦州 9-3 油田分东区、西区、WHPA、WHPB、WHPC、WHPD 六个生产平台，含聚污水处理流程位于西区中心处理平台上，具体见图 1-8，主要污水处理设备参数见表 1-3。由图 1-8 可知，各平台产液经原油处理系统油水分离后，生产污水首先进入斜板除油器 V-301A/B，浮油撇入污油槽排入闭式排放罐，除掉浮油的污水进入两级水力旋流器。一级水力旋流器 V-302A/B 和二级水力旋流器 V-303A/B 串联，目前在锦州 9-3 油田现场使用过程中，因处理效果不理想而暂停使用。经水力旋流器后，生产污水进入核桃壳过滤器 F-301A/B/C。核桃壳过滤器污水排出进入双介质过滤器 F-303A/B/C/D，正常情况下两台运行，两台备用。除去浮油和悬浮物的生产污水进入净水缓冲罐 T-303。

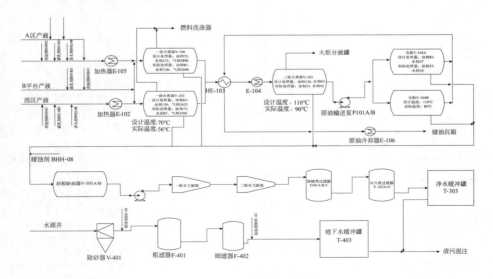

图 1-8　锦州 9-3 油田油水处理流程示意图

水源井水从地下采出后，温度为45℃，首先进入除砂器除掉水中的砂和较大的固体颗粒，之后进入粗滤器 F-401，从粗滤器出来的水源水进入细滤器 F-402A/B/C。经粗滤器和细滤器两级过滤，水源水中的悬浮物进一步除掉后进入地下水缓冲罐 T-403。

处理后的水源水和生产污水混合，由注水泵增压到 16400kPa，通过 8″海底管线输送到各注水井。

表 1-3　锦州 9-3 主要污水处理设备参数

设备名称	斜板除油器 V-301A/B	一级水力旋流器 V-302A/B	二级水力旋流器 V-303A/B	核桃壳过滤器 F-301 A/B/C	双介质过滤器 F-303 A/B/C/D
设计处理能力 /(m³/h)	200	200	200	200	150
操作压力/kPa	300	1200	900	600	450
操作温度/℃	40～60	40～80	40～80	40～80	40～80
进口含油量 /(mg/L)	≤5000	—	—	—	—
出口含油量 /(mg/L)	≤1500	—	—	—	—
进口悬浮物含量 /(mg/L)	≤200	—	—	—	—
出口悬浮物含量 /(mg/L)	≤100	—	—	—	—

2. 旅大 10-1 油田含聚污水处理工艺现状

旅大 10-1 油田井口物流及旅大 4-2 来液通过新老管汇进入生产分离器分离出含水 15%～30% 的原油，含水原油再经过电脱处理器将原油脱水为含水低于 1% 的原油，含水低于 1% 的原油经计量后外输。原油处理系统各级设备出口的污水汇集在一起，首先进入斜板除油器 V-MD3010、V-MD3020 处理为含油量低于 300mg/L 的污水，再进入浮选器处理为含油量低于 150mg/L 的污水进入污水缓冲罐 V-MD3050，经污水输送泵 P-3050A/B/C 增压到 500kPa 进入核桃壳过滤器 F-MD3060A/B/C，过滤到含油量低于 70mg/L 后进入注水过滤器，注水过滤器 F-MD3070 过滤到含油量低于 40mg/L 后进入注水缓冲罐 V-4140。来自水源井的水源水依次经除砂器和纤维球滤器处理后进入注水缓冲罐与生产污水混合，之后再经注水泵注入到各注水井。流程图及污水处理系统流程参数见图 1-9 和表 1-4。

3. 绥中 36-1 油田含聚污水处理工艺现状

绥中 36-1 油田目前有三座污水处理平台：绥中 36-1CEP、绥中 36-1CEPK（见图 1-10 和表 1-5）和绥中 36-1CEPO 平台。

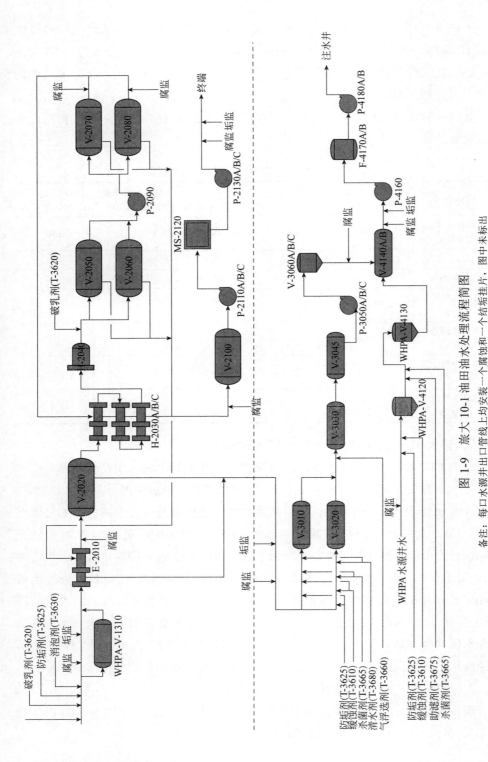

图 1-9 旅大 10-1 油田油水处理流程简图

备注：每口水源井出口管线上均安装一个腐蚀挂片和一个结垢挂片，图中未标出

表 1-4 旅大 10-1 油田污水处理系统流程参数

设备名称	设计/运行参数
斜板除油器 （V-3010/ V-3020）	设计温度：120℃；实际温度：52℃ 设计处理量：3600m³/d；实际处理量：2500m³/d 设计进口含油量：≤2000mg/L；设计出口含油量：≤300mg/L
新增斜板除油器 （V-MD3010/ V-MD3020）	设计温度：120℃；设计处理量：5520m³/d 设计进口含油量：≤2000mg/L；设计出口含油量：≤300mg/L
加气浮选器 （V-3030）	设计温度：120℃；实际温度：51℃ 设计处理量：4800m³/d；实际处理量：5000m³/d 设计进口含油量：≤300～500mg/L；设计出口含油量：≤50mg/L
新增加气浮选器 （V-MD3040）	设计温度：120℃；设计处理量：10800m³/d 设计进口含油量：≤300～500mg/L；设计出口含油量：≤50mg/L
核桃壳过滤器 F-3060A/B/C	设计温度：120℃；实际温度：50℃ 设计处理量：3600m³/d；（单台）实际处理量：5000m³/d
新增核桃壳过滤器 F-MD3060A/B/C	设计温度：120℃；设计处理量：3600m³/d（单台）

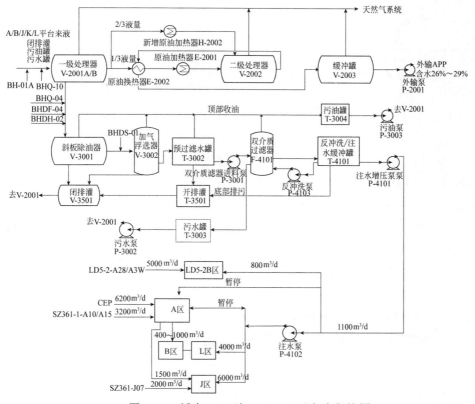

图 1-10 绥中 36-1 油田 CEPK 平台流程简图

绥中 36-1CEPK 处理来自绥中 36-1 油田 I 期（A\J\B\K\L）平台的物流及旅大 5-2 油田调整井物流，生产流体汇合后进入一级分离器 V-2001A/B，经过分离后的气相到天然气处理系统，污水到生产水系统，油相进入二级分离器。二级分离器出口原油进入原油缓冲罐 V-2003，通过外输泵外输至 CEP 平台进一步脱水处理。来自原油处理系统的生产污水首先依次进入斜板除油器、加气浮选器、双介质过滤器进行除油和除悬浮物处理。除去悬浮物和浮油后，生产污水进入注水缓冲罐 T-4101，再经过注水泵或注水增压泵全部回注至 A\J\B\K\L 平台。

表 1-5　绥中 36-1 油田 CEPK 平台主要污水处理设备参数

设备名称	斜板分离器	加气浮选器	预处理水罐	双介质过滤器	注水缓冲罐
设计处理能力/(m³/h)	500	500	—	150	—
设计最高压力/kPa	500	1000	FW+35/-2	700	FW+35/-2
设计最高温度/℃	91	91	91	91	91
操作压力/kPa	150	0~80	3	350	3
操作温度/℃	65	62	61	61	61
设计进口含油/(mg/L)	≤1500	≤300	—	≤15	
设计出口含油/(mg/L)	≤300	≤20		≤5	

CEP 平台主要处理 D 平台、M 平台、CEPK 平台和旅大 5-2 油田的产液，各平台产液混合后首先进入 CEP 高效分离器 V-101A/B/C/D 进行处理，四个高效处理完的原油含水 28%～35%，混合后进入电脱 V-2002A/B/C/D 处理至含水 7%左右外输。CEP 平台水处理流程及绥中 36-1 油田 CEP 平台主要污水处理设备参数见图 1-11 和表 1-6。原油处理系统的生产污水汇集后，首先进入斜板除油器（CEP-V-301A/B/C/D/E/F），将污水中携带的浮油脱除掉，浮油收集进入集油器，排入闭式排放系统。处理后的污水进入加气浮选器（CEP-T-301A/B），其主要作用是脱除污水中携带的小油滴和乳化油；再进入核桃壳过滤器过滤除去生产污水中的油和悬浮固体；最后进入净水缓存罐（CEP-T-302）与水源井水混合，然后随注水增压泵（P-351A/B/C/D/E）直接输往各注水井，进行回注。

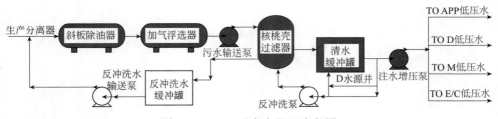

图 1-11　CEP 平台水处理流程图

表 1-6 绥中 36-1 油田 CEP 平台主要污水处理设备参数

设备名称	斜板除油器（卧式）V-301A/B/C/D	气浮（立式）T-301 A/B	核桃壳过滤器（立式）F-301 A-J
设计处理能力/(m³/h)	336	1008	224
设计最高压力/kPa	650	130	800
设计最高温度/℃	90	90	90
操作压力/kPa	300	100	450
操作温度/℃	50～60	50～60	50～60
设计进口含油/(mg/L)	≤1500	≤350	≤100
设计出口含油/(mg/L)	≤200	≤50	≤30
设计入口悬浮物含量/(mg/L)	—	—	≤20
设计出口悬浮物含量/(mg/L)	—	—	≤5

CEPO 平台负责处理 F 平台、G 平台、H 平台、C 平台以及 E 平台的产液，经 CEPO 处理后的生产污水一部分低压输送到 F 平台、G 平台和 H 平台，压力为 1.5MPa；一部分高压输送到 C 平台和 E 平台，压力为 10MPa。处理流程及平台设备参数见图 1-12 和表 1-7。

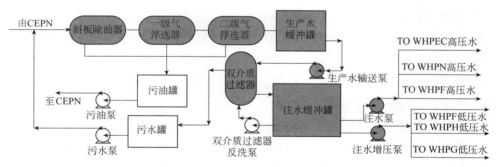

图 1-12　CEPO 平台水处理流程图

表 1-7　CEPO 平台设备参数表

设备	设计压力/kPa	设计温度/℃	设计流量/(m³/h)
斜板除油器	450	95	500
加气浮选器	800	95	500
双介质过滤器	—	—	150

通过含聚污水处理工艺现状分析可知，斜板除油器、加气浮选器、核桃壳/双介质过滤器是海上三个注聚油田含聚污水处理的关键设备。三个聚合物驱油田目前共有斜板除油器 21 台，其中绥中 36-1CEPK 平台 4 台，绥中 36-1CEP 平台 5

台，绥中 36-1CEPO 平台 6 台，锦州 9-3CEP 平台 2 台，旅大 10-1 油田 4 台。

加气浮选器共有 16 台。其中，绥中 36-1CEPK 平台有气浮 4 台，单台处理能力 500m³/h，2 用 2 备；绥中 36-1CEP 平台有气浮 2 台，并联运行，无备用；绥中 36-1CEPO 平台有气浮 8 台，其中 4 台作为一级气浮设备，另外 4 台作为二级气浮设备，实行"4+4"串联运行；旅大 10-1CEP 平台新增气浮 1 台，旧气浮 1 台，均在用。

过滤器共有 54 台。其中，绥中 36-1CEP 平台有核桃壳过滤器 10 台，平时 6 用 4 备，滤料大约每年每罐更换一次；绥中 36-1CEPK 平台有双介质过滤器 16 台，滤料从上至下分别为核桃壳、金刚砂和砾石，滤料每罐每年更换 1～2 次；绥中 36-1CEPO 平台有双介质过滤器 16 台；旅大 10-1 油田新增核桃壳滤器 3 台，旧核桃壳 3 台；锦州 9-3 油田核桃壳过滤器 3 台，2 用 1 备，滤料一年每罐更换一次或两次，双介质过滤器 3 台，2 用 1 备，滤料每罐每年更换 1～2 次。

对渤海三个注聚油田上述关键设备除油率及除悬浮物能力进行了统计，发现：

（1）斜板除油器处理效能相对较高

处理效能相对较高的为斜板除油器，其中绥中 36-1 油田 CEPK 平台斜板除油器除油率最高，为 88%～93%，高于设备设计除油指标（80%）。其次为旅大 10-1 油田新增斜板除油器除油率为 49.8%～87.5%，平均为 71.98%，明显低于设备设计除油指标（85%）。绥中 36-1 油田的 CEP 平台斜板除油器除油率为 57.2%～77.1%，平均为 70.43%，略低于旅大 10-1 油田的，也低于设备设计除油指标。除油率最低的是锦州 9-3 油田的斜板除油器，为 21.7%～71.6%，平均为 47.1%，远低于设备设计除油指标的要求。

（2）过滤器处理效能居中

过滤器有核桃壳过滤器和双介质过滤器两种，其中核桃壳过滤器在绥中 36-1 油田 CEP 平台、旅大 10-1 油田以及锦州 9-3 油田投用，其中，绥中 36-1 油田 CEP 平台核桃壳过滤器除油率为 58.1%～76.8%，平均为 71.7%，基本符合该设备设计除油指标（70%），除悬浮物能力 2013 年 4 月监测数据为 21.6%，明显低于该设备设计指标（75%）。旅大 10-1 油田核桃壳过滤器新投运的设备除油率为 49.5%～86.6%，平均 68%，基本在设备设计指标（70%）附近波动，老核桃壳设备除油率在−56%～74.8%之间波动，平均仅为 7%，远远低于设备设计除油指标（70%）。设备除油率有时候出现负值，说明设备不仅没有除油能力，反而污染水质，导致出口含油高于入口。通过对核桃壳过滤器进行滤料更换、加强反洗、收油排污等积极措施，能改善核桃壳的除油能力，甚至能达到 74.8%的超出设备设计指标的处理效能。锦州 9-3 油田核桃壳过滤器除油率在 29.8%～60.2%，平均为 38.3%，除悬浮物能力为 19.7%～51%，平均为 32.8%，除油及除悬浮物能力均低于设备设计处理指标。

双介质过滤器目前主要在绥中 36-1 油田 CEPK 平台和锦州 9-3 油田应用，其中绥中 36-1 油田 CEPK 平台双介质过滤器除油率为 49%～74.4%，平均为 56.9%，略低于设备设计除油率指标（66.7%），除悬浮物能力为 33.3%～88.2%，平均为 74.5%，基本符合设备设计除悬浮物指标；锦州 9-3 油田双介质过滤器除油率为 21.2%～57.3%，平均 40.5%，除悬浮物能力为 26.9%～45.3%，平均为 33.6%，除油及除悬浮物能力均低于设备设计指标，达不到设备正常处理效能。

（3）加气浮选器处理效能相对较差

处理效能最差的为加气浮选器，绥中 36-1 油田及旅大 10-1 油田加气浮选器均在用，其中，绥中 36-1 油田 CEPK 平台加气浮选器除油率为 50.6%～63.5%，平均为 57%，明显低于设备设计除油率指标（93.3%）。绥中 36-1 油田 CEP 平台加气浮选器除油率为 -3.9%～34.8%，平均为 12.8%，同样低于设备设计指标（85.7%）。旅大 10-1 油田加气浮选器除油率为 -13%～9%，平均为 -2%。绥中 36-1 油田 CEPK 平台加气浮选器属于立式加压气浮选器，该设备单靠自身气体上浮和旋转分离的作用，除油率平均能达到 57%，如果配合化学药剂高效气浮选剂，除油效果会得到进一步提升。而绥中 36-1 油田及旅大 10-1 油田用的加气浮选器为卧式的喷射式射流气浮选器，一方面，由于含聚污水污油泥的积聚，导致底部溶气释放器易阻塞，注聚失去起泡功能；另一方面，溶气释放器起泡不均匀，容易将底部积聚污油泥带入水中，反而污染水质，造成设备除油率出现负值。因此目前旅大 10-1 油田及绥中 36-1 油田的 CEP 平台均未开启加气浮选器射流泵，气浮选器相当于普通沉降罐，基本不具除油能力。

综上分析，三级关键处理设备运行效能由高到低依次为斜板除油器>过滤器>加气浮选器，具体可细分为斜板除油器处理效能由高到低依次为绥中 36-1 油田 CEPK 平台斜板除油器>旅大 10-1 油田斜板除油器>绥中 36-1 油田 CEP 平台除油器>锦州 9-3 油田斜板除油器；过滤器处理效能由高到低依次为绥中 36-1 油田 CEP 平台核桃壳过滤器>旅大 10-1 油田新增核桃壳过滤器>绥中 36-1 油田 CEPK 平台双介质过滤器>锦州 9-3 油田双介质过滤器>锦州 9-3 油田核桃壳过滤器>旅大 10-1 油田核桃壳过滤器；加气浮选器处理效能由高到低依次为绥中 36-1 油田 CEPK 平台加气浮选器>绥中 36-1 油田 CEP 平台加气浮选器>旅大 10-1 油田加气浮选器。

通过各级设备处理效能统计结果还可发现，各级设备处理效能均不稳定，都存在明显的波动现象，这与来液中产出聚合物浓度的波动有关。

二、聚合物驱产出液回注技术现状

化学驱技术在渤海油田已应用超过 12 年，取得了明显的降水增油效果。目前在绥中 36-1 和旅大 10-1 油田已实施聚合物驱井 36 口，锦州 9-3 油田已实施二元复合驱井 8 口，三个油田一线聚合物驱受益采油井共 187 口，动用地质储量达 1.4 亿吨。截至 2015 年末，三个油田实现年度聚合物驱增油 98 万立方米，累积增油超过 515 万立方米，注聚提高采收率 3.2%，形成了一系列海上化学驱生产规律认识，积累了海上油田开展化学驱提高采收率的现场开发经验，是渤海油田完成"十三五"期间"保增长"目标中不可或缺的重要组成部分。

绥中 36-1 油田采取滚动开发模式，分Ⅰ期和Ⅱ期，其中Ⅰ期（包括 AⅠ、AⅡ、B、J 四个平台）从 1993 年到 1997 年陆续投产，2010 年Ⅰ期综合调整新增加 CEPK、WHPK、WHPL 及 J 外挂平台；Ⅱ期（包括 D、E、F、C、G、H 六个平台）分别从 2000 年 11 月到 2001 年 11 月陆续投产。2013 年Ⅱ期综合调整新增 CEP0、CEPN、WHPN、WHPM 以及 WHPC 外挂平台，2013 年 10 月 14 日二期综合调整正式投产。截至 2015 年底，全油田总井数 484 口，其中油井 326 口（注聚受益油井 112 口）、注水井 116 口、注聚井 28 口、水源井 14 口。

由于注聚受益井分布于各井口平台，受益井产液与其他油井产液混合后形成各平台产液，因此各平台产液均含有一定浓度的产出聚合物。绥中 36-1 油田最早于 2003 年在 J 区开始单井聚合物驱先导性实验，在 2004 年 11 月受益井 J11 井监测到有聚合物产出，初期浓度在 3mg/L 左右；一直到 2007 年 5 月，受益井 J11 井和 J13 井产出聚合物浓度均在 30mg/L 以内；2007 年 5 月后，J11 井产出聚合物浓度逐步升高，到 2008 年 3 月达到 245mg/L；之后浓度有所降低，在 2008 年 11 月降低至 70mg/L 左右；之后，浓度又开始上升，在 2009 年 1 月达到另一个峰值 330mg/L，之后浓度又有所下降。其他受益井产出聚合物浓度变化规律与 J11 井相似。截至 2016 年 9 月，该区各受益井产出聚合物浓度在 10～182mg/L 之间，平均为 65mg/L（详见图 1-13）。绥中 36-1 油田Ⅱ期平台陆续于 2010 年 8 月开始在部分井组进行聚合物驱，在 2010 年 11 月陆续在注聚受益井监测到有聚合物产出，初期浓度较低，之后各受益井产出聚合物浓度逐渐升高，最高达到 250mg/L；达到峰值浓度后，各受益油井的产出聚合物浓度有一定幅度的下降，降至 50～150mg/L 区间内；之后，产出聚合物浓度又逐步上升，最高上涨到 300mg/L；之后产出聚合物浓度又有一定幅度的下降。目前，Ⅱ期各平台各注聚受益井产出聚合物平均浓度为 35mg/L。

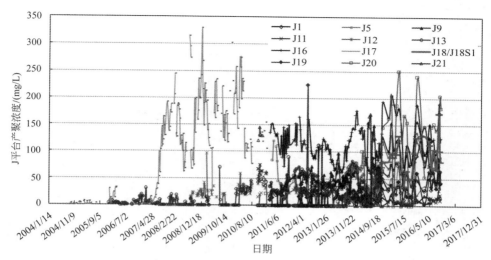

图 1-13　绥中 36-1 油田 J 平台注聚受益井产出液中聚合物浓度检测结果

各井口平台的产出液分别由海管输送至 CEPK、CEP、CEPO 进行处理。经中心平台油水处理后，一部分产出聚合物残留于水中，形成了含聚污水。CEPK 平台目前负责处理 A 平台产液、B 平台产液、J 平台产液、L 平台产液以及 WHPK 平台产液；经 CEPK 平台处理达标后的注入水分配给 A 平台、B/L 平台、J 平台和 WHPK 平台。CEP 主要处理 LD5-2 油田、D 平台、M 平台产出液，处理后的注水分配到 D、M、A 平台进行回注。CEPO 负责处理 F、G、H、C、E 平台产液，经处理后的注水一方面低压输送到 F、G、H 平台（压力为 1.5MPa）；另一方面高压输送到 C、E 平台（压力为 10MPa）。目前，绥中 36-1 油田三个中心平台日处理的含聚污水达到 4.4 万立方米/天，这些含聚污水与来自馆陶组的水源井水混合后，注入到各注水井，全油田日注水为 5.89 万立方米/天。

旅大 10-1 油田于 2005 年 1 月 30 日正式投产，2005 年 8 月全面投产，2005 年 9 月开始注水。截止到 2015 年底油田总井数 66 口，包括生产井 49 口，注水井 14 口，水源井 2 口，注气井 1 口，其中 2 口同井抽注井。2006 年 3 月在 A23 井开展单井注聚试验，2007 年开始 Ⅱ 油组 6 口井注聚，2012 年实施扩大注聚方案，目前共有注聚井 8 口，受益油井 27 口。2006 年 9 月注聚受益井 A20 井就检测到聚合物返出，且浓度存在较大波动，在 12～105mg/L 之间波动。在 2008 年 7 月以前，注聚各受益井产出聚合物浓度较低，2008 年 7 月份之后，产出聚合物浓度上升幅度较大。在 2010 年到 2013 年间，各注聚受益井产出聚合物浓度陆续达到峰值，最高到达 300mg/L，之后产出聚合物浓度逐步降低，截至 2016 年 9 月底，各受益井产出聚合物浓度为 5.2～120mg/L，平均为 40mg/L（详见图 1-14）。

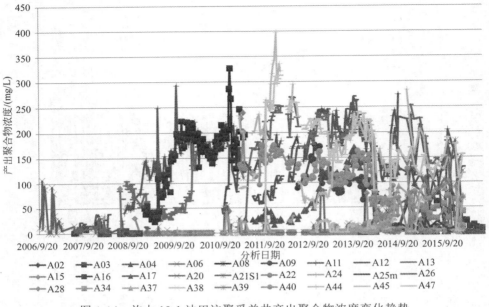

图 1-14　旅大 10-1 油田注聚受益井产出聚合物浓度变化趋势

旅大 10-1 油田井口平台产出液和旅大 4-2 平台产出液分别由海管输送至 LD10-1-CEP 平台处理，日处理含聚污水达到 7500 立方米/天，处理后的污水与一部分水源井水混合注入到旅大 10-1 油田各注水井，全油田日注水为 1 万立方米/天。

锦州 9-3 油田主体区 1999 年 10 月底投产，东块 2007 年 12 月投产，主体区综合调整 24 口开发井、8 口调整井至 2015 年已全部投产。截至 2015 年 12 月开发井 106 口（A8 井同井抽注），其中油井 74 口，注水井 20 口，二元复合驱井 8 口，气源井 1 口，水源井 3 口。

锦州 9-3 油田从 2007 年 10 月开始注聚，2007 年 11 月监测到注聚受益井 W5-2、W5-4、W6-3、W6-5、W7-4、W7-5、W7-6 开始有聚合物产出，初期浓度为 30mg/L 左右；到了 2008 年 6 月，W7-6 井产出聚合物浓度达到 110mg/L；到了 2008 年 9 月份，W4-3、W5-4、W6-5、W7-4、W7-5、W7-6 等 6 口受益井产出聚合物浓度超过 120mg/L，之后产出聚合物浓度进一步升高，在 2008 年 11 月，W4-3 井产出聚合物浓度超过了 500mg/L；在 2009 年 2 月，W6-5、W7-4 井产出聚合物浓度超过了 380mg/L，之后其他注聚受益井产出聚合物浓度均陆续超过 350mg/L。当各井产出聚合物浓度达到峰值后，产出聚合物浓度有所降低，但之后又快速到达另一个峰值浓度，且峰值浓度由 350mg/L 到 600mg/L 再到 1000mg/L，逐级攀升。当聚合物产出浓度高达 1000mg/L 之后，各受益井产出聚合物浓度波动性较大，截至 2016 年 9 月，各注聚受益井产出聚合物浓度为 62～670mg/L，平均为 360mg/L

（详见图 1-15）。锦州 9-3 油田各井口平台的产出液汇总至中心平台处理，处理后的生产污水达到 10000m³/d，与一部分水源井水混合后注入到各注水井，全油田日注水为 12500m³/d。

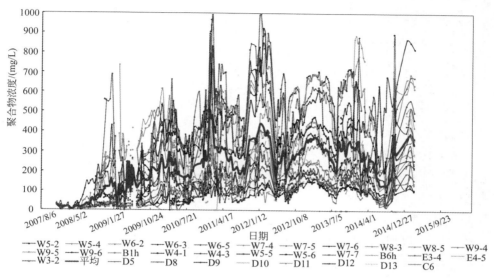

图 1-15 锦州 9-3 油田各油井产出聚合物浓度监测结果

海上聚合物驱油田产出聚合物特征与陆上典型注聚油田对比可以发现（表 1-8），海上各聚合物驱油田井口注聚受益井产出聚合物浓度高低顺序依次为锦州 9-3 油田>绥中 36-1 油田 I 期>旅大 10-1 油田>绥中 36-1 油田 II 期。其中，锦州 9-3 油田产出聚合物浓度（简称产聚浓度）与长垣北部油田相当，旅大 10-1 油田产出聚合物浓度与杏北开发区相当。绥中 36-1 油田平均峰值产出聚合物浓度与孤岛油田相当，但低于其他油田产聚浓度，相比于其他油田，绥中 36-1 油田 I 期平均见聚浓度较低，目前正处在见聚浓度上升阶段。

表 1-8 绥中 36-1 油田与陆上典型油田及海上注聚油田产聚浓度对比表

油田	见聚时间/a	平均注聚浓度/(mg/L)	平均峰值产聚浓度/(mg/L)
孤岛油田	2	1700	100～200
孤岛油田中一区 Ng3	2		150～250
大庆北一区断西	—		440
杏北开发区	—	1000	250～350
长垣北部	—		400～550
萨中油田	—		500～800

油田	见聚时间/a	平均注聚浓度/(mg/L)	平均峰值产聚浓度/(mg/L)
锦州 9-3 油田	0.5	1200	400～600
旅大 10-1 油田	1	1200	300
绥中 36-1 油田	2.1	1750～2250	150～250

渤海三个注聚油田均属于疏松砂岩常规稠油油藏，储层胶结程度低，成岩性差，黏土矿物含量高，横向和纵向上的非均质性严重。含聚污水的大量回注对储层孔渗条件的影响情况更为复杂。近几年暴露出以下几方面问题。

（1）注水井欠注情况较为严重

图 1-16 为渤海注聚油田部分井区含聚污水注入井注水压力及单井配注量完成率分布图，由图可知，锦州 9-3 油田注水井最大安全注水压力为 13.5MPa，截至 2016 年 9 月底，目前注水压力大于 13MPa 的注水层数为 13 口，占注水层位总数的 31%，其中有 7 口井注水压力已达最大安全注水压力值。这 13 口高注水压力井中有 11 口欠注，占总欠注井数的 75%。全油田日配注量为 23370m³，实际日注入量为 21685m³，日欠注 1685m³。6 个注水平台中，A、B、C、D、E 平台注入情况较好，实际注入量能够达到配注量的 96% 以上，无欠注井；E 平台实际注入量为配注量的 96%，欠注井比例为 10%；W 平台实际注入量仅为配注量的 87%，欠注井比例达 84%。

绥中 36-1 油田注水井最大安全注水压力为 10MPa，截至 2016 年 9 月底，注水压力大于 9MPa 的注水层数为 98 口，占注水层数的 54.1%，其中 63 层注水压力已达最大安全注水压力值。这 98 口高注水压力井中有 61 口欠注，占总欠注井数的 84.7%。从欠注量上看，绥中 36-1 油田日配注量为 72188m³，实际日注入量为 62023m³，日欠注 10165m³，欠注情况较为严重，欠注井占总井数的 43%。

旅大 10-1 油田注水井最大安全注水压力为 10MPa，截至 2016 年 9 月底，注水压力大于 9MPa 的注水层数为 8 口，占总注水层数的 30.8%，其中 6 层注水压力已达最大安全注水压力值。这 8 口高注水压力井中有 3 口欠注，占总欠注井数的 100%。从欠注量上看，旅大 10-1 油田日配注量为 10721m³，实际日注入量为 9746m³，日欠注 975m³，实际注入量为配注量的 91%。

综上分析可以看出，三个聚驱油田注水井欠注情况由弱到强的顺序为旅大 10-1 油田<锦州 9-3 油田<绥中 36-1 油田，高注水压力井数占总井数比例由小到大的顺序为旅大 10-1 油田<锦州 9-3 油田<绥中 36-1 油田。整体而言，绥中 36-1 油田注水情况最严重。

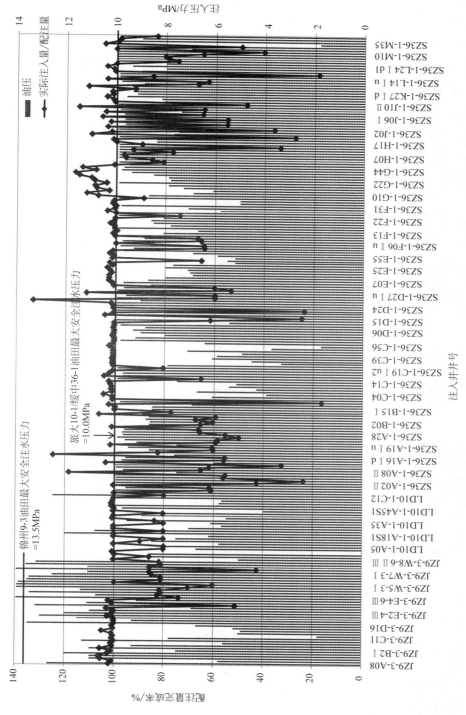

图 1-16　渤海聚合物驱油田注水井注水压力及单井配注量完成率分布图

（2）含聚污水水质变差，注水井措施有效期短，层间矛盾突出

产出聚合物严重影响注水水质。由于注水开发的需要，产出的含聚污水可以作为一种有效的注水水源选择。然而，经过污水处理流程处理后的含聚污水达不到原有注水水质标准，含油率、悬浮固体含量普遍超标，在回注过程中造成注入井压力升高，欠注。每年采取酸化措施的注水井数量越来越多（图 1-17），酸化井次占注水井数量的比例越来越大，最近几年均在 40%以上。另一方面，该油田酸化有效期一直处于下降的趋势，尤其含聚污水出现后，注水井的酸化有效期下降幅度更大，目前平均在 100 天左右。由于措施有效期短，层间、平面矛盾仍然突出。

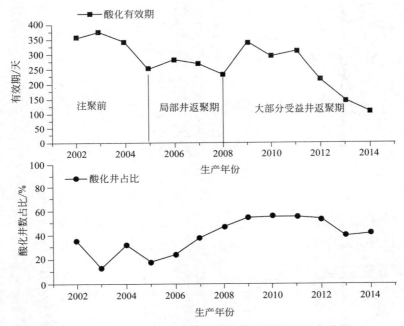

图 1-17　绥中 36-1 油田注水井解堵频次与酸化有效期

（3）地面关键设备处理效能降低

① 换热器换热效果差、换热器内部易结焦结垢堵塞、换热器清洗周期短（2～6 个月/次）以及清洗效果较差。

② 电脱水过程中，在油水界面处产生较稳定的具有一定厚度的乳化层，造成电脱水器电流升高，电脱油相出口含水升高、水相出口水质差，甚至造成零部件损坏。

③ 斜板除油器顶部含聚污油多、流动性差，设备收油频次高，收油困难；底部无有效的排泥措施，排泥不畅；含聚污油泥的长期大量堆积，严重影响了处理

效果，甚至造成斜板内部填料破损与塌陷现象。

④ 加气浮选器罐内曝气头易堵塞，油泥积聚严重，自动收油困难，需人工收油，且积聚的污油泥导致水质被污染。

⑤ 核桃壳过滤器滤料易板结、易漏失，反洗效果不佳：反冲洗频率由注聚前 1~2 次/天提高至目前 6 次/天，滤料使用寿命由原来的 1.5 年缩短至 0.3 年，同时滤料漏失严重。

（4）处理药剂用量大，效果不佳

① 随着产出聚合物浓度的增加，原油脱水难度加大，破乳剂用量显著增加，处理工艺流程关键设备也因为内部存在大量的聚合物油泥的附着或沉积而变得非常脆弱，个别设备甚至成为二次污染源，整个工艺系统对药剂的依赖性增加，导致脱水后原油含水率和污水含油均大幅度提高。

② 含聚污水性质的复杂化，使得目前清水剂等处理药剂效能逐渐变差，需通过不断增加药剂浓度来维持处理效果。

（5）油泥积聚于各级设备内部，不易清除且易造成二次污染

水处理药剂与产出聚合物作用，产生大量的污油泥，导致污水处理设备的核心构件极易被油泥覆盖，滤网被堵塞，造成处理流程整体处理能力逐渐降低，个别设备甚至成为二次污染源。

随着注聚开发规模加大，采出液含聚合物浓度越来越高，聚合物分子量和水解度发生变化，地面油水处理系统化学处理药剂量增加，关键处理设备出现或多或少的不适应。经过处理后的含聚污水仍然存在一定的问题，如水质波动较大，水质达标率低，水中还含有聚合物分子等，与常规水驱产出污水性质存在较大差异，含聚污水回注油层必然会对储层造成一定程度的伤害。但现场解堵效果越来越差，缺乏针对性的高效解堵措施工艺，因此，含聚污水回注对储层伤害机理和储层保护措施亟待更多的研究和认识。

第二章　海上注聚油田储层地质特征

渤海油区的储层和我国东部其他绝大多数多层砂岩油藏一样，形成于中、新生代陆相沉积湖盆中，基本都是河流相或三角洲相，非均质性较严重。储层层内存在着正韵律、反韵律和复合韵律等层内非均质特征，其中，以不利于水驱的正韵律特征相对更为发育。表 2-1 为渤海稠油主力区块的沉积相特征。

表 2-1　渤海主要油田沉积相特征

油田	沉积相	沉积微相	韵律性
绥中 36-1	大型河流三角洲沉积	河口砂坝相、河口砂坝边缘相/水下河道相、滨外坝相、三角洲间湾相	反韵律
蓬莱 19-3	浅水湖相三角洲沉积	河道、点砂坝、天然堤和泛滥平原	以正韵律和复合韵律为主
秦皇岛 32-6	曲流河相沉积	点砂坝、心滩、天然堤、泛滥平原	正韵律和复合韵律
埕北	辫状河三角洲相	河道砂坝和泛滥平原	正韵律
锦州 9-3	三角洲相	三角洲前缘：水下分流河道，河口坝，远端砂坝；前三角洲	复合韵律
曹妃甸 11	河流相	天然堤、决口扇、点砂坝、泛滥平原	正韵律
曹妃甸 12	辫状河相、三角洲相	心滩、天然堤、泛滥平原和分流河道、河口坝、河流间湾相	正韵律
渤中 25-1	明化镇：曲流河沉积	曲流河、浊积扇、扇三角沉积	正韵律
南堡 35-2	辫状河相、曲流河相	心滩、点砂坝、决口扇、天然堤和泛滥平原	正韵律

从目前渤海已开发油田的地质条件和流体特性分析，渤海区域各油藏之间存在不同程度的差异。绥中 36-1、曹妃甸 11-1、渤中 25-1、蓬莱 19-3、秦皇岛 32-6 等为主力区块，地质储量较大。储量丰度较大的油田是绥中 36-1（$7×10^6 m^3/km^2$），

最小的油田是歧口 18-2（$1.545 \times 10^5 \mathrm{m}^3/\mathrm{km}^2$），多数油田的储量丰度在 $1 \times 10^6 \sim$ $4.5 \times 10^6 \mathrm{m}^3/\mathrm{km}^2$；储量深度较大（>2500m）的油田包括歧口 18-1、歧口 18-2、妃甸 2-1、曹妃甸 18-1、曹妃甸 18-2、渤中 28-1、渤中 34-2/4 等，其他油田的深度大都在 1000~2000m；大部分油田的地下原油黏度小于 100mPa·s，部分油田黏度跨度较大，如绥中 36-1（30~400mPa·s）、旅大（36.1~210mPa·s）、曹妃甸 11-1（28.9~425mPa·s）、蓬莱 19-3（9.1~944mPa·s）、秦皇岛 32-6 北＋西（43~260mPa·s）、南堡 35-2（201~741mPa·s）等。

对大庆、胜利和大港油田 71 个已实施聚驱开发单元的油藏静动态数据进行分析，基于聚合物驱油藏筛选标准，统计已实施区块和渤海适合聚合物驱油藏中，将影响聚合物驱效果的主要因素（地层油黏度和地层温度）值绘制散点图，如图 2-1 所示。由图 2-1 可以看出，渤海油田可进行聚合物驱潜力评价的油藏与大庆、胜利、大港油田相比，具有以下特点：①渤海油藏各区块地层温度较大，温度大都在 58℃ 以上，最高温度超过 90℃，多数区块的地层水矿化度较大，注聚条件差；②渤海油藏多数区块的地层原油黏度较高或较小，且同一区块的黏度差异较大，黏度范围在 2~200mPa·s 之间，黏度取值不在聚驱最适宜黏度之内，而大庆、胜利、大港油田实施聚驱单元地下原油黏度一般在 10~60mPa·s 之间；③大庆、胜利、大港油田目前实施的聚驱单元与各油田自身其他区块相比，地质条件相对较好，而渤海稠油油藏一般具有地质条件复杂、油层数多、油水关系复杂、边底水影响以及钙镁离子含量大等不利条件。

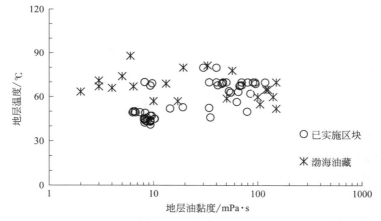

图 2-1　陆地油田已实施化学驱区块统计数据与渤海区域不同类型油藏对比

系统对比分析了渤海三个注聚油田的地质特征，结果见表 2-2。

表 2-2　渤海地区注聚油田储层特征对比表

油　田	SZ36-1	LD10-1	JZ9-3
储集层位	东营组下段	东营组东二下段	东营组下段
岩性特征	储层主要岩类为粉-细粒岩屑长石石英砂岩，储层黏土矿物以高岭石和蒙脱石为主	中-粗粒长石岩屑砂岩，黏土矿物以高岭石为主，其次为蒙脱石	储层岩性为含砾中一粗砂岩和中-细砂岩，黏土矿物以蒙脱石为主，其次为高岭石和伊利石
物性特征	平均孔隙度为32%，平均渗透率为$3123×10^{-3}μm^2$，以高孔（特）高渗储层为主	孔隙度平均为31.6%，渗透率平均为$2924×10^{-3}μm^2$，以高孔（特）高渗储层为主	孔隙度平均为29%；渗透率平均为$500×10^{-3}μm^2$，以高孔高渗储层为主
孔隙结构特征	储集空间以原生粒间孔为主，孔喉粗大	储集空间以原生粒间孔为主，孔喉粗大	储集空间以原生粒间孔为主，孔喉粗大
储层温度压力	$56～79.7℃$，油藏属正常压力系统	油藏温度梯度约为3.12℃/100m；压力系数约为1.02	地层温度为61℃左右，储层平均压力为16.73MPa
原油黏度	平均1012～1478.4mPa·s	107.3～204.6mPa·s	地下原油黏度<26mPa·s
地层水性质	$NaHCO_3$型，矿化度平均为6071mg/L	$NaHCO_3$型，矿化度平均为2627～2873mg/L	$NaHCO_3$型，矿化度平均为6500mg/L

由对比结果可知，SZ36-1 油田、LD10-1 油田、JZ9-3 油田储集层位为下第三系东营组。SZ36-1 油田储层岩石主要为粉-细砂岩屑长石石英砂岩，其次为岩屑长石砂岩，黏土矿物以高岭石和蒙脱石为主。岩石胶结疏松，以原生粒间孔为主，油层平均孔隙度为 32%，平均渗透率为 $3123×10^{-3}μm^2$，以高孔（特）高渗储层为主。储层温度为 $56～79.7℃$，油藏属正常压力系统。原油黏度平均 $1012～$ 1478.4mPa·s。地层水水型为 $NaHCO_3$ 型，矿化度平均为 6071mg/L。

LD10-1 油田东营组东二下段储层岩石类型以中-粗粒长石岩屑石英砂岩为主，岩石胶结疏松，黏土矿物以高岭石为主，其次为蒙脱石。储层孔隙度平均 31.6%，储层段渗透率平均为 $2924×10^{-3}μm^2$，储层原生粒间孔占绝对优势，储层具有高孔（特）高渗特征，在油田开发过程中易于出砂。油藏温度梯度约为 3.12 ℃/100m，压力系数约为 1.02。原油黏度为 107.3～204.6mPa·s。地层水为碳酸氢钠型，矿化度平均为 2627～2873mg/L。

锦州 9-3 油田东营组下段储层岩石类型主要为含砾中-粗砂岩和中-细砂岩，黏土矿物以蒙脱石为主，其次为高岭石和伊利石。储层孔隙度平均为 29%；渗透率平均为 $500×10^{-3}μm^2$，以高孔高渗为主；原生粒间孔是主要的储渗空间。地下原油黏度<26mPa·s，地层水为 $NaHCO_3$ 型，总矿化度为 6500mg/L。地层温度为61℃左右，储层平均压力为 16.73MPa。

第一节　绥中 36-1 油田储层地质特征

绥中 36-1 油田位于渤海辽东湾中部海域，距岸 64km，是目前我国海上发现的最大油田，全油田叠合面积 43.3km²，储量 2.88 亿吨，油品性质属高黏度、重质稠油。该油田是一个在前第三系古潜山背景上发育起来的下第三系披覆构造油田。辽西大断层把构造分成东西两个区块，东部为油田的主体，是大断层上升盘内的一个半背斜构造（图 2-2）。油田内共钻遇了五套地层，自上向下依次为：第四系平原组，上第三系明化镇组和馆陶组，下第三系东营组以及前新生界基底（表 2-3）。

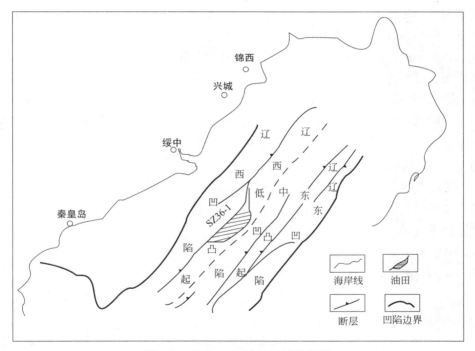

图 2-2　绥中 36-1 油田区域位置图

表 2-3　绥中 36-1 油田钻遇地层统计

界	系	组	地层厚度/m
新生界	第四系	平原组	400～480
	上第三系	明化镇组	430～590
		馆陶组	160～260
	下第三系	东营组	500～1140
前新生界			117～210

一、储层岩性特征

1. 碎屑成分

储层岩石主要为黑褐色、褐灰色含油粉-细砂岩，碎屑颗粒有石英、长石和岩屑，含少量云母和重矿物。主要岩类为岩屑长石石英砂岩，其次为岩屑长石砂岩。

石英：含量 50%～75%，随粒度变细，石英含量有增加的趋势，圆度次棱至次圆，可见石英加大边。

长石：包括钾长石和斜长石，含量 10%～30%，在细砂岩中含量多于粉砂岩中，次棱角状，长石多被溶蚀，或被高岭石交代。

岩屑：含量 5%～25%，类型有黏土岩，喷出岩、变质岩、沉积岩。黏土岩屑含量最高，经压实变形，呈夹杂基形态，沉积岩主要为分布不均的碳酸盐岩屑，含量 0～4%。

各油组储层中均有黑云母和白云母出现，含量 2%～8%，粉、细砂岩中略多，在层面上可见云母纹层，分选好的中砂岩中云母少见。

2. 填隙物

填隙物包括杂基和胶结物。杂基是碎屑岩中细小的机械成因组分，其粒径以泥为主，可包括一些细粉砂。杂基的成分最常见的是高岭石、水云母、蒙脱石等黏土矿物，有时可见有灰泥和云泥。

把松散的碎屑物质胶结起来的化学成因物叫胶结物。胶结物在碎屑岩中的含量小于 50%。常见的胶结物质有泥质（主要是黏土）、钙质（方解石）、铁质（赤铁矿和褐铁矿）和硅质（石髓、石英）。其次，还有白云石、菱铁矿、海绿石、鲕绿泥石、黄铁矿、硬石膏、石膏、重晶石，沸石等。此外，在碎屑岩中还常含有一些与碎屑颗粒一起沉积下来的微细粒状物质，称为基质或杂质，如高岭石、水云母、蒙脱石、石英、长石等。在许多情况下，把胶结物与基质分开是困难的，因此，常把它们归在胶结物中。

绥中 36-1 油田储层中填隙物主要是黏土矿物，次为碳酸盐矿物和石英，少量的黄铁矿。黏土矿物含量通常都大于 10%，范围 5%～35%；碳酸盐矿物含量 0～10%，呈斑状胶结，少量自生白云石；自生石英含量小于 0.5%，呈加大结构；黄铁矿呈斑状分布，含量低于 1%。胶结类型以基底式胶结为主，颗粒间以点接触居多，分选好、物性好的储层，颗粒出现漂浮接触关系，仅当塑性颗粒存在之处表现为线接触。碳酸盐胶结物呈斑状分布，一个斑晶仅能将 3～7 个颗粒连接在一起，受含量低的限制，对增加岩石强度的贡献甚微。

杂基含量普遍较低，以粒间充填和骨架颗粒表面吸附为主，但是分布不均匀，部分骨架颗粒表面干净；部分骨架颗粒表面及孔隙间杂基集中。这种杂基的不均匀分布某种程度上降低了与外来流体接触的面积，储层受到的损害程度相对低。

总之储层表现出未固结或弱固结，出砂将成为潜在的较严重的地层损害因素。

3. 各油组岩性特征

绥中36-1油田主力油层从纵向上可分成四个油组：0油组、Ⅰ油组、Ⅱ油组和Ⅲ油组，又细分为14个小层。其中0油组、Ⅲ油组仅为试验区几口井钻遇，分布范围不大；Ⅰ、Ⅱ油组是油田的主力油层，在全油田分布稳定，横向对比性好。

0油组：褐色岩屑长石砂岩和岩屑长石石英砂岩，分选中等。

Ⅰ油组：主要为深褐色细粒砂岩，以石英为主，其次为长石，并含少量暗色矿物，分选中至好，磨圆度为次棱至次圆。胶结疏松。泥页岩夹层为褐色，含砂。

Ⅱ油组：褐色粉至细砂岩，成分以石英为主，次为长石，并含少量暗色矿物和黑云母，分选中至好，磨圆为次棱角状。胶结疏松，褐灰色泥岩，偶见白色富含钙质的泥岩。

Ⅲ油组：褐灰色、灰白色细至中粒砂岩。主要岩类为岩屑长石石英砂岩，其次为岩屑长石砂岩。次棱角状，分选中等，含较多的暗色矿物，具有快速堆积的特点。

二、黏土矿物特征

利用X射线衍射仪分析黏土矿物的类型和含量，通过扫描电镜和薄片观察黏土矿物的产状。衍射分析结果如表2-4所示，研究区黏土矿物的类型主要有高岭石、绿泥石、伊利石以及伊/蒙间层矿物，以蒙脱石和高岭石为主。

表2-4　SZ36-1油田储层黏土矿物组分分析

| 井号 | 样号 | 井段/m | 黏土矿物相对含量/% | | | | | (I/S)/%间层比 | 油组 |
			I	K	C	S	I/S		
SZ36-1-18	31	1383.50	15.5	54.1	7.9	22.5	—	—	Ⅰ上
	32	1388.40	12.1	45.3	7.5	—	35.1	47.0	
	33	1390.00	10.9	53.4	7.6	—	28.1	45.0	
	34	1391.90	10.9	60.5	7.6	—	21.0	40.0	
	35	1403.00	15.6	63.2	6.2	—	15.0	30.0	
SZ36-1-21	1	1381.05	28	43	14	15	—	—	Ⅰ上
	2	1382.92	11	41	8	40	—	—	
	3	1384.27	7	43	7	43	—	—	
	4	1455.63	10	45	6	39	—	—	Ⅰ下
	5	1457.35	14	44	7	35	—	—	

井号	样号	井段/m	黏土矿物相对含量/%					(I/S)/% 间层比	油组
			I	K	C	S	I/S		
SZ36-1-5	1	1513.90～1514.87	4	79	11	6	—	—	Ⅱ
SZ36-1-2D	2	1529.06	20	48	0	32	—	—	
	3	1530.20	22	10	7	61	—	—	
	4	1534.30	18	0	20	62	—	—	

注：S—蒙脱石；I—伊利石；K—高岭石；C—绿泥石；I/S—伊/蒙间层。

（1）高岭石

高岭石的含量：Ⅰ油组平均约为 49%，Ⅱ油组平均为 34%。薄片和扫描电镜下产状主要表现为粒间孔充填，呈分散质点、书状、蠕虫状集合体，粒径 5～10μm，大者可达 15μm，高岭石晶形完好（图 2-3）；少量长石及云母蚀变物，或充填在长石溶孔中，可见长石向高岭石转化的多种过程类型，晶形略差，排列比较紧密。

| (a) | (b) |

图 2-3　绥中 36-1 油田储层黏土矿物类型与产状（高岭石）

（a）蠕虫状高岭石呈集合体状充填于粒间孔，自形程度较差，SZ36-1-14D 井，1637.63～1638.63m；
（b）蠕虫状、书页状高岭石，晶片薄、直径约 5μm，SZ36-1-14D 井，1637.63～1638.63m

（2）蒙脱石

蒙脱石含量Ⅰ油组平均约为 32.42%，Ⅱ油组平均为 40.25%。电镜下观察主要形态成蜂窝状，成薄膜状覆盖在颗粒表面，常与高岭石伴生（图 2-4）。

（3）I/S 间层矿物

I/S 间层矿物Ⅰ油组平均约为 24.8%，间层比平均为 40.5%。高间层比的 I/S 占主导地位，这是疏松砂岩的重要特征。I/S 的产状有以下三种：①弯片状，边缘卷曲或呈小齿状，单晶体尺寸 1～5μm，集合体呈絮状，充填于孔隙中或附着在颗粒

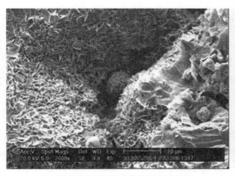

(a) 蜂窝状蒙脱石覆盖于孔隙表面，   (b) 蜂窝状蒙脱石呈薄膜状覆盖骨架颗粒上，
SZ36-1-23井，1386～1387m   SZ36-1-23井，1386～1387m

图 2-4　绥中 36-1 油田储层黏土矿物类型与产状（蒙脱石）

表面；②蜂窝状，I/S 晶体以边-边接触方式相互搭接，蜂窝直径 1～5μm；③不规则状，单个晶体形态不清晰，与长石等一些碎屑物有关系。

（4）绿泥石

相对含量最低，平均仅 8%～10%。薄片及扫描电镜观察均难以见到自形的绿泥石，因此判定绿泥石主要为碎屑成因。薄片中偶见黑云母的绿泥石化。

（5）伊利石

含量平均范围 13.5%～16%。大部分属碎屑成因，它是黏土基质的组分之一。由于地温低，排除了蒙脱石经 I/S 转化形成伊利石的途径。电镜下观察发现伊利石呈丝状覆盖于蠕虫状高岭石上，附着在骨架上或松散充填于粒间孔内。

可见，I 油组黏土矿物以高岭石和伊/蒙间层矿物为主，其潜在的敏感性伤害主要为水敏和酸敏；II 油组黏土矿物以蒙脱石和高岭石为主，因此具有较强的水敏伤害，部分小层绿泥石含量较高，具有潜在的酸敏伤害。

三、储层物性特征

1. 储层物性

在全油田范围内，储层岩性疏松，胶结性差，孔隙发育，渗透性很好，但层间非均质及层内非均质性较强，储层岩心孔隙度和渗透率统计如图 2-5 所示。

I 上油组：孔隙度变化于 29%～35% 之间，井点平均孔隙度为 32%；渗透率变化于 0.4～11μm^2，井点平均渗透率为 3.123μm^2。含油饱和度变化于 54%～81%，平均为 71%。

I 下油组：孔隙度变化于 30%～35%，井点平均孔隙度为 33%；渗透率变化于 1.0～18μm^2 之间，井点平均渗透率为 3.594μm^2。含油饱和度变化于 55%～81%，平均为 74%。

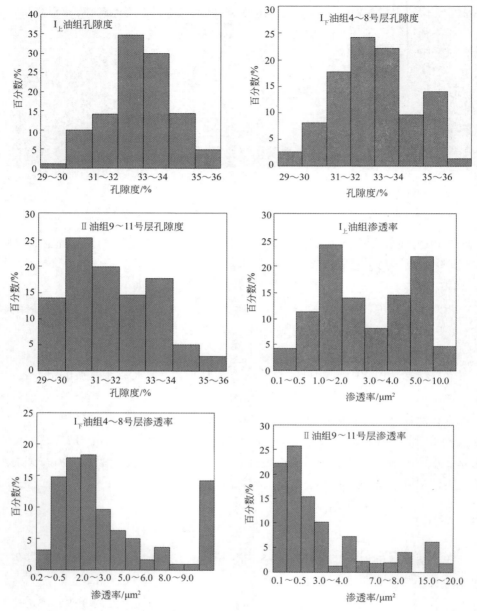

图 2-5　储层孔隙度和渗透率分布直方图

Ⅱ 油组：孔隙度变化于 29%～35% 之间，井点平均孔隙度为 32%；渗透率变化于 0.27～13μm²，井点平均渗透率为 3.144μm²。含油饱和度变化于 52%～81%，井点平均为 68%。不同含油产状的岩心孔隙度测定表明，含油程度与孔隙度密切相关。对油砂岩而言，50% 的样品孔隙度大于 29%；而油浸砂岩有 50% 的样品孔隙度大于 26%；油斑砂岩近 90%的样品孔隙度小于 26%。

2. 储层物性分类

根据小层微相分布状况，对各小层储层发育状况进行了综合分类评价，共采用了钻遇率、平均厚度、渗透率、地层系数四项分类指标，把储层分为 A、B、C 类（表 2-5）。

表 2-5 绥中 36-1 油田油层分层表

分类	小层	分布情况	厚度/m	储集性能			沉积微相
				ϕ/%	K/($10^{-3}\mu m^2$)	S_o/%	
A	4，6，7 11，12	全区分布，层厚	1～28.4	32～34	3169～5175	65～76	水下河道为主
B	1，39，13	全区分布，厚度变化大	0.6～23.8	32～33	2589～3510	66～74	水下河道、河口坝均有
C	2，5，8 10，14	厚度小，但变化不大	0.4～15.2	31～32	1127～2610	66～70	远砂坝及前缘席状砂为主

注：储集性能参数均为小层井点平均值。ϕ为有效孔隙度；K为渗透率，S_o为含油饱和度。

A 类储层：主砂体（指各种砂坝及水下河道砂）钻遇率>70%，平均厚度≥8m，渗透率≥2.0μm^2，地层系数>2×10^4。

B 类储层：主砂体钻遇率 40%～70%，平均厚度 6～8m，渗透率<2.0μm^2，地层系数 1×10^4～2×10^4。

C 类储层：主砂体钻遇率<40%，平均厚度<6m，渗透率<2.0μm^2，地层系数<1×10^4。

各项指标的重要性以钻遇率为主，各类储层首先必须符合此项标准，其余指标的重要性逐次减弱。上述分类方案适合工程生产方面的需要，简单明了，便于对比地层进行，仅是宏观分类方案。

对于油气田开发，这种分类过于粗糙，不便于储层精细描述和室内评价，更不利于评价不同类型储层的损害机理和程度。因此，参照原中国石油天然气总公司开发局制定的标准，考虑油层埋藏较浅、孔隙度高及海上开发特点，将孔隙度值界限提高，渗透率则仍基本沿用原标准，对储层提出了表 2-6 的分类方案。

表 2-6 绥中 36-1 油田储集层油田开发储层分类

类型	名称	孔隙度/%	渗透率/($10^{-3}\mu m^2$)
Ⅰ	特高孔特高渗	>33	>2000
Ⅱ	高孔高渗	30～33	400～2000

类型	名称	孔隙度/%	渗透率/($10^{-3}\mu m^2$)
III	中孔中渗	28～30	100～400
IV	低孔低渗	25～28	20～100
V	特低孔特低渗	<25	<20

四、储层孔隙结构特征

储层的储集空间主要是孔隙，渗流通道主要是喉道。孔隙和喉道的几何形状、大小、分布及其连通关系称为储层的孔隙结构。主要依靠铸体薄片、扫描电镜和图像处理等分析手段进行研究。

1. 孔喉分级标准

绥中 36-1 油田储层孔隙度高，孔喉粗大，孔喉分类标准如下：

大孔隙 $R_p>50\mu m$；中孔隙 $25\mu m<R_p\leqslant50\mu m$；小孔隙 $10\mu m<R_p\leqslant25\mu m$；微孔隙 $R_p\leqslant10\mu m$。R_p 为孔隙半径。

特粗喉道 $R_t>15\mu m$；粗喉道 $10\mu m<R_t\leqslant15\mu m$；中喉道 $5\mu m<R_t\leqslant10\mu m$；细喉道 $0.5\mu m<R_t\leqslant5\mu m$；微喉道 $R_t\leqslant0.5\mu m$。R_t 为喉道半径。

2. 孔隙类型

按结构特征划分类型，砂岩孔隙类型有：粒间孔、溶蚀孔、微孔隙、裂缝四类，各具不同的特征。

粒间孔：颗粒相互支撑，胶结物含量少，孔隙位于颗粒及胶结物之间。疏松砂岩储层就是以这类孔隙为主，其孔隙大，喉道粗，连通性好。

溶蚀孔：是由于碳酸盐、长石、硫酸盐或其他易溶矿物被溶解后造成的空间。含有溶蚀孔的储层渗流特征变化大，取决于溶蚀孔隙的大小和孔隙间的连通性。同时，颗粒溶蚀后的残余物也是敏感性地层微粒的来源。

微孔隙：微孔隙的直径一般小于 $0.5\mu m$，多出现在含较多黏土矿物的砂岩中，其特征常常是比表面积高、孔径小、渗透率低、残余水饱和度高。由于疏松砂岩储层含泥质高，大比表面为黏土矿物水化膨胀提供条件，容易造成储层损害。

裂缝：由构造应力和成岩作用造成。由于疏松砂岩胶结弱，黏土矿物含量低，储层岩石具有较好的柔变性，因此裂缝含量少。

3. 喉道类型

喉道是两个颗粒之间的狭小部分，是最容易受到损害的部位。按照与储层损害的关系，储层喉道可分为以下四种[3]：

① 缩颈喉道　常存在于以粒间孔隙为主的储层中，容易发生架桥堵塞。

② 点状喉道 含此种喉道的储层孔隙度高，但是渗透率低，要求注水中固悬物颗粒粒径小。此类喉道在储层中含量少。

③ 片状或弯片状喉道 是由于砂岩被压实或由于压溶作用使晶体再生长时造成的，其再生长边之间包围的孔隙变得较小，喉道变成了晶体之间的片状或弯片状间隙。疏松砂岩压实作用和成岩作用弱，此类喉道含量少。

④ 管束状喉道 当胶结物含量高时，孔隙缩小，喉道与孔隙无法区分，此类喉道疏松砂岩中含量也少。

表 2-7 SZ36-1 油田储层压汞曲线特征参数统计表

井号	井深/m	ϕ/%	$K/10^{-3}$ μm^2	X/μm	σ	S_k	p_d/MPa	R_{50}	S_{max}/%	S_{min}/%	$R_{主}$/μm	W_e/%	储层类型
36-1-20D	1610.09	27.8	81.20	1.95	2.91	0.424	0.104	1.207	90.52	9.48	40～100	38.6	IV
	1611.5	30.80	132.20	2.22	2.72	0.646	0.119	1.816	94.73	5.27	40～100	39.98	III
	1612.58	28.90	113.60	2.97	2.45	0.320	0.1106	1.484	100	0.00	40～100	33.21	III
	1613.37	29.90	139.00	2.57	2.738	0.504	0.1173	1.350	94.62	5.37	40～100	39.30	III
	1614.31	26.50	26.00	1.54	2.411	0.281	0.2401	0.9353	94.74	5.26	40～100	37.26	IV
	1615.08	30.02	80.08	1.83	2.773	0.422	0.1043	0.926	91.22	8.78	40～100	41.29	IV
	1615.54	23.4	0.73	0.47	2.43	−0.744	0.2191	0.1826	86.13	13.87	40～100	49.42	V
	1617.48	27.40	14.60	1.33	2.148	0.155	0.2119	0.6385	98.13	1.87	40～100	31.91	V
36-1-21	1387.75	33.90	239.80	9.53	2.071	1.758	0.0690	6.1615	100	0.00	40～100	16.35	IV
	1450.35	30.10	59.10	1.35	2.949	0.1572	0.1200	0.7166	85.60	14.39	40～100	40.23	IV
	1451.33	30.40	78.10	1.38	3.036	0.2287	0.1034	0.7077	83.91	16.09	40～100	37.11	IV
	1453.24	33.20	122.40	1.30	3.368	0.1249	0.100	0.6350	77.62	22.38	63～100	43.07	III
	1453.41	33.90	243.60	10.36	2.119	1.9031	0.070	6.2797	100	0.00	40～100	13.42	III
	1454.71	33.90	248.40	106.58	3.234	0.4957	0.0650	1.878	86.66	13.34	40～100	34.84	III
36-1-18	1382.65	29.90	27.50	140.71	2.829	0.1514	0.2001	0.5919	83.50	16.50	40～100	34.61	IV
	1383.05	29.90	52.40	139.45	2.842	−0.8980	0.2987	0.0456	53.81	46.18	40～100	37.58	IV
	1398.16	23.40	4.00	0.51	2.397	−0.9860	0.7523	0.2258	85.86	14.14	40～100	40.81	V
36-1-10	1504.62	33.10	141.90	1.46	3.213	0.0225	0.1033	0.7865	83.34	16.65	40～100	31.64	III
	1505.10	30.20	36.80	1.35	2.920	0.0204	4.366	0.7549	86.75	13.24	40～100	32.45	IV
	1506.20	27.90	43.00	1.51	2.879	−0.0242	0.1613	0.7368	89.49	10.51	40～100	25.14	IV
	1507.15	32.90	453.30	2.39	3.681	0.4467	0.0613	2.5878	78.10	21.90	40～100	16.39	II
	1507.90	34.80	173.20	1.37	3.345	0.1800	0.0814	0.9407	77.70	22.30	40～100	32.12	III
	1508.73	28.60	118.10	2.18	2.770	−0.1247	0.21460	0.9802	97.44	2.56	40～100	30.58	III
	1513.60	31.10	65.90	1.51	3.058	0.2531	0.1028	1.0207	84.09	15.09	40～100	27.95	IV

注：ϕ为孔隙度；K为渗透率；X为半径平均值；σ为分选系数；S_k为歪度；p_d为排驱压力；R_{50}为50%对应的喉道半径；S_{max}为最大进汞饱和度；S_{min}为非汞饱和体积；$R_{主}$为主流喉道半径；W_e为退汞效率；测试压汞的最大压力为40MPa。

4. 孔喉组合关系

孔喉组合关系是指孔隙与喉道之间的连通关系，每一个喉道都可以连通两个孔隙，而每一个孔隙至少与两个以上的喉道连接。可以由铸体薄片图像分析及压汞毛管压力曲线资料确定孔隙和喉道的组合关系。绥中 36-1 油田主力油层孔喉组合类型有大孔-粗喉和中孔-粗喉，中孔-中喉和小孔-中喉为辅助组合类型。

各类储层的孔喉结构特征表现如下（表 2-7）：

Ⅰ类，渗透率>2.0μm²，以粒间孔为主，岩石疏松，大孔-特粗喉道、大孔-粗喉组合为主，压汞曲线上表现为平台长，排驱压力<0.1MPa，孔喉分选较好，为粗歪度，非汞饱和度<15%。主流喉道半径为 63～139μm，铸体薄片统计表明孔隙直径平均超过 200μm。

Ⅱ类，渗透率 0.4～2.0μm²，粒间孔为主，但孔隙和喉道尺寸都较Ⅰ类小，以中孔、大孔-粗喉组合为主，粗喉控制的孔喉体积减少，曲线上表现为平台缩短，且台阶升高，仍凹向右上方，孔喉分选较好，为略粗歪度，非汞饱和度为 15%～30%。主流喉道半径为 40～100μm，p_d=0.07～0.15MPa。退汞效率<50%，说明孔喉的连通性差。

Ⅲ类，渗透率 0.01～0.4μm²，以粒间孔为主，含部分溶孔，以中孔隙多见。喉道以中喉为主，孔喉组合方式为中孔-中喉组合。孔喉分选中等，平台较显著。在 40MPa 压力条件下的最大进汞饱和度为 77%～95%，主流喉道半径为 40～100μm，p_d=0.1～0.2MPa。退汞效率 30%～45%，孔喉连通性差。

Ⅳ类，渗透率 0.02～0.1μm²，以粒间孔为主，孔隙直径一般不超过 100μm，属小孔、微孔类型。喉道半径 R 多介于 1～5μm 范围，属细喉道范畴。毛管压力曲线一般不见平台，说明分选略差，曲线仍凹向右上方，为细歪度。主流喉道半径为 40～100μm，p_d=0.15～0.3MPa。在 40MPa 压力条件下的最大进汞饱和度为 53.8%～90.5%，退汞效率为 25%～40%。

Ⅴ类，渗透率小于 2.0×10⁻²μm²，以缩小粒间和黏土矿物晶间孔为主，属微孔隙范畴，孔喉直径一般小于 20μm，但是主流喉道半径仍为 40～100μm。喉道以细喉、微喉占主导地位。除渗透率小于 1×10⁻³μm² 的岩样外，毛管压力曲线仍凹向右上方，孔喉分选差，为细歪度，非汞饱和度为 35%～60%，Ⅴ类储层测试时一般产水或为干层。

总之，从压汞曲线参数分析可知，主力储层的平均孔喉 X、R_{50} 均比较小，但是主流喉道半径集中在 40～138μm；进汞饱和度一般大于 80%，退汞效率一般小于 45%，说明储层孔喉的连通性差，非均质性强。

五、沉积相特征

储层段为三角洲沉积，主水流是自西向东的古绥中水系，在三角洲形成过程中，由于分流河道的频繁摆动，形成了纵向相互叠置，平面上大面积展布的沉积砂体（图2-6），反旋回沉积的特点明显。典型测井曲线为钟形组合。下部曲线平直或渐变为齿形，向上曲线幅度增大，为前积式沉积，中上部为中幅箱型加积式沉积。

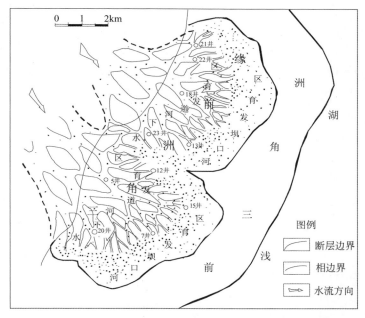

图2-6　绥中36-1油田东下段储层沉积相模式图

纵向上储层可明显地划为两个沉积旋回，Ⅲ油组和Ⅱ油组为第一个沉积旋回，Ⅰ油组和0油组为第二个沉积旋回。平面上油田储层分布为两个相互连接的沉积朵叶、开发区位于油田南部的沉积朵叶。

0油组是三角洲前缘席状砂沉积，Ⅲ油组为浊积扇沉积，两个油组的分布很局限。以下重点阐述开发区Ⅰ油组和Ⅱ油组的沉积相特征。

在开发区范围内，主要发育有三角洲沉积亚相和三角洲间湾亚相。含油砂体大部分为三角洲前缘亚相所沉积的砂体组成，进一步可细分为水下河道微相、河口坝微相、远砂坝及前缘席状砂微相。

水下河道单砂体在平面上呈长条状展布，厚度变化较大，厚度变化于4～20m之间，砂体平均孔隙度为32%，平均渗透率为3.399μm²，平均泥质含量为11.6%。典型测井曲线形态为箱形、局部可见钟形。

河口坝砂体为相互连片大面积分布的砂层，砂层厚度在平面上相对稳定，一般砂层厚度变化于2～16m之间。单砂体平均厚度为5m，平均孔隙度为31.5%，平均渗透率为2.738μm²，平均泥质含量为13.1%。典型测井曲线形态为漏斗形。

远砂坝及前缘席状砂砂层薄，平面上厚度变化不大，以单砂体存在或连片分布，砂层厚度一般在1～5m之间。单砂体平均厚度为3m，平均孔隙度为30.4%，平均渗透率为1.944μm²，平均泥质含量为20.1%。典型测井曲线形态为指形。

对开发区小层沉积微相的研究成果表明，该区小层沉积微相有以下特点：

① 纵向上，各小层沉积微相的发育是有差异的。Ⅱ油组大多数小层砂体以水下河道沉积为主，砂层厚，横向变化大，如Ⅱ号层，在J区最厚可达30m多，试验区有的井厚10m多左右。Ⅰ油组的砂层由水下河道、河口坝微相的砂体相互迭置连片大面积分布，厚度在平面上相对稳定。此外，各小层的主水流方向是不同的，主要的水下河道有一定的继承性。

② 平面上，油层的分布明显受沉积微相的控制。一般在水下河道内的砂层物性好，但油层厚度变化大，如7号层，主要是水下河道沉积，砂体物性稳定，厚度变化大，为0.8～18.3m。河口坝和远砂坝的砂体平面上厚度相对稳定，但泥质含量变化比较大，物性差异明显，如5号层，以河口坝沉积为主，其砂体几乎全区分布，但在不同井区泥质含量变化大，油层的物性差异明显，油层不连续。

六、油藏温度压力及流体性质

油田范围内，0油组埋深1250m左右，温度56℃；Ⅱ油组埋深1960m，温度可达79.7℃，计算油藏的温度可以使用方程式：

$$T = 12.0 + 0.037(H-50) \qquad (2-1)$$

式中，T为地层温度，℃；H为井深，m。

东营组下段油藏属正常压力系统[4]，压力梯度小于1MPa/100m，地层压力范围13.0～15.0MPa，投产时部分油井能够自喷，Ⅱ区泡点压力为12MPa，B区泡点压力略高，达13MPa。研究区测试时最大生产压差达5.745MPa。

原油性质见表2-8，地面原油脱气密度在0.9573～0.9738g/cm³之间，平均0.9652g/cm³，Ⅰ油组平均原油密度0.9707g/cm³，Ⅱ油组0.9509g/cm³。原油黏度一般在27.8～7787.4mPa·s之间，平均1012～1478.4mPa·s，其中Ⅰ油组平均1738.4mPa·s，Ⅱ油组平均884.5mPa·s。含硫量在0.01%～0.51%之间，平均0.36%；含蜡量在0.7%～9.4%之间，平均2.4%；胶质沥青含量为32.3%。原始溶解油气比在23～38m³/m³之间，饱和压力在8.85～13.3MPa之间。

表 2-8　绥中 36-1 油田脱气原油物性综合表

平台	相对密度 d_4^{20}	相对密度 d_4^{50}	黏度 /mPa·s	初馏点 /℃	凝固点 /℃	含硫量 /%	含蜡量 /%	沥青质 /%	胶质 /%
D	0.9654	0.9482	712	174.0	−9.5	0.36	2.8	7.7	12.0
E	0.9648	0.9483	788	186.0	−11.3	0.35	0.5	7.9	8.0
F	0.9738	0.9574	1529	216.6	−3.8	0.37	2.0	9.5	10.7
A I	0.9745	—	2374	222.5	−4.7	0.40	2.4	8.8	34.4
A II	0.9590	—	412	128.7	−15.5	0.35	2.7	6.9	34.2
B	0.9573	—	528	159.4	−18.7	0.35	3.6	7.3	33.0
J	0.9618	0.9451	740	166.1	−14.1	0.33	3.0	8.6	37.1
平均值	0.9652	0.9498	1012	179.0	−11.1	0.36	2.4	8.1	24.2

溶解气中气体组分中 CO_2 含量低，含量一般为 0.07%～0.38%，甲烷含量 95% 左右。

东营组储层地层水分析结果见表 2-9，水型为碳酸氢钠型，绥中 36-1 油田地层水矿化度平均为 5855mg/L，pH 6～7.69。

表 2-9　绥中 36-1 油田东营组下段水样分析数据表

井号	层位	取样日期	阳离子/(mg/L)			阴离子/(mg/L)				总矿化度 /(mg/L)	水型
			$Na^+ + K^+$	Mg^{2+}	Ca^{2+}	Cl^-	SO_4^{2-}	HCO_3^-	CO_3^{2-}		
SZ36-1-15	Ed 下	1988-9-5	2229	12	40	1684	346	2355	198	6864	NaHCO₃
SZ36-1-A22	Ed₁II	1997-5-2	1979	27	16	1781	0	2026	168	5997	NaHCO₃
SZ36-1-B7	Ed₁II	1997-3-16	1695	5	8	948	38	2377	240	5311	NaHCO₃
SZ36-1-B13	Ed₁II	1997-4-14	1454	12	36	948	38	1651	342	4481	NaHCO₃
平均			1920	12	23	1427	125	2099	250	5855	NaHCO₃

第二节　旅大 10-1 油田油藏地质特征

旅大 10-1 油田位于辽东湾地区辽西低凸起的中段，西侧紧邻辽西凹陷，是渤海最有利的油气富集区之一，具有良好的油气富集成藏的石油地质条件。油田位于东经 120°34′～120°41′，北纬 39°45′～39°51′，东北距绥中 36-1 油田中心平台约 24km，西边界为辽西 1 号断层，东南呈缓坡向凹陷过渡，平均水深 30m，平均温度 10.3℃。

旅大 10-1 构造是一个在古潜山背景上发育起来的断裂半背斜，近北东走向，西北边界为辽西 1 号断层，东南侧呈缓坡向凹陷过渡，油田范围内，断层不甚发育，构造较为完整。辽西 1 号断层呈北东走向，延伸长度达 100km 以上，是分割辽西低凸起和辽西凹陷的边界大断层，在油田范围内呈弧形挠曲，目的层段断距为 150～250m，该断层对旅大 10-1 油田的构造演化及沉积起着明显的控制作用。油田范围内发育一条北东走向的内幕断层，延伸长度 1.4km，目的层段平均断距60m，为辽西断裂带的派生断层。

旅大 10-1 构造长约 10.0km，宽约 2.5km。东营组地层倾向近南东，构造顶部较缓，翼部相对较陡，地层倾角 3°～6.7°。一油组：构造圈闭面积 8.1km^2，高点埋深 1310m，闭合线 1400m，闭合幅度 90m；二油组：构造圈闭面积 8.5km^2，高点埋深 1460m，闭合线 1650m，构造幅度 190m。

油田原油储量 4150×10^{4}m^3，钻后新增三、四、五油组地质储量约 900×10^{4}m^3。2005 年 1 月 30 日该油田正式投产，2005 年 8 月全面投产。2005 年 9 月份开始转为注水开发，2006 年 3 月 A23 井开始注聚。

一、地层层序及油组划分

1. 地层层序

三口钻井在旅大 10-1 地区主要钻遇新生界地层，根据岩性、电性及古生物特征，自上而下可分为第四系平原组（Qp）、上第三系明化镇组（Nm）和馆陶组（Ng）、下第三系东营组（Ed），其中东营组二油组下段为本油田的主要油层（图 2-7）。

第四系平原组：层厚 482～533m，上部为绿灰色黏土和浅灰色粉砂，下部为灰白色含砾砂岩。

上第三系明化镇组：层厚 473～510m，浅灰色含砾砂岩夹薄层绿灰色泥岩。自然伽马曲线为齿化钟型、齿化漏斗型和齿化箱型。富含植物碎片及孢粉化石。

上第三系馆陶组：层厚 162～167m，灰色砂砾岩与杂色砾岩，局部层位夹泥岩薄层。自然电位及自然伽马呈齿化箱型，声波时差较小。区域上与下伏东营组呈不整合接触。

下第三系东营组：未穿。区域上将东营组分为三段，其中，东二段又细分为上、下两段。

东一段：本地区缺失。

东二上段：层厚 118～134m。主要岩性为浅灰色砂岩与褐灰色泥岩互层。自然伽马曲线呈齿化钟型和箱型，自然电位和电阻均以锯齿型为主。富含孢粉、藻类化石。

东二下段：层厚约 420m。本油田的主力含油层系。上部岩性为浅灰色粉砂岩、细砂岩与褐灰色泥岩互层，自然电位和自然伽马曲线呈齿状钟型、齿状箱型

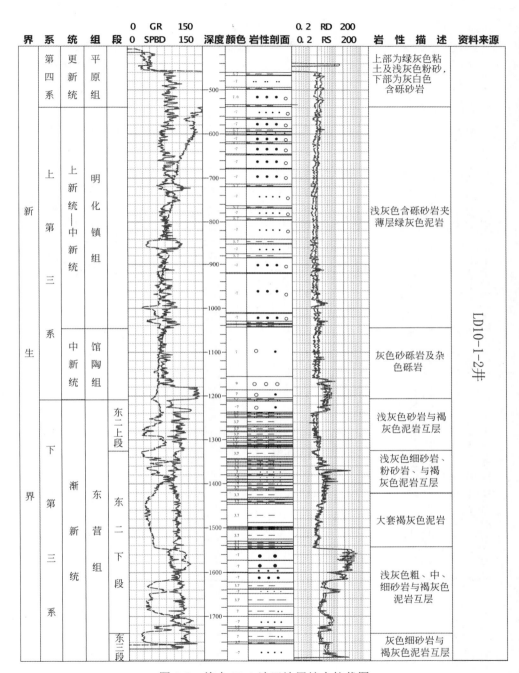

图 2-7　旅大 10-1 油田地层综合柱状图

与齿状漏斗型；中部主要为大套褐灰色泥岩，测井曲线稳定；下部浅灰色粗、中、细砂岩与褐灰色粉砂质泥岩及泥岩的不等厚互层，自然电位和自然伽马曲线呈齿状钟型、齿状箱型和齿状漏斗型。全岩性段富含孢粉、藻类化石。

东三段：浅灰色细砂岩与褐灰色泥岩的互层。自然电位为箱型。富含孢粉、藻类化石。

2. 油组划分

依据"旋回对比、分级控制"原则，结合砂岩发育程度及油气分布规律，将主要含油层段分为六个油组：零、一、二、三、四、五油组（图2-8）。其中，零、三、四、五油组为开发井新钻遇的油组。

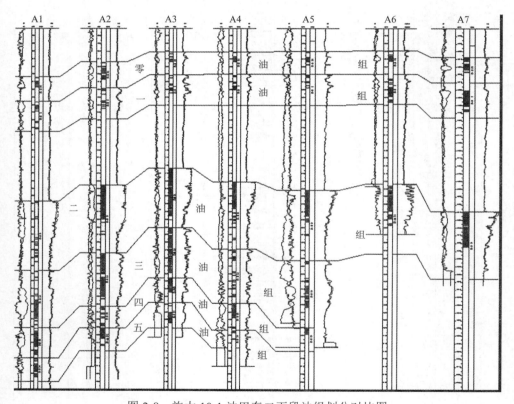

图 2-8　旅大 10-1 油田东二下段油组划分对比图

零油组：油层分布范围较小，仅在 A3、A4、A5、A6 井中钻遇，油层薄，一般小于 2m。

一油组：油层仅在构造高部位钻遇，单井有效厚度 1.3～9.3m，一般小于 5m。

二油组：为旅大 10-1 的主力油组，在油田范围内稳定分布，油层较厚，一般大于 30m，最厚达 67m。主要岩性为粗、中、细砂岩夹薄层泥岩，单井钻遇 1～4 个砂体，单砂层厚度 2.0～24.6m，砂岩总厚度 10.3～66.2m，砂岩含量 12%～75%，平均 47%。

三油组：油层主要发育在构造高部位，油层厚度变化较大，最小 6.6m，最厚达 50.5m。

四油组：油层分布范围较小，仅在 A2、A3、A8 井中钻遇，油层厚度 6.1～12.5m。

五油组：油层仅在 A2 井中钻遇，油层厚度 15.3m。

二、储层沉积特征

区域沉积相研究认为，渤海辽东湾地区在东营组东二段沉积时期为一湖盆环境，三角洲沉积体系比较发育，旅大 10-1 地区主要接受来自北西向古水流携带泥砂的沉积。油田主体区主要发育三角洲前缘亚相，沉积物源来自北偏西方向。根据单井相分析，可细分为水下分流河道、河口坝和分流河道间三个微相。

水下分流河道微相：岩性为浅灰色粗、中、细砂岩，分选中等，磨圆次圆～次棱状。沉积构造主要为块状层理及平行层理，正粒序。粒度分析，C-M 图由 Q-R-S 段组成，代表牵引流沉积；粒度概率曲线主要为两段式，有跳跃和悬浮段组成。GR 及 SP 曲线呈齿状钟型及箱型。岩心分析孔隙度 29%～35%，渗透率为 1.00～5.500μm^2。

河口坝微相：岩性主要为灰色细砂岩及中砂岩，分选中等，磨圆次棱～次圆状。GR 及 SP 曲线呈齿状漏斗型，地震剖面上见"S"斜交前积反射，砂岩段具反粒序沉积特征。储层孔隙度 25%～31%，渗透率 0.3～2.2μm^2。

分流河道间微相：岩性主要为粉砂质泥岩及浅灰色粉砂岩。沉积构造主要为水平层理及波状层理，与水下分流河道一起发育。岩心分析孔隙度为 22%～29%，渗透率为 $1×10^{-3}～1.0×10^{-2}$μm^2。

综合分析认为，零、一油组储层以水下分流河道、河口坝沉积为主，分布较稳定；2 井区二油组储层属于水下分流河道和河口坝的迭置复合体，砂体非常发育，在油田范围内大面积分布，但砂层厚度变化较大（10～67m）；三、四、五油组受古地形影响，主要发育在油田的西北侧，且砂层横向变化较大；3 井区为水下分流河道沉积。砂体在平面上分布稳定，连续性较好。

三、储层岩石学特征

旅大 10-1 油田东二下段储层岩石粒径在 0.03～2.0mm 之间，绝大多数集中在 0.25～1.0mm 之间。

根据录井资料以及铸体薄片、扫描电镜分析，东营组东二下段储层岩性主要为中-粗粒长石岩屑砂岩，其次为岩屑长石砂岩，颗粒分选中等，磨圆次圆～次棱状，成分成熟度平均 0.41，粒间孔面比率 25%～30%，粒内溶蚀孔面比率约为 2%。岩屑以花岗岩、喷出岩为主，偶尔可见少量泥质粉砂岩岩屑。局部层位可见海绿石等重矿物。填隙物以泥质杂基和结晶状高岭石为主，泥质杂基不均匀分布，含量为 3%～7%，结晶状高岭石充填在粒间孔隙或包裹在岩石颗粒表面，含量为 2%～5%。

XRD 全岩分析结果见表 2-10，石英含量平均在 25.12%；长石包括钾长石和斜长石，平均含量分别为 33.04%和 31.8%；少量的方解石，平均为 0.76%，白云石平均含量为 1.01%；黏土矿物组分（含泥质岩屑等）相对含量平均为 8.17%。

表 2-10　旅大 10-1-2 井东二下段 XRD 全岩分析结果

序号	井深/m	单矿物相对含量/%						
		石英	钾长石	斜长石	方解石	白云石	菱铁矿	总黏土
1	1556.67	14.54	14.44	57.84	0.47	0.50	0.00	12.21
2	1558.67	28.10	30.25	29.78	0.34	0.00	0.00	11.54
3	1558.92	35.32	28.18	27.22	0.87	1.59	0.00	6.82
4	1559.16	38.55	24.66	23.44	1.14	2.21	0.00	10.00
5	1560.67	15.48	49.92	23.08	0.67	1.14	0.00	9.71
6	1562.67	10.27	11.35	74.33	0.09	0.29	0.19	3.47
7	1564.29	32.75	34.80	21.05	1.76	1.56	0.00	8.08
8	1564.67	24.80	35.60	31.09	0.53	0.79	0.34	6.83
9	1565.21	22.96	51.90	17.82	0.75	0.68	0.21	5.69
10	1565.41	35.09	28.58	27.65	0.58	1.01	0.00	7.09
11	1565.99	28.78	33.45	25.50	1.29	1.27	0.00	9.71
12	1566.67	19.19	44.18	25.79	1.28	1.08	0.48	8.00
13	1567.67	20.75	42.26	28.84	0.11	0.97	0.00	7.08
平均		25.12	33.04	31.80	0.76	1.01	0.09	8.17

表 2-11 为黏土分析结果，可以看出东营组二下段储层黏土矿物以高岭石和蒙脱石为主，绝对含量低，仅为 1.9%。高岭石相对含量为 58%～81%（图 2-9），平均为 71%，主要呈蠕虫状、书页状集合体产出，粒径 10～50μm；蒙脱石相对含量为 16%～27%，相对含量平均为 25%，蒙脱石为它形，为沉积成因产物；伊利石相对含量为 0%～11.8%，相对含量平均为 3.7%，为它形颗粒；同时还含有少量的绿泥石，相对含量平均为 0.6%。

表 2-11　旅大 10-1-2 井东二下段 XRD 黏土分析结果

序号	井深/m	绝对含量 (<10μm)/%	黏土相对含量/%			
			高岭石	绿泥石	伊利石	蒙脱石
1	1556.67～1558.67	1.24	58.1	0.0	3.3	38.6
2	1558.67～1560.67	2.32	71.7	0.0	11.8	16.4
3	1562.67～1564.67	1.28	81.4	0.0	2.0	16.6
4	1564.67～1566.67	1.21	69.1	0.0	3.7	27.2
5	1566.67～1567.2	3.06	74.9	0.0	1.2	24.0
6	1567.67～1568.17	2.28	71.8	3.6	0.0	24.6
平均		1.90	71.2	0.6	3.7	24.6

在偏光显微镜和电子显微镜下，很少见到自生石英和钙质胶结物，对储层物性和开发不会有影响。

(a) 蠕虫状高岭石，充填粒间孔　　　　　(b) 片状、书页状高岭石

图 2-9　旅大 10-1 油田黏土矿物产状（LD10-1-2#，1558.67～1560.67m）

四、储层物性特征

旅大 10-1 油田东二下段储层物性统计结果见图 2-10～图 2-12。孔隙度分布在 29%～35% 之间，平均 31.6%，主要集中在 30%～33% 范围内（图 2-10），随泥质含量增加，孔隙度呈下降趋势；主力储层段渗透率分布在 9×10^{-3}～5.178μm^2 之间，平均值 2.924μm^2，主要集中于 1.0～4.0μm^2 范围内（图 2-11）。根据孔隙度和渗透率的关系曲线（图 2-12）可以看出：当孔隙度在 30%～33% 时，渗透率一般都大于 $2000 \times 10^{-3}\mu m^2$ 以上，孔隙度和渗透率的相关性好。

储层具有高孔高渗特征，胶结疏松，在油田开发过程中易于出砂，注水过程中易发生微粒运移，且外来固相颗粒侵入造成深部损害。

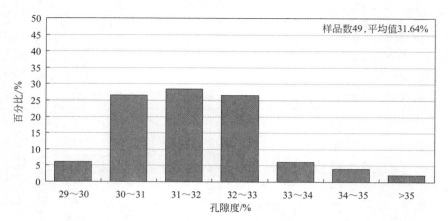

图 2-10　旅大 10-1 油田东二下段储层孔隙度频率直方图

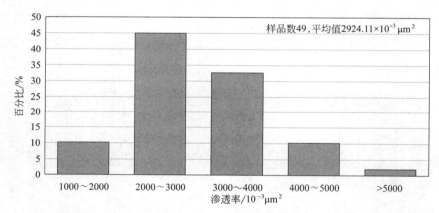

图 2-11　旅大 10-1 油田东二下段储层渗透率频率直方图

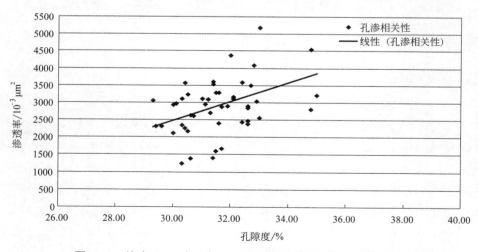

图 2-12　旅大 10-1 油田东二下段储层孔隙度与渗透率关系图

五、储层孔隙结构特征及储层分类

1. 储层孔喉类型

铸体薄片和扫描电镜分析表明，旅大 10-1 油田储层孔喉类型主要有：

原生粒间孔：颗粒相互支撑，以点接触为主，胶结物含量少，孔隙位于颗粒及胶结物之间［图 2-13（a）和（b）］，孔隙大，喉道粗，连通性好，占总储集空间的 93% 以上。

溶蚀孔：是由于碳酸盐、长石、硫酸盐或其他易溶矿物被溶解后造成的空间，旅大 10-1 油田长石含量较高，溶蚀孔以长石粒内溶蚀孔［图 2-13（c）］为主。颗粒溶蚀后的残余物也是敏感性地层微粒的来源。

(a) 原生粒间孔占优，少量粒内溶孔；填隙物含量低
（LD 10-1-2号，1562.13m）

(b) 储层原生粒间孔，胶结疏松，粒间充填结构疏松的杂基颗粒（LD10-1-2号，1561.24m）

(c) 原生粒间孔发育，局部可见溶蚀孔，填隙物含量低(LD10-1-2号，1564.67~1566.67m)

(d) 粒间孔发育，孔喉粗大，粒间充填大量黏土杂基（LD10-1-2号，1562.17m）

图 2-13　旅大 10-1 油田东二下段储层孔隙特征

微孔隙：微孔隙的直径一般小于 0.5μm，多出现在含较多黏土矿物的砂岩中，其特征常常是比表面积高、孔径小、渗透率低、残余水饱和度高。由于疏松砂岩储层含泥质高，大比表面为黏土矿物水化膨胀提供条件，容易造成储层

损害。

粒缘缝和粒内微裂缝：由构造应力和成岩作用造成，旅大 10-1 油田储层压实作用局部较为强烈，骨架颗粒压实破裂，形成大量的粒内微裂缝。

储层属于高孔高渗储层，喉道以缩颈状、点状喉道占绝对优势。孔喉组合类型主要以大孔-粗喉和中孔-粗喉为主，中孔-中喉为辅的组合类型。

2. 储层分类及孔喉结构参数

综合储层岩性、沉积相、物性、孔隙结构特征，根据罗蛰潭、王允诚陆源碎屑岩储层分类标准（1981 年），将本油田东二下段储层分为 Ⅰ、Ⅱ 两种类型，包括 Ⅰ$_a$、Ⅰ$_b$ 和 Ⅱ$_c$ 三个亚类（表 2-12）。

表 2-12　旅大 10-1 油田东二下段储层分类表

类别	亚类	沉积微相	岩性	孔隙度/%	渗透率/$10^{-3}\mu m^2$	排驱压力/MPa	最大孔喉半径/μm	评价
Ⅰ	Ⅰ$_a$	水下分流河道河口坝	粗砂岩中砂岩细砂岩	29～35	1000～5500	＜0.02	＞50	非常好
	Ⅰ$_b$	河口坝	细砂岩中砂岩	25～31	300～1000	—	—	很好
Ⅱ	Ⅱ$_c$	分流河道间	粉砂岩泥质粉砂岩	22～29	1～10	—	—	差

Ⅰ$_a$ 类储层，沉积微相属于水下分流河道及河口坝沉积，岩性为粗、中、细砂岩。常规物性分析，孔隙度 29%～35%，渗透率 1.0～5.5μm^2；毛管压力曲线表现为分选好、粗歪度，排驱压力一般小于 0.02MPa，饱和度中值压力小于 0.2MPa，最大孔喉半径大于 50μm，属于大孔隙、粗喉道（图 2-14 和图 2-15）。

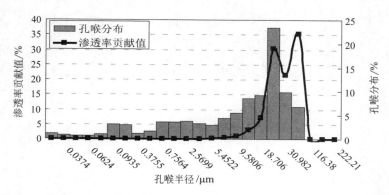

图 2-14　旅大 10-1-2 井东营组二下段孔喉分布图（1557.92m　Ⅰ$_a$ 类储层）

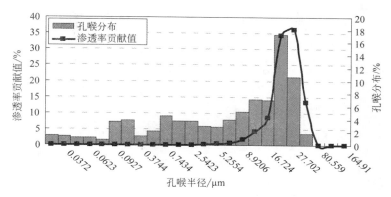

图 2-15　旅大 10-1-2 井东营组二下段孔喉分布图（1560.75m Ⅰ$_a$类储层）

Ⅰ$_b$类储层，沉积微相为河口坝沉积，岩性为中-细砂岩。孔隙度在 25%～31% 之间，渗透率 0.3～1.0μm²。

Ⅱ$_c$类储层，主要为分流河道间沉积，岩性为粉砂岩、泥质粉砂岩。岩心分析孔隙度一般小于 30%，渗透率 $1×10^{-3}$～$1.0×10^{-2}$μm²，毛管压力曲线表现为分选差、细歪度，储层的储集物性较差。

旅大 10-1 油田不同物性储层孔喉结构参数见表 2-13，由表可知：

① 渗透率小于 1.5μm² 时，最大喉道半径在 40.7～58.4μm 之间，平均为 52.11μm；平均喉道半径在 12.0～14.2μm 之间，平均为 13.0μm；中值喉道半径在 6.2～7.7μm 之间，平均为 7.0μm；主流喉道半径在 21.2～28.2μm 之间，平均为 24.0μm。

② 渗透率在 1.5～3.0μm² 范围内，最大喉道半径在 40.3～96.9μm 之间，平均为 61.9μm；平均喉道半径在 13.5～17.2μm 之间，平均为 15.3μm；中值喉道半径在 5.4～11.6μm 之间，平均为 8.3μm；主流喉道半径在 21.8～48.5μm 之间，平均为 31.6μm。

表 2-13　旅大 10-1 油田孔喉特征参数表

渗透率 /μm²	ϕ	均值系数	R_{50}	R_{max}	R_a	R_c
0.6～1.5	30.77	0.26	7.02	52.11	12.99	24.04
	30.3～31.4	0.215～0.318	6.23～7.69	40.66～58.42	12.03～14.24	21.23～28.2
1.5～3.0	31.38	0.254	8.27	61.94	15.32	31.57
	29.4～34.8	0.159～0.32	5.42～11.55	40.32～96.9	13.52～17.24	22.86～48.53
>3.0	32.09	0.235	11.62	76.31	17.69	36.16
	29.3～35.0	0.096～0.341	7.79～11.42	56.75～116.38	15.23～21.24	17.91～57.22

注：ϕ为孔隙度，%；R_{max}为最大孔喉半径，μm；R_{50}为汞饱和度50%时的孔喉半径，μm；R_a为孔喉半径平均值，μm；R_c为主流喉道半径，μm。

③ 渗透率>3.0μm² 时，最大喉道半径在 56.8～116.4μm 之间，平均为 76.3μm；平均喉道半径在 15.2～21.2μm 之间，平均为 17.7μm；中值喉道半径在 7.8～17.4μm 之间，平均为 11.6μm；主流喉道半径在 17.9～57.2μm 之间，平均为 36.2μm。

根据 LD10-1-2 井本次取心，压汞资料均为 Ⅰ a 类储层，储层毛管压力曲线表现为分选好，粗歪度，排驱压力 0.003～0.018MPa，平均孔喉半径 12.03～21.14μm，平均在 16.18μm 左右（表 2-13）。总体来看，LD10-1 油田东二下段储层孔喉半径较大，排驱压力低。

六、油藏温度压力及流体性质特征

1. 油藏温度和压力

旅大 10-1 油田温度资料相对较少，仅在 DST 测试段取到两个合格的温度数据，温度与深度关系不明显，因此与相邻绥中 36-1 油田进行了类比，其油藏温度梯度约为 3.12℃/100m；根据 2、3 两口井的测压资料，油田的压力系数约为 1.02，油田属于正常的温度、压力系统。

2. 油藏流体性质

根据旅大 10-1 油田 LD10-1-2 井地面脱气原油样品分析结果（表 2-14），地面原油性质具有密度较大、含蜡量低、含硫量低、凝固点低、胶质沥青质含量中等的特点。

表 2-14　LD10-1-2 井地面脱气原油样品分析结果

地面原油					地层原油				
原油密度（20℃）/(g/cm³)	原油黏度（50℃）/(mPa·s)	含蜡量/%	含硫量/%	胶质沥青质含量/%	原油密度/(g/cm³)	原油黏度/(mPa·s)	饱和压力/MPa	地饱压差/MPa	气油比/(m³/m³)
0.950	107.3～204.6	1.9～2.18	0.24～0.26	13.4～14.6	0.87～0.88	13.9～19.4	12.8～13.2	1.57～2.36	38～42

旅大 10-1 油田地层水分析结果见表 2-15，水源井水为氯化钙型，总矿化度平均为 9028mg/L，pH 值为 6，略偏酸性；地层水为碳酸氢钠型，矿化度为平均为 2627 mg/L～2873mg/L，pH 值 7.0～7.5。产出液混合污水总矿化度为 8628mg/L，为氯化钙型。

旅大 10-1 油田属于疏松砂岩稠油油藏，具有埋藏浅、压实程度低、胶结疏松、孔喉粗大、原油携砂能力强的特点，容易造成储层中微粒运移，架桥堵塞孔喉；同时外来杂质也易于进入储层，对储层深部造成损害。

表 2-15　旅大 10-1 油田地层水分析结果

井号	生产层位	K⁺+Na⁺	Mg²⁺	Ca²⁺	Cl⁻	SO₄²⁻	HCO₃⁻	CO₃²⁻	总矿化度	pH 值	水型	备注
A1w	Ng	2546	189	681	5557	38	168	0	9180	6	CaCl$_2$	水源井水
A3w	Ng	2419	185	698	5388	29	159	0	8877	6	CaCl$_2$	
A18m	二油组	1032	10	0	744	38	656	393	2873	7	NaHCO$_3$	地层水
		967	0	0	399	0.4	635	588	2627	7.5	NaHCO$_3$	
混合污水		2372	170	661	5158	29	229	229	8628	6	CaCl$_2$	配聚用水

第三节　锦州 9-3 油田储层地质特征

锦州 9-3 油田位于东经 121°24′~121°26′，北纬 40°38′~40°42′。距锦西市约 53km，距锦州 20-2 凝析气田约 22km，构造上 JZ9-3 油田位于辽东湾凹陷，辽西低凹起的北端，介于辽西凹陷的北洼与陆地西部凹陷清水沟洼陷之间，是在新生界基底上形成的北东向南西展布的下第三系披覆半背斜构油田。最大圈闭面积 36km²，构造幅度 210m，基本探明含油面积为 18.9km²，上报石油地质储量 4874×10⁴m³，油田于 1999 年 10 月底投产，自上而下主要钻遇的层系为第四系平原组，上第三系明化镇组、馆陶组，下第三系东营组、沙河街组及中生界地层。东下段储层为油田的主力储层段，Ⅰ~Ⅲ油组为主力油组。

1999 年 10 月底投产，共有开发井 52 口，其中油井 33 口，气源井 3 口，水源井 2 口，注水井 14 口。其中西区 8 口注入井截止到 2008 年 9 月全部转注聚。2009 年采油速度 1.4%，综合生产气油比 79m³/m³，油井综合时率 96%。截止到 2009 年底，累积生产原油 769×10⁴m³，采出程度为 14.9%，可采储量的采出程度为 72.3%。

区域沉积相研究结果认为：锦州 9-3 地区东下段时期三角洲沉积十分发育，目前钻井揭示的三角洲沉积亚相有：三角洲前缘和前三角洲。其中三角洲前缘亚相又分为水下分流河道、水道间湾、河口砂坝及远端砂坝四个微相。以中-细砂岩、粉砂岩为主。岩石颗粒分选、磨圆较好，石英含量较高。纵向上反旋回沉积特征明显，发育大量三角洲沉积中常见的沉积构造；局部井段见扇三角洲沉积，主要发育扇三角洲前缘亚相中的水下分流河道和河口砂坝微相。岩性主要以砂砾岩、含砾粗砂岩为主，砾石最大直径达 6cm，颗粒分选较差，混杂堆积，见植物树干。

区域上，锦州 9-3（JZ9-3）构造实质上是陆地辽海中央凸起带向西南方向在辽西凹陷的浸没端。该凸起北东较高，而南西较低。区域沉积相研究结果认为该区域古水流方向为北东~南西向。北东向古水流在本区形成由北东向南西不断推进的三角洲和扇三角洲沉积，在平面上表现为水下分流河道-河口砂坝-远端砂坝等微相的相互迭置。由于河流的不断改道，使得砂体叠合连片，连通性较好。

一、储层岩性特征

锦州 9-3 油田东营组储层岩性为含砾砂岩、中砂岩、细砂岩及粉砂岩的岩性组合。主力储层岩性为含砾中-粗砂岩和中-细砂岩；岩石矿物主要成分为石英（42%～80%）、长石（18%～43%）、岩屑含量 10%～15%、胶结物含量 10%～28%；颗粒直径主要为 0.15～0.60mm，磨圆度次棱～次圆，分选性中等～好。储集层胶结疏松，以孔隙式胶结为主，颗粒间以点线接触占绝对优势。胶结物包括泥质、白云石和方解石，泥质含量平均 15%。

根据表 2-16 可知，锦州 9-3 油田储层黏土矿物主要为蒙脱石，平均相对含量为 60.6%，其次为高岭石和伊利石，平均相对含量分别为 20.1%和 14.2%，含少量绿泥石。蒙脱石主要呈衬垫式产出［图 2-16（a）］，伊/蒙混层呈薄膜状赋存于粒表［图 2-16（b）］；高岭石主要充填于粒间，产状为书页状［图 2-16（c）］；伊利石主要以毛发状赋存于粒表［图 2-16（d）］。

表 2-16 锦州 9-3 油田岩心黏土矿物相对含量分析结果

井号	井段/m	黏土矿物/%			
		蒙脱石	伊利石	高岭石	绿泥石
JZ9-3-1	1410～1470	79.4	16.9	2.3	—
	1510～1570	71.2	14.6	8.8	—
	1600～1695	68.4	16.4	10.1	—
	1725～1750	67.1	16.8	10.15	—
JZ9-3W6-4	1659.89～1690.97	45.4	25.7	28.8	
JZ9-3-2	1667.0～1667.8	44.3	14.7	27.4	13.7
	1676.7～1677.7	68.0	12.5	9.8	9.8
	1706.0～1707.0	49.0	30.0	12.6	8.4
E2-5	1656.6～1657.6	26.2	12.1	46.3	15.4
	1688.5～1689.5		4.5	95.5	
	1775.0～1776.0	73.0	14.4	12.6	—
JZ9-3-8D	2307.1～2308.1	74.7	14.1	7.4	3.7
	2308.1～2309.1	18.1	11.5	70.5	

二、储层物性特征

常规物性分析表明：东下段储层孔隙度较高，主要分布在 24%～34%之间（图 2-17）；平均为 29%；渗透率中等偏高，主要集中在 $1.0×10^{-2}$～$5.0\mu m^2$ 之间，平均渗透率为 $0.5\mu m^2$（图 2-18）。

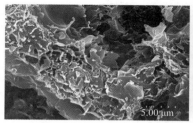

(a) 自生蒙脱石呈孔隙衬垫式
JZ9-3-8D 2307.16~2308.16m

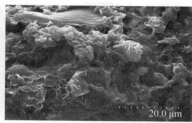

(b) 伊/蒙混层呈薄膜状
JZ9-3-8D 2307.16~2308.16m

(c) 蠕虫状高岭石
JZ9-3 E2-5 1656.6~1657.6m

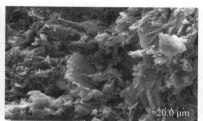

(d) 毛发状伊利石赋存于粒表
JZ9-3-8D 2307.16~2308.16m

图 2-16　东营组储层黏土矿物类型与产状

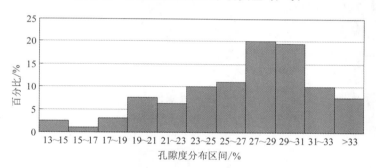

图 2-17　锦州 9-3 油田东下段砂岩孔隙度分布图

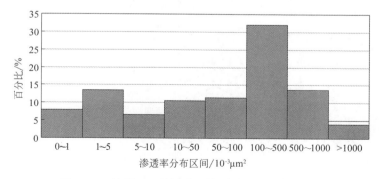

图 2-18　锦州 9-3 油田东下段砂岩渗透率分布图

三、储层孔隙结构特征

锦州 9-3 油田储层物性分布广泛，孔隙度较大，主要在 27%～31%之间；渗透率在 $0.1～5.0\mu m^2$。主力油层下段储集空间分为：粒间孔、颗粒溶孔、胶结物溶孔和裂缝四种。粒间孔包括原生粒间孔和次生粒间孔。原生粒间孔具有孔隙大、连通性好、数量多的特点，是主要的储渗空间。

1．储集空间类型

电镜观察表明，东下段主力油层储集空间为：原生粒间孔占绝对优势，其次为少量颗粒溶孔、粒内溶孔和杂基内的微孔四种。原生粒间孔具有孔隙大、连通性好、数量多的特点，是主要的储渗空间（图 2-19）。

图 2-19　锦州 9-3 油田主力储层电镜照片（JZ9-3-2，1667.00～1668.00m）

细砂岩，储层颗粒分选中等，粒间孔发育，连通性较差；黏土胶结

铸体薄片观察表明，中-细砂岩粒间孔发育，孔喉配位数高，连通性好，但微观非均质性较强（图 2-20）。细砂岩孔喉小，连通性较差（图 2-21）。

图 2-20　中-细砂岩—粒间孔发育，夹纹层，孔喉分布微观非均质性强

（JZ9-3E2-5，1656.6～1657.6m）

图 2-21　细砂岩——孔喉细小，连通性差（JZ9-3E2-5 1688.5～1689.5m）

2. 储层类型划分

压汞资料表明：毛管压力曲线分选较好，歪度中等偏粗，排驱压力介于 0.01～2.5MPa，饱和度中值压力介于 0.05～10MPa，进汞量为 60%～90%。孔喉分选好、储层储集性能强。综合储层沉积相、岩性、物性、孔隙结构特征及含油性，天津分公司将储层分为四类（表 2-17），以 Ⅰ、Ⅱ 类储层为主。

表 2-17　锦州 9-3 油田东下段储层分类表

储层分类	沉积微相	岩性	$K_g/10^{-3}\mu m^2$	$\phi/\%$	p_d/MPa	p_{c50}/MPa	$R_c/\mu m$	$S_o/\%$
Ⅰ	水下分流河道、河口砂坝	含砾中-粗砂岩、中-细砂岩	>100	23～38	<0.12	<0.6	4～60	50～70
Ⅱ		细-粉砂岩	100～10	20～32	0.12～0.3	0.6～2.0	1～10	45～65
Ⅲ	远端砂坝	粉砂岩	10～1	19～24	0.3～1	2.0～5.0	0.63～4	40～55
Ⅳ	部分远端砂坝、水道间湾	泥质粉砂岩	1～0.1	13～20	>1	>5.0	<0.63	<40

注：K_g 为气测渗透率；ϕ 为孔隙度；p_d 为排驱压力；p_{c50} 为饱和度中值压力；R_c 为主流喉道半径；S_o 为含油饱和度。

（1）Ⅰ类储层

沉积微相主要为水下分流河道和河口砂坝沉积；岩性以含砾中-粗砂岩和中-细砂岩为主；孔隙度介于 23%～38% 之间，渗透率大于 $100\times10^{-3}\mu m^2$；毛管压力曲线表现为分选好，粗歪度的特征；$p_d<0.12MPa$，$p_{50}<0.6MPa$；主流孔喉半径 R_c 范围分布在 4～60μm（图 2-22）。

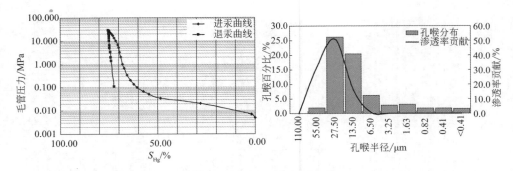

图 2-22　Ⅰ类储层毛管压力曲线和孔喉分布及渗透率贡献图（W6-4 井，2306.4m）

（2）Ⅱ类储层

沉积微相主要为河口砂坝沉积；岩性以细砂岩、粉砂岩为主；孔隙度介于 20%～32%，渗透率介于 0.01～0.1μm²；毛管压力曲线分选较好，歪度中等～偏粗；0.12MPa<p_d<0.3MPa，0.6MPa <p_{50}<2.0MPa；主流喉道半径为 1～10μm（图 2-23）。

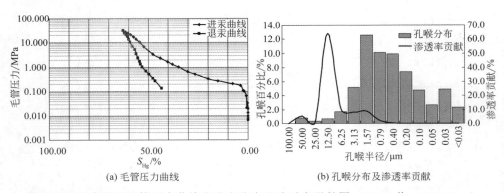

（a）毛管压力曲线　　　　　　　　（b）孔喉分布及渗透率贡献

图 2-23　Ⅱ类储层毛管压力曲线和孔喉分布及渗透率贡献图（W6-4 井，1660.17m）

（3）Ⅲ类储层

沉积微相主要为远端砂坝沉积，岩性以粉砂岩为主；孔隙度介于 19%～24%，渗透率分布于 1.0×10⁻³～1.0×10⁻²μm²；毛管压力曲线分选中等，偏细歪度；0.3MPa<p_d<1.0MPa，2.0MPa<p_{50}<5.0MPa；主流喉道半径为 0.63～4μm（图 2-24）。

（4）Ⅳ类储层

沉积微相主要为部分远端砂坝和水道间湾沉积；岩性主要为泥质粉砂岩；孔隙度介于 13%～20%，渗透率介于 1.0×10⁻⁴～1.0×10⁻²μm²；毛管压力曲线呈分选中等，歪度偏细的特征；p_d>1.0MPa，p_{50}>5.0MPa；主流喉道半径为 0.6μm（图 2-25）。

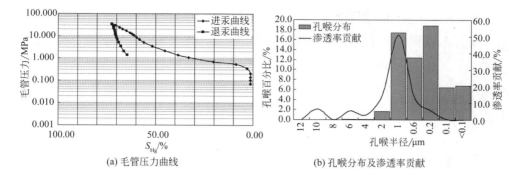

图 2-24　Ⅲ类储层毛管压力曲线和孔喉分布及渗透率贡献图（W6-4 井，1671.85m）

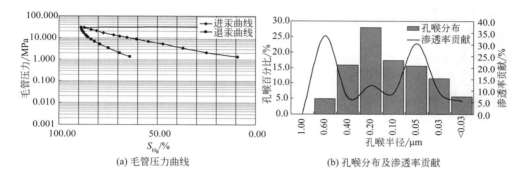

图 2-25　Ⅳ类储层毛管压力曲线和孔喉分布及渗透率贡献图（W6-4 井，1671.85m）

四、油藏温度压力及流体性质特征

1. 油藏流体特征

储层埋深 1600～1800m，原始地层压力 17.1MPa，泡点压力 13.3MPa，溶解气油比 41m³/m³。地下原油密度 0.87g/cm³，地下原油黏度<26mPa·s，原油体积系数 1.1；地面原油密度 0.9339g/cm³。原油含硫量<0.362%；含蜡量<5%；沥青+胶质含量高达 31%，其中胶质含量高达 25%。水样分析资料表明，JZ9-3 油田馆陶组地层水（清水）为 Na_2SO_4 型，pH 6.5，总矿化度 1250mg/L；东下段储层地层水为 $NaHCO_3$ 型，pH 值为 7.5，总矿化度 6500mg/L（表 2-18）。

表 2-18　JZ9-3 油田地层水分析数据表

井号	层位	取样深度/m	阳离子浓度/(mg/L)				阴离子浓度/(mg/L)			总矿化度/(mg/L)
			K^++Na^+	Mg^{2+}	Ca^{2+}	Cl^-	SO_4^{2-}	HCO_3^-	CO_3^{2-}	
W2	Ng	—	354	7	76	541	29	241	0	1248
JZ9-3-5	Ed	1725～1734	2190	39	52	2482	96	1501	132	6491
			2098	39	92	2393	—	1641	138	6401

2. 油藏温度和压力系统

东下段油藏具有正常的地层温度和地层压力系统，地层埋深增加 100m 温度提高 3℃左右，压力提高 1.02MPa。地层温度为 61℃，储层平均压力为 16.73MPa。温度与压力关系式为：

$$T = -0.031H + 4.323 \tag{2-2}$$

式中，T 为油层温度，℃；H 为海拔高度，m。

综上分析可知，JZ9-3 油田主力储层为东营组下段，Ⅰ 油组和 Ⅱ 油组是油田主力产层，主力储层岩性为含砾中-粗砂岩和中-细砂岩。胶结物含量 10%～28%，泥质含量 15%，黏土矿物中蒙脱石其平均相对含量为 60%。储层平均渗透率为 0.5μm²，孔隙度主要在 27%～31% 之间，物性分布范围大，油层间渗透率级差大，储层非均质性强；原生粒间孔是主要的储渗空间。

第三章　含聚污水结垢机理及预防技术

受限于海上特殊的空间、环境及紧迫时效的要求，渤海油田主要采用浅层水源井水与生产污水混合注入的注水方式，尽管在实现海上处理平台对污水就地高效处理的同时也能满足注水井对注水量的需求，但是规模化聚合物驱后产生的含聚污水却造成地面处理工艺出现诸多不适应，使得海上油田含聚污水的处理成为了世界性难题。处理后的含聚污水性质相比常规水驱生产污水更为复杂，具有黏度较高、含油率和悬浮物含量等水质超标、乳化程度高、强吸附等特征。将含聚污水作为注水水源与浅层水源井水混合后的配伍性势必与水驱阶段常规生产污水与水源井水的配伍性有较大差异，明确其作用机理是有效预防含聚污水结垢的基础。

根据现场生产及工艺情况，将非注聚受益井井口产出水定义为普通污水，注聚受益井井口产出水定义为含聚污水，二者经生产管汇汇总后进入原油处理系统、生产污水处理流程加药处理后的污水定义为综合含聚污水。以绥中 36-1 油田为例，目前现场实际注水中综合含聚污水与水源井水混合比例在（2∶1）～（3∶1）之间。图 3-1 为海上聚合物驱油田清污混注流程。表 3-1 为绥中 36-1 油田不同类型水源的离子分析结果，由表可知，普通污水水型为碳酸氢钠型，水源水与含聚污水均为氯化钙水型，因此存在潜在结垢风险。本章开展含聚污水、普通污水与水源井水的配伍性差异研究，探讨含聚污水影响注水配伍性的作用机理，明确含聚污水注入储层后在储层温度压力条件下稳定性是否更复杂，以及结垢产物对储层渗流特征、孔喉结构产生的具体影响，并针对性提出预防技术。

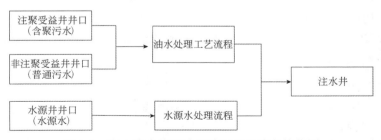

图 3-1　海上聚合物驱油田清污混注流程简化图

表 3-1　绥中 36-1 油田注入水与地层水离子成分分析结果（2013 年 12 月）

类型	层位/地点	pH	阳离子浓度/(mg/L)			阴离子浓度/(mg/L)				矿化度/(mg/L)	水型
			K⁺+Na⁺	Ca²⁺	Mg²⁺	Cl⁻	SO₄²⁻	HCO₃⁻	CO₃²⁻		
普通污水	EdI Ⅱ/井口	8.1	2186	60	169	3446	5	573	28	6467	NaHCO₃
含聚污水	EdI Ⅱ/井口	7.7	2330	343	116	4520	13	445	0	7767	CaCl₂
水源井水	Eg/井口	7.5	2597	743	311	5980	73	210	0	9914	CaCl₂

第一节　含聚污水基本性质测定

一、含聚污水性质表征研究现状

常规污水性质研究一般需要测定污水黏度、污水透光率、含油量、固悬物浓度及粒径中值等，测定方法主要参照相关行业标准 SY/T 5329—2012 碎屑岩油藏注水水质指标及分析方法。测定方法非常快捷、方便，操作人员也极易掌握。

含聚污水中由于成分和性质的更复杂化，常规水质指标的测定结果受聚合物的影响和干扰，测定难度较大。为表征含聚污水的稳定性，除常规水质指标外，还需要测定溶液的其他性质及参数，包括电导率、表面张力、聚合物分子量、聚合物水解度、Zeta 电位值等。

（1）产出聚合物浓度的测定

聚丙烯酰胺浓度测定有凝胶色谱法、浊度法、荧光分光光度法、黏度法、沉淀法、超滤浓缩薄膜干燥法、淀粉-碘化镉比色法等多种方法。其中淀粉-碘化镉比色法测定聚丙烯酰胺溶液浓度是目前绝大多数油田普遍采用的方法，但该方法对标准曲线的制作要求极高，测试范围较窄，测试结果受聚丙烯酰胺的相对分子量和水解度等因素的影响。

（2）聚合物分子量和水解度的测定

聚合物的分子量也是影响水质的重要因素。产出聚合物分子量越大，水质恶化越显著。我国颁布了相应的标准测定聚合物分子量和水解度，现场产出液由于受到盐、水质等杂质的干扰，常规方法测试误差较大。采用美国微孔切向流超滤系统，对产出液进行粗滤—除氧—抽提—过滤—超滤纯化浓缩，消除产出液中盐等杂质，获得较纯净的聚合物溶液，再应用传统方法可准确测定聚合物分子量和水解度。

（3）聚合物分子尺寸的测定

聚合物分子尺寸的测定有助于研究聚合物与储层岩石孔喉尺寸的配伍关系[6]，测量聚合物分子尺寸的方法有 Flory 特性黏数理论半经验公式（测量参数：均方根末端距、平均回旋半径）、微孔滤膜过滤方法（测量参数：水动力学直径）、动态光散射方法（测量参数：水动力学半径、分子量）等。

（4）聚合物微观结构的表征

AFM 技术最早被用于观测聚合物的结构[7,8]，其方法主要是将聚合物溶液滴在云母片上，待其自然干燥、风干，通过原子力探针表征聚合物分子的展布结构。

扫描电镜技术可直观明显地观察到含聚污水中产出聚合物的微观形貌、不同浓度表面活性剂聚集体的形貌特征[9]。对于现场含聚污水，怎样排除盐等杂质对聚合物真实形貌的干扰还需探索更好的方法。

（5）Zeta 电位的测定

测定油珠表面的 Zeta 电位一般采用电泳法，所用的测试仪器为 Zeta 电位测定仪[10,11]。利用该设备实验研究聚合物对油/水界面 Zeta 电位的影响[12]表明，溶液中聚合物分子为负电荷，随着聚合物浓度的增加，在油水界面处吸附的聚合物质量也随之增多，乳状液 Zeta 电位随之增大，油珠间的静电斥力增大，油珠之间聚并的概率变小，稳定性相应增加，油水分离难度加大。

（6）含油率的测定

含聚污水中一个重要的特点就是油珠变小。与普通污水油珠粒径相比，含聚污水粒径更为细小，中值一般<10μm（见表 3-2），属于典型的乳化油[13,14]，单纯用静止沉降法难以去除，油水分离比较困难。

表 3-2　聚合物驱采油污水与水驱采油污水油珠粒径对比[13,14]

HPAM/(mg/L)	黏度/(mPa·s)	油珠粒径中值/μm	水样来源	类型
99.3	1.021	2.79	胜利坨一站	聚合物驱
0	0.843	14.84	胜利坨四站	水驱
603.3	1.057	4.94	大庆喇 360	聚合物驱
0	0.701	34.57	大庆喇 11	水驱

含油率的测定，已有了相应的标准（SY/T 6576—2003；GB/T 16488—1996），测定方法包括红外光度法和紫外光度法。聚合物的存在对含油污水中含油率测定结果会产生影响，主要原因是由于聚合物的活化作用，使得含油污水用汽油萃取时油水界面存在乳化层，乳化层中的油不能完全转移到汽油中，致使测定结果偏低。采用加热和加破乳剂等技术消除聚合物驱含油污水油水界面乳化层可提高含油率的测定精度，当温度为 40℃，破乳剂加药浓度为 100mg/L，放置时间大于 4h 时，含油率的测定结果相对偏差小于 15%，但该方法测试时间较长，不利于现场的快速测试。

（7）固体悬浮物及粒径中值的测定

固悬物含量的测定，目前几乎都是采用行业标准（SY/T5329—2012）推荐的滤膜过滤法进行测量[15,16]。但是对于含聚污水，由于聚合物的干扰，滤膜过滤法测试含聚污水中悬浮物浓度耗时长，测定误差大。

关于注水中悬浮固体粒径中值的测定，主要有美国腐蚀协会行业标准推荐的显微镜观测法。行业标准（SY/T5329—2012）推荐的库尔特颗粒计数器或同类仪器，该类设备一般是利用电阻抗原理，测试的是可通过一定孔径尺寸微孔管的水样中的粒径中值，测定结果并非水样中全部悬浮颗粒的粒径中值。

利用原子力显微镜、环境扫描电镜等岩矿测试手段对滤膜上的固悬物进行表征显示[17]，不含聚合物产出水滤膜上的悬浮物粒径小于0.5μm，属于隐晶质物质，呈分散分布。当产出聚合物浓度为100mg/L时，滤膜悬浮物呈现明显的絮团状，无定形，粒径≥20μm，与库尔特颗粒计数器所测结果相差较大，说明对于化学驱产出水库尔特测粒径分析法存在一定误差。

（8）腐蚀速率

产出聚合物的加入，使注入水室内动态腐蚀率整体呈上升趋势，但略有波动[17]。说明聚合物对腐蚀影响较复杂，在聚合物浓度为150mg/L时，腐蚀速率最高，但产出聚合物加速腐蚀的作用轻微。

二、产出聚合物浓度分析

以绥中36-1油田为例，采用淀粉-碘化镉方法对注入聚合物受益油井产出聚合物浓度进行测定，目前各受益井产聚浓度主要分布在10～270mg/L。整体上，注入聚合物量（简称注聚量）大的区域，表现为产出聚合物浓度相对较高（图3-2），与陆上典型注入聚合物油田对比（图3-3），绥中36-1油田产出聚合物规律与陆地基本一致，整体处于产出聚合物浓度上升阶段。

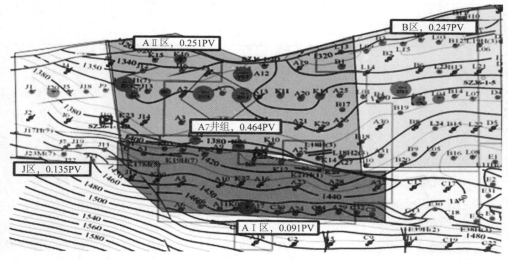

图 3-2　绥中 36-1 油田 Ⅰ 期注聚受益油井产聚浓度分布图

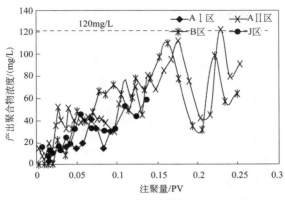

(a) SZ36-1油田产出聚合物浓度随注聚量变化特征

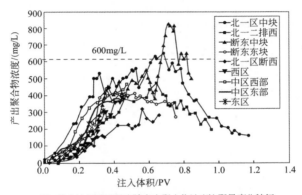

(b) 萨中油田不同区块随产出聚合物浓度注聚量变化特征

图3-3 海上油田与陆地典型油田注聚量与产出聚合物浓度关系图

三、产出聚合物分子量测试

产出聚合物分子量的高低决定着其对污水稳定性的影响程度，通过对3个聚驱油田采出污水中产出聚合物的分离、收集和表征，其分子量大小如表3-3。从表中可知，JZ9-3油田产出聚合物分子量最大，约58.9万；LD10-1、SZ36-1油田产出聚合物的分子量均较小，仅2万左右。

不同油田、不同油井的注入与产出聚合物之间的变化幅度存在一定的差异。聚合物分子量具体下降幅度和水解度具体上升幅度往往受油田的注入情况、油藏条件、渗流条件、井距及停留时间等的影响，如表3-3所示，渤海油田与大庆、胜利油田明显各不相同，其中渤海油田见聚油井产出聚合物分子量最小，分子量下降幅度最大，约为99.8%，这点可能与海上油田特有的大井距、采油工艺（电潜泵）有关系。在水解度变化方面，由于渤海油田地层温度为65℃，地层水pH值约为8，其产出聚合物水解度的上升幅度适中，约39.12%。

表 3-3　产出聚合物分子量测定

油田	见聚油井	分子量			水解度/%		
		注入/×10⁶	产出/×10⁶	下降幅度/%	注入	产出	上升幅度
大庆	X4-44-P50	19.81	1.92	90.31	28.03	36.60	30.57
胜利	6XN3	17.32	4.55	73.73	22.28	43.03	93.13
SZ36-1	A7	13.87	0.025	99.82	24.72	34.39	39.12
LD10-1	A20	9.89	0.0178	99.82	38.7	73.0	88.63
JZ9-3	W7-4	12.13	0.589	95.14	35.0	59.3	69.43

四、产出聚合物结构分析

1. 注入聚合物结构分析

图 3-4 是绥中 36-1 油田注入聚合物 AP-P4 的 FT-IR 图谱,各峰归属列于表 3-4。由图表可知,AP-P4 分子链中存在碳-碳（—C—C—）键、酰胺基团（—CONH$_2$）和羧基（—COO$^-$）。

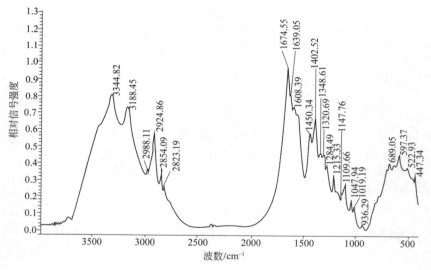

图 3-4　注入聚合物 AP-P4 的红外光谱

表 3-4　AP-P4 红外光谱分析结果

波数/cm⁻¹	基团	波数/cm⁻¹	基团	波数/cm⁻¹	基团
1639.05 （剪式振动）	H—N—H	3344.82 （拉伸振动）	N—H	1402.52 （拉伸振动）	C—N
1450.34	—CH$_2$—	1608.39 （弯曲振动）	N—H	1320.69	C—O
2924.86 (拉伸振动)	C—H	1140.52	C—C	600～900 振动（宽）	H—N—H

图 3-5 为 AP-P4 聚合物溶液的 ^{1}H NMR 图谱，由图可知，在化学位移 δ=1.688 和 2.249 处产生峰，并且峰面积比为 2：1。说明 AP-P4 分子链存在 CH 和 CH$_2$ 基团。化学位移 δ=3～4，存在小山包峰，说明有季铵基存在。

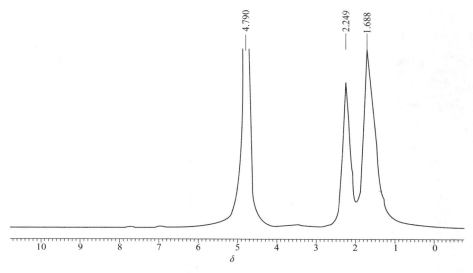

图 3-5　注入聚合物 AP-P4 的 ^{1}H NMR 图谱

2. 产出聚合物结构分析

图 3-6 是 SZ36-1 油田产出聚合物 AP-P4 的 FT-IR 图谱。由 FT-IR 分析可知，产出聚合物在 1640.83cm^{-1} 处有吸收峰，属于一级酰胺中的 N—H 弯曲（剪式）振

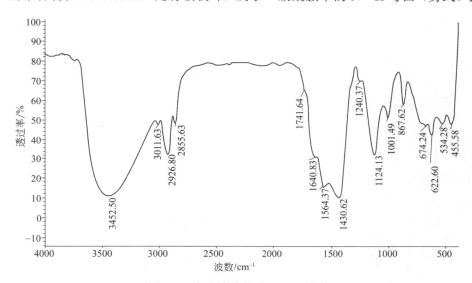

图 3-6　产出聚合物的 FT-IR 图谱

动吸收，$600\sim900cm^{-1}$ 是一级酰胺 N—H 非平面摇摆振动吸收（宽）；$1564.37cm^{-1}$ 是形成盐后 C=O 吸收峰；$1432.21cm^{-1}$ 有一吸收峰，证明有—CH_2—基团存在；在 $3418.40cm^{-1}$ 有吸收峰，证明有 N—H 基团存在。

图 3-7 是产出聚合物的 ^1H NMR 谱图。由图可知，产出聚合物除主链氢信号外，还存在烷基氢信号，结构比较复杂，但降解后的 AP-P4 分子主体结构并没有变。出现多个宽峰，说明有磁性金属离子（如铁离子等）与产出物发生了配位作用。

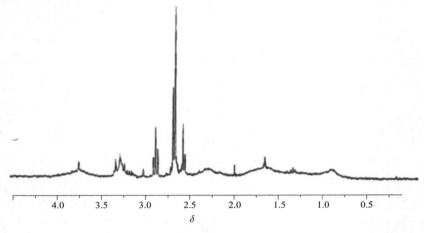

图 3-7　产出聚合物的 ^1H NMR 谱图

综上所述，产出聚合物分子链中存在酰胺基团（—$CONH_2$），羧基（—COO^-）。在 $1124.13cm^{-1}$ 有个弱吸收峰，证明有碳-碳（—C—C—）键存在；$1564.37cm^{-1}$ 是形成盐后 C=O 吸收峰，证明有羧基（—COO^-）存在。

五、乳化油滴粒径分布

取绥中 36-1 油田注入聚合物受益油井下层游离水进行乳化油滴的测试分析，图 3-8 为含聚污水经 $30\sim50\mu m$ 中速滤纸过滤前后的显微镜照片，并使用 Image Pro Plus 软件和相关作图软件对其进行统计分析，其粒径分布频率图如图 3-9 所示。由图可知，含聚污水过滤前可见较大粒径的油珠，但视域下更多的是小黑点状的油滴，油滴粒径分布更加分散，粒径中值为 $6.5\mu m$ 左右。过滤后较大粒径的油珠基本消失，剩下大量的黑点状油滴，粒径分布更加集中，中值为 $5.1\mu m$。过滤前后油滴粒径中值均在 $0.001\sim10\mu m$ 范围内，属于典型的乳化油范畴。

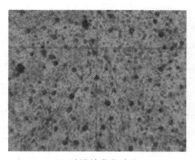
（a）过滤前乳化油滴

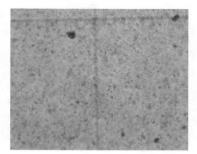
（b）过滤后乳化油滴

图 3-8　含聚污水中乳化油滴过滤前后显微镜图片

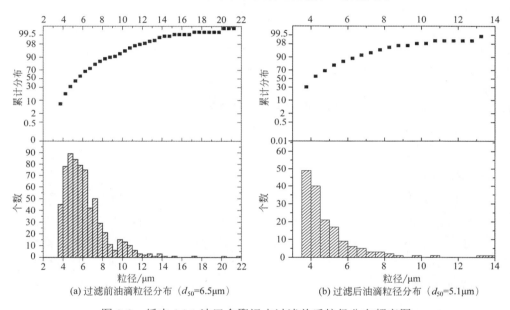

（a）过滤前油滴粒径分布（d_{50}=6.5μm）　　　（b）过滤后油滴粒径分布（d_{50}=5.1μm）

图 3-9　绥中 36-1 油田含聚污水过滤前后粒径分布频率图

六、Zeta 电位测定

Zeta 电位是表征分散体系稳定性的一个重要指标，又称电动电位，代表分散在水中颗粒的有效电荷。任何一种胶体分散在水中均带有电荷，根据同性相斥的原理，油珠及悬浮物所带电荷越高，颗粒和油珠之间的排斥力越强，则分散在液体之中的颗粒、油珠的稳定性越好，越不容易聚集，水处理难度就越大[18]。

将过滤后的含聚污水平行分成水样 A 和水样 B，分别测试两个平行水样静置 1～5h 后的 Zeta 电位，结果如图 3-10 所示，由图可知，含聚污水的 Zeta 电位值在两个平行水样中变化不大，数据较准确，Zeta 电位值在-33～-46mV 之间，说明含聚污水的稳定性非常好，处理的难度较大。

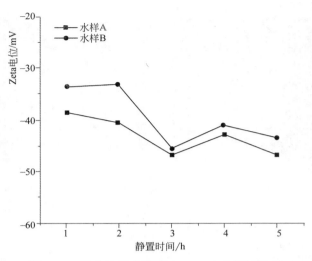

图 3-10　海上油田含聚污水 Zeta 电位测试结果

第二节　清污混注结垢趋势预测

目前对油水井结垢的预测，主要分为以下两种方法：

① 行业标准预测。结垢预测是参照石油天然气总公司颁布的《油田水结垢趋势预测》（SY/T 0600—2009）。

② ScaleChem3.2 软件法。美国 OLI 公司生产的 ScaleChem3.2 软件是目前世界上较为全面的结垢趋势预测软件。ScaleChem3.2 结垢预测软件可以根据水分析资料模拟地层条件，预测出可能的(或已经生成的)结垢种类、结垢趋势、结垢量以及结垢部位，通过结垢分析和预测，采用适当的方法在回注前对回注水进行处理，这样就可以减少由于普通污水和回注水不配伍而导致井筒结垢现象的发生。

一、碳酸盐垢预测结果

目前常用的预测碳酸钙结垢趋势的方法主要有 Stiff-Davis 经验（SI）法、Ryznar 提出的稳定指数（SAI）法，即饱和系数法。

（1）Stiff-Davis 经验公式法

$$SI = pH - pH_s \tag{3-1}$$

$$pH_s = K + pCa + pAlk \tag{3-2}$$

$$SI = pH - K - pCa - pAlk \tag{3-3}$$

式中　SI——结垢指数，若 SI<0，$CaCO_3$ 未饱和，不结垢；若 SI>0，可能结垢；

　　　pH——系统中实际的 pH 值；

pH$_s$——系统中 CaCO$_3$ 达饱和时的 pH 值；

$\quad$ K——常数，为含盐量、组成和水温的函数，可由离子强度与水温度的关系曲线（图 3-11）查得，亦可由 $K=pK_2-pK_{sp}$ 求出，K_2 为 HCO$_3^-$ 的电离常数，K_{sp} 为 CaCO$_3$ 的溶度积；

pCa——钙离子浓度的负对数，pCa=$-lg[Ca^{2+}]$，其浓度单位为 mol/L；

pAlk——总碱度浓度的负对数，pAlk=$-lg[CO_3^{2-}+HCO_3^-]\approx-lgHCO_3^-$，其浓度单位为 mol/L。pCa、pAlk 可以根据图 3-12 直接读取，但是注意单位的换算。

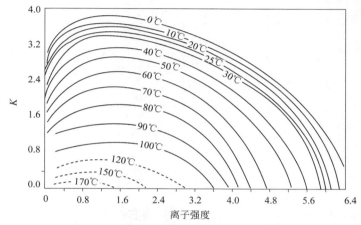

图 3-11 "K" 与离子强度（CaCO$_3$）的关系

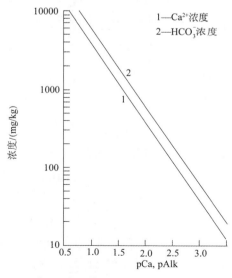

图 3-12 根据 Ca^{2+}、HCO$_3^-$ 的离子浓度计算 pCa 和 pAlk 的曲线

（2）稳定指数（SAI）法

$$SAI = 2pH_s - pH \qquad (3\text{-}4)$$

式中，SAI 为稳定指数。具体评价标准：

SAI=4.5～5.0 时，严重结垢；

SAI=5.0～6.0 时，轻度结垢；

SAI=6.0～7.0 时，轻微结垢或腐蚀；

SAI=7.0～7.5 时，轻度腐蚀；

SAI>7.5 时，严重腐蚀。

（3）$CaCO_3$ 结垢量预测

首先看以下平衡方程：$A^{2+} + B^{2+} \rightleftharpoons AB$

用 a、b 分别表示 A 和 B 的浓度，mol/L；K_{sp} 表示溶度积；p 表示最大结垢量，mol/L。那么，根据溶度积的定义，可得：

$$K_{sp} = (a-p) \times (b-p) \qquad (3\text{-}5)$$

即：

$$p = \frac{a+b-[(a-b)^2 + 4K_{sp}]^{1/2}}{2} \qquad (3\text{-}6)$$

用 Valone 和 Skillern 提出的理论，对 K_{sp} 进行代换：$K_{sp} = 10^{K-pH}$，那么 $CaCO_3$ 结垢量方程即为：

$$p = \frac{a+b-[(a-b)^2 + 4 \times 10^{K-pH}]^{1/2}}{2} \qquad (3\text{-}7)$$

式中　a——Ca^{2+} 浓度，mol/L；

　　　b——HCO_3^- 浓度，mol/L；

　　　K——Stiff-Davis 修正系数；

　　pH——实际 pH 值，和前面修正公式一样。

通常也可以用 PTB 来表示结垢程度：$PTB = 17500 \times p \times 2$

具体评价标准：当 PTB<0 时，无垢；0<PTB<100 时，小量垢；100<PTB<250 时，垢多且硬；PTB>250 时，结垢极其严重。

以水源水与普通污水不同比例混合后结垢趋势预测结果为例，表 3-5 为水源水与普通污水不同比例混合后碳酸钙垢预测结果。分析结垢指数 SI 可知，单一普通污水在预测温度范围其 SI 值均大于 0，说明其本身具有一定的结垢能力；与水源水混合后，不同比例下的饱和指数值大于 0，表明了其以任意比例与水源水混合均存在结垢趋势。

分析稳定指数 SAI 可知，单一普通污水在预测温度范围内稳定指数 SAI 均小于 5.0，处于严重结垢范畴；在 60℃ 及以上各比例水样 SAI 值均在 5.0 以下，为严重结垢程度；单一水源水在 40℃ 和 50℃ 时，SAI 在 5.0 与 6.0 之间，属于轻度结垢阶段，不过随着混合水中普通污水比例的增加，SAI 值逐渐下降至严重结垢区域。

由最大结垢量和 PTB 值可知，单一水源水与单一普通污水结垢量较小，由 PTB 值判断均属于小量垢（PTB<100）范畴，不过在二者混合后 $CaCO_3$ 最大结垢量与 PTB 值均出现较大幅度的增长，在比例 1∶1 时达到顶峰，结垢程度由小量垢增至结垢极其严重阶段。在 80℃ 时，$CaCO_3$ 最大结垢量相比单一水源水增加了 223.5mg/L，比单一普通污水增加了 212mg/L，增长幅度达 244.6%。

二、硫酸盐垢预测结果

油田硫酸盐垢主要是有 $CaSO_4$、$BaSO_4$ 和 $SrSO_4$，硫酸盐从水中沉淀的反应如下：

$$Ca^{2+}+SO_4^{2-}\!=\!=\!=CaSO_4 \downarrow \qquad (3-8)$$

$$Ba^{2+}+SO_4^{2-}\!=\!=\!=BaSO_4 \downarrow \qquad (3-9)$$

$$Sr^{2+}+SO_4^{2-}\!=\!=\!=SrSO_4 \downarrow \qquad (3-10)$$

其中以 $CaSO_4$ 最为多见，$CaSO_4$ 垢在 38℃ 以下时生成物主要是 $CaSO_4 \cdot 2H_2O$（生石膏），超过这个温度主要生成 $CaSO_4$（硬石膏），有时还伴有 $CaSO_4 \cdot 1/2H_2O$（半水硫酸钙）。硫酸盐垢的形成主要是由于两种不相容水的混合，即在富含成垢阳离子的油层中注入含 SO_4^{2-} 的注入水，致使在油层、近井地带或井筒生成硫酸盐垢。

从水源井水、含聚污水、普通污水的离子分析结果可知，目前注水中成垢阳离子主要为钙镁离子，不含钡离子和锶离子，因此主要针对硫酸钙（$CaSO_4 \cdot 2H_2O$、$CaSO_4$）进行预测，预测公式如下：

$$S = 1000(\sqrt{X^2 + 4K_{sp}} - X) \qquad (3-11)$$

式中　　S——$CaSO_4$ 结垢；趋势预测值，单位 mmol/L；

　　　　K_{sp}——溶度积常数，由水的离子强度和温度的关系曲线查的，见图 3-13；

　　　　X——Ca^{2+} 与 SO_4^{2-} 的浓度差，单位 mol/L。

由水中实测 Ca^{2+} 与 SO_4^{2-} 的浓度，再计算出水中 $CaSO_4$ 的实际含量 C（其中 C 取 Ca^{2+} 与 SO_4^{2-} 的浓度最小值），单位 mmol/L，将 S 与 C 进行比较。

式中，$S<C$，有结垢趋势；$S=C$，临界状态；$S>C$，无结垢趋势。

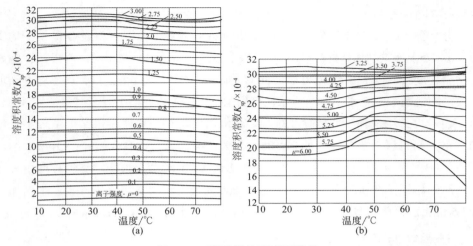

图 3-13　硫酸钙的溶度积常数

　　分别预测了水源水与普通污水、含聚污水之间的硫酸钙垢结垢趋势，在预测温度范围内，$S>C$，说明油田注入系统无硫酸钙结垢趋势。

第三节　含聚污水注水配伍性实验评价方法建立

　　结垢的形成大多数是由于两种及以上不配伍流体混合，或者产出流体所处环境（如温度、压力、pH 值等）变化而造成的[19]。结垢不仅会发生于注水流道的全过程中[20]，包括注入井-油藏-生产井-地面流程。近井地带也会由于结垢导致地层孔隙度和渗透率降低，对储层造成伤害[21-25]。国内外学者对油田结垢机理、结垢类型、结垢量进行了大量的研究[26-29]。目前研究注入水与地层水结垢程度的实验方法主要有两种：①静态配伍性实验法。包括离子含量分析法[30]、浊度分析法[30,31]、垢物质量分析法[26,32]等；②动态配伍性实验法[33]。其中，垢物质量分析法因其不受溶液颜色干扰、垢量测定结果准确等优点而被广泛使用[34,35]。

　　传统的垢物质量分析法依据石油天然气行业标准 SY/T 5329—2012《碎屑岩油藏注水水质推荐指标及分析方法》中的滤膜过滤法，将流体混合水通过孔径 0.45 μm 的滤膜进行过滤，将过滤前后滤膜质量差值作为混合水的结垢量[36]。实际上，配伍性实验后生成的垢应由悬浮在溶液中的垢和附着在实验容器器皿上的垢组成，而传统的垢物质量分析法主要是测定悬浮在溶液中的垢，未测定和表征附着在实验容器器皿上的垢。其次，目前的结垢程度评价方法只局限于评价注入水与地层水结垢量的大小，仅仅在定性层面上说明注入水与地层水配伍性强弱，存在一定的主观性[26,37]，缺乏相应地流体配伍性评价方法及标准。再次，注入水自身结垢能力对注入水与地层水混合后结垢量的影响大，对于两种及以上的注入水，若一种注入水自身结垢能力很强，显然应该优先控制该注入水的注入量。因此，注入水与地层水结垢评价应该从两方面入手：一是考虑注入水与地层水的配伍性；二是考虑注入水与地层水自身结垢能力的差异。

针对传统的垢物质量配伍性评价方法存在的不足，本章将注入水与地层水的混合水经<0.45μm 滤膜抽提的物质定义为悬浮垢，将附着于实验器皿内壁的物质定义为沉降垢，悬浮垢与沉降垢之和称为总垢。通过定量测定配伍性实验后悬浮垢、沉降垢、总垢含量，结合 X 射线衍射、扫描电镜和光学显微镜等多种微观分析手段，提出改进的垢物质量分析法，从定性、定量角度研究注入水与地层水的配伍性，并在此基础上建立了注入水与地层水结垢程度评价方法，科学、客观地评价注入水与地层水结垢程度。

一、实验方法及方案

本次实验用到的主要耗材和实验设备如下：0.45 μm 纤维滤膜；载玻片；250mL 锥形瓶；10%稀盐酸；蒸馏水；X-Pert PRO 型粉末 X 射线衍射仪，荷兰帕纳科公司；Quanta450 型环境扫描电子显微镜（带能谱分析），美国 FEI 公司；ESJ220-4B 电子天平（精度为 0.1 mg），沈阳龙腾电子有限公司；恒温烤箱；SHZ-D（Ⅲ）循环水式真空泵及配套的玻璃砂心过滤装置；BX51TRF 型多视域显微镜，日本 OLYMPUS 公司；Axios 型 X 射线荧光分析仪，荷兰帕纳科公司。

传统的配伍性实验方法主要是根据不同比例量取一定体积的清水与污水混合，放入恒温水浴箱中，恒温 8h，观察水样是否有明显悬浮物产生，并测试各混合水样悬浮物浓度、浊度指标，再根据混合水样中浊度和悬浮物浓度的变化规律判断混合水样是否配伍。本次实验在传统方法基础上进行了改进，步骤如下：

① 洗净 250mL 锥形瓶（先用 10%稀盐酸进行清洗，后用蒸馏水清洗），于干燥箱中 100℃烘干 2h，并在每个锥形瓶中放入一片载玻片，锥形瓶冷却到室温后采用电子天平精确称重待用。

② 利用 X 射线荧光分析仪测试单一水源水、单一地层水的 Ca^{2+} 浓度。

③ 将注入水与地层水按混合体积比例 1∶0、5∶1、3∶1、2∶1、1∶1、1∶2、1∶3、1∶5、1∶7、0∶1 混合（见表 3-5），每样次水样体积一致。将水样密封放入恒温烘箱，在流程或储层温度下恒温静置 8h。

④ 按照 SY/T 5329—2012 中滤膜法测定悬浮物含量的相关标准，对各个锥形瓶中静置反应后的混合水水样进行悬浮垢测定，计算公式如下：

$$C_{si} = \frac{m_{si} - m'_{si}}{V_i} \qquad (3-12)$$

表 3-5 水源水与普通污水不同比例混合 CaCO₃ 结垢趋势预测结果统计

水源水:普通污水	80℃ SI	80℃ SAI	80℃ p	80℃ PTB	80℃ 结垢状态	70℃ SI	70℃ SAI	70℃ p	70℃ PTB	70℃ 结垢状态	60℃ SI	60℃ SAI	60℃ p	60℃ PTB	60℃ 结垢状态	50℃ SI	50℃ SAI	50℃ p	50℃ PTB	50℃ 结垢状态	40℃ SI	40℃ SAI	40℃ p	40℃ PTB	40℃ 结垢状态
1:0	1.86	3.83	244.0	85.4	小量垢	1.55	4.45	239.8	83.9	小量垢	1.30	4.95	233.5	81.7	小量垢	1.05	5.45	222.4	77.8	小量垢	0.81	5.93	204.1	71.4	小量垢
5:1	2.27	3.17	460.3	161.1	垢多且硬	1.96	3.78	456.3	159.7	垢多且硬	1.72	4.27	450.6	157.7	垢多且硬	1.49	4.73	441.2	154.4	垢多且硬	1.21	5.28	421.9	147.7	垢多且硬
3:1	2.42	2.95	568.2	198.9	垢多且硬	2.11	3.57	564.1	197.4	垢多且硬	1.87	4.04	558.2	195.4	垢多且硬	1.65	4.49	549.1	192.2	垢多且硬	1.36	5.07	528.2	184.9	垢多且硬
2:1	2.54	2.78	675.7	236.5	垢多且硬	2.24	3.39	671.1	234.9	垢多且硬	2.00	3.86	664.6	232.6	垢多且硬	1.79	4.29	655.1	229.3	垢多且硬	1.48	4.90	631.2	220.9	垢多且硬
1:1	2.75	2.53	882.6	308.9	结垢极其严重	2.45	3.14	870.8	304.8	结垢极其严重	2.22	3.59	857.2	300.0	结垢极其严重	2.03	3.98	840.9	294.3	结垢极其严重	1.69	4.66	799.0	279.6	结垢极其严重
1:2	2.90	2.39	762.8	267.0	结垢极其严重	2.60	2.99	759.5	265.8	结垢极其严重	2.38	3.43	755.2	264.3	结垢极其严重	2.21	3.78	750.0	262.5	结垢极其严重	1.83	4.53	729.9	255.5	结垢极其严重
1:3	2.96	2.36	642.3	224.8	垢多且硬	2.66	2.96	640.6	224.2	垢多且硬	2.44	3.39	638.5	223.5	垢多且硬	2.28	3.72	636.0	222.6	垢多且硬	1.89	4.50	624.8	218.7	垢多且硬
1:5	2.99	2.37	520.7	182.3	垢多且硬	2.69	2.97	519.7	181.9	垢多且硬	2.48	3.39	518.6	181.5	垢多且硬	2.32	3.71	517.2	181.0	垢多且硬	1.92	4.52	510.3	178.6	垢多且硬
1:7	3.00	2.40	459.8	160.9	垢多且硬	2.70	3.00	459.0	160.7	垢多且硬	2.49	3.41	458.1	160.3	垢多且硬	2.34	3.72	457.0	160.0	垢多且硬	1.92	4.55	451.5	158.0	垢多且硬
0:1	2.96	2.60	276.8	96.9	小量垢	2.66	3.20	276.4	96.7	小量垢	2.46	3.60	275.9	96.6	小量垢	2.32	3.88	275.4	96.4	小量垢	1.88	4.76	272.2	95.3	小量垢

注：SI 为结垢指数；SAI 为稳定指数；p 为最大结垢量，mg/L；PTB 为结垢程度评价标准。

式中 C_{si}——注入水与地层水以第 i 种比例混合实验后的悬浮垢实测垢量，mg/L；

m_{si}——注入水与地层水以第 i 种比例混合实验前干燥滤膜的重量，mg；

m'_{si}——注入水与地层水以第 i 种比例混合实验后干燥滤膜的重量，mg；

V_i——注入水与地层水以第 i 种比例混合后的溶液总体积，L。

⑤ 实验结束后对各个锥形瓶连同其中的载玻片，用蒸馏水洗去盐分后，进行烘干、冷却、称重，计算沉降垢含量，计算公式为：

$$C_{pi} = \frac{m_{pi} - m'_{pi}}{V_i} \tag{3-13}$$

式中 C_{pi}——注入水与地层水以第 i 种比例混合实验后的沉降垢实测垢量，mg/L；

m_{pi}——注入水与地层水以第 i 种比例混合实验前干燥锥形瓶的重量，mg；

m'_{pi}——注入水与地层水以第 i 种比例混合实验后干燥锥形瓶的重量，mg。

⑥ 根据悬浮垢与沉降垢的含量，计算总垢，计算公式如下：

$$C_i = C_{si} + C_{pi} \tag{3-14}$$

式中 C_i——注入水与地层水以第 i 种混合比例实验后的总垢实测垢量，mg/L。

⑦ 将吸附有悬浮垢的滤膜、附着有沉降垢的载玻片进行 X 射线衍射、偏光显微镜、扫描电镜分析以研究其结垢组分与粒径、形态等。

⑧ 将过滤后的水样进行 X 射线荧光分析，测定混合水的 Ca^{2+} 浓度。

本次配伍性实验具体方案见表 3-6。

表 3-6 配伍性实验评价方案

水样类型Ⅰ	水样类型Ⅱ	混合比例	平台实验	陆地实验
水源井水	含聚污水（A25S 井）	1∶0、5∶1、3∶1	沉降垢、悬浮垢含量测定	沉降垢、悬浮垢组分分析、形态观察
	普通污水（A37 井）	2∶1、1∶1、1∶2、1∶3、1∶5、0∶1		

注：实验温度采用储层温度 65℃，恒温 8h；普通污水、含聚污水分别取自非注聚受益井 A37 井、注聚受益井 A25S1 井采油树，未加药剂。

二、配伍程度评价标准建立

注入水与地层水配伍性实验后结垢程度受两方面的影响：一是注入水与地层水自身结垢能力存在差异；二是注入水与地层水配伍程度强弱。因此，分别建立注入水与地层水自身结垢能力差异的评价方法以及注入水与地层水配伍程度的评价方法，并考虑到这两方面因素对注入水与地层水配伍程度的影响大小（权重），建立注入水与地层水配伍程度评价标准。

1. 注入水及地层水自身结垢能力差异评价

单一注入水（注入水与地层水混合比为 1：0）在储层温度下静置后仍能结垢，其结垢量的多少反映注入水自身结垢能力强弱。单一注入水静态配伍性实验后的悬浮垢、沉降垢和总垢含量分别用 $C_s^{(1:0)}$、$C_p^{(1:0)}$ 和 $C^{(1:0)}$ 表示，单一地层水（注入水与地层水混合比为 0：1）的悬浮垢、沉降垢和总垢含量分别用 $C_s^{(0:1)}$、$C_p^{(0:1)}$、$C^{(0:1)}$ 表示。

注入水与地层水自身结垢能力的差异对流体混合后结垢程度具有重要的影响。若注入水自身结垢能力越大，注入水与地层水自身结垢能力的差异越明显，$C^{(1:0)}/C^{(0:1)}$ 值越大。注入水与地层水自身结垢能力差异可用 S 表示：

$$S = \lg\left[\frac{C^{(1:0)}}{C^{(0:1)}}\right] \tag{3-15}$$

式中　S——注入水与地层水自身结垢能力差异程度。

2. 注入水与地层水配伍程度评价

为了定量评价注入水配伍程度，以单一注入水、单一地层水结垢量为基准，假设注入水与地层水配伍（即混合后两者不产生新的沉淀），理论上计算注入水、地层水按不同体积比混合后的结垢量定义为计算垢量。由此，可以分别得到悬浮垢、沉降垢和总垢计算垢量的计算公式。

悬浮垢计算垢量的计算公式：

$$C'_{si} = \frac{aC_s^{(1:0)} + bC_s^{(0:1)}}{a+b} \tag{3-16}$$

式中　C'_{si}——注入水与地层水以第 i 种混合比例实验后的悬浮垢计算垢量，mg/L；

$\quad C_s^{(1:0)}$——单一注入水（混合比 1：0）配伍性实验后的悬浮垢实测垢量，mg/L；

$\quad C_s^{(0:1)}$——单一地层水（混合比 0：1）配伍性实验后的悬浮垢实测垢量，mg/L；

$\quad a:b$——注入水与地层水的混合比。

沉降垢计算垢量的计算公式：

$$C'_{pi} = \frac{aC_p^{(1:0)} + bC_p^{(0:1)}}{a+b} \tag{3-17}$$

式中　C'_{pi}——注入水与地层水以第 i 种混合比例实验后的沉降垢计算垢量，mg/L；

$\quad C_p^{(1:0)}$——单一注入水（混合比 1：0）配伍性实验后的沉降垢实测垢量，mg/L；

$\quad C_p^{(0:1)}$——单一地层水（混合比 0：1）配伍性实验后的沉降垢实测垢量，mg/L。

总垢计算垢量的计算公式：

$$C_i' = \frac{aC^{(1:0)} + bC^{(0:1)}}{a+b} \tag{3-18}$$

式中　C_i'——注入水与地层水以第 i 种混合比例实验后的总垢计算垢量，mg/L；

　　　$C^{(1:0)}$——单一注入水（混合比 1：0）配伍性实验后的总垢实测垢量，mg/L；

　　　$C^{(0:1)}$——单一地层水（混合比 0：1）配伍性实验后的总垢实测垢量，mg/L。

如果实测垢量高于计算垢量，说明混合水有新沉淀产生，表明两种水型不配伍；实测垢量与计算垢量之差越小，表明两种流体配伍性越好。以总垢的变化程度来评价流体配伍程度，即总垢实测垢量与总垢计算垢量之差（$C_i - C_i'$）越小，流体配伍性越好。由此定义配伍程度评价单一指数：

$$I_i = \lg\left[\frac{C_i}{C_i'} \times (C_i - C_i')\right] \tag{3-19}$$

式中　I_i——注入水与地层水以第 i 种混合比例实验后的配伍程度评价单一指数。

注入水与地层水静态配伍性实验后的配伍程度评价综合指数（I）定义为：

$$I = \max(I_1, I_2, \cdots I_i, \cdots I_n) \tag{3-20}$$

式中　max——最大值。

在此基础上，进一步定义了配伍程度评价综合指数 I，并建立了配伍程度评价标准（表 3-7）。

表 3-7　流体配伍程度综合评价标准

配伍程度评价综合指数 I	配伍程度	表示方法
$I \leqslant 0$	好	√
$0 < I \leqslant 1$	良好	*
$1 < I \leqslant 2$	轻度不配伍	**
$2 < I \leqslant 3$	中度不配伍	***
$3 < I \leqslant 4$	严重不配伍	****
$I > 4$	极度不配伍	*****

第四节　含聚污水及普通污水配伍性差异性评价

一、垢含量变化特征分析

图 3-14 为 SZ36-1 油田水源井水分别与普通污水、含聚污水在 65℃实验 8h 后悬浮垢增加值（$C_{si} - C_{si}'$）、沉降垢增加值（$C_{pi} - C_{pi}'$）、总垢增加值（$C_i - C_i'$）、配伍程度（I_i）随混合比例的变化情况，由图可知：

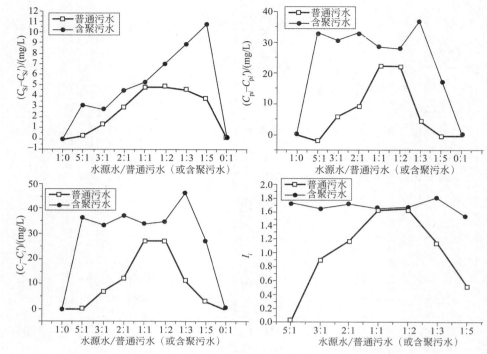

图 3-14　水源水与含聚污水或普通污水不同比例混合后垢含量变化

相同混合比例下，含聚污水与水源井水混合后悬浮垢、沉降垢、总垢的增加值均大于普通污水；随着水源井水占混合水比例的降低，悬浮垢、沉降垢、总垢增加值整体上呈先上升再降低的抛物线变化趋势；从垢的类型看，不论是普通污水还是含聚污水，沉降垢的增加值远大于悬浮垢，占总垢的80%以上；从配伍程度看，含聚污水与水源井水混合后配伍程度评价单一指数在 $1<I_i\leqslant2$ 范围内，属于轻度不配伍的范畴，而普通污水与水源井水混合后仅在 2：1～1：2 等比例下配伍程度评价单一指数在 $1<I_i\leqslant2$ 范围内，其余比例均在 $0<I\leqslant1$ 范围内，配伍性良好，配伍程度要好于含聚污水。

综合分析认为，含聚污水与水源井水混合后各类型垢的含量相比不含聚的普通污水要高，配伍程度更差，造成这种差异性的原因可能是由于含聚污水中聚合物的吸附作用，使得悬浮垢、沉降垢除了由于成垢离子不配伍产生的无机矿物垢以外，还含有一部分聚合物吸附形成的有机垢。

二、垢形态及组分变化特征分析

1. 沉降垢形态及组分变化特征

图3-15为水源井水分别与普通污水、含聚污水不同比例混合后沉降垢形态显微镜下观察到的照片，由图可知，水源井水与普通污水配伍性实验后的沉降垢形

态上能大致看出晶型规则，垢粒粒径在 10～50μm 左右，呈单颗粒状，且分布均匀。从数量上看，单一普通污水垢粒最少，单一水源井水垢粒相对较多。水源水与普通污水混合后，结垢能力有所增强，尤其是混合比例在（2∶1）～（1∶2）之间时，相同视域内沉降垢数量明显增多，说明在这个混合比例范围内，水源井水与普通污水不配伍程度较强。含聚污水自身以及与水源井水不同比例混合后，沉降垢为细小颗粒状，粒径明显变小，但数量较多，且密密麻麻的分布，布满了整个视域，也可见少量大颗粒状垢，且随着地层水比例的增加，大颗粒沉降垢数量呈增加趋势，在水源水与含聚污水比例为 1∶1 附近大颗粒垢形态不规则，磨圆度好，类似水滴状。

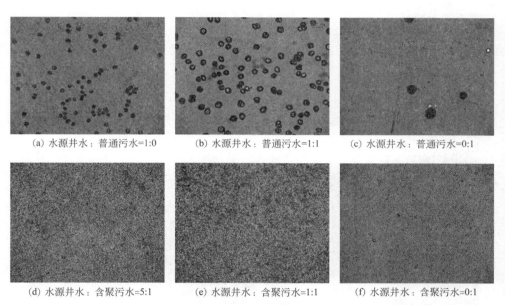

(a) 水源井水∶普通污水=1:0　　(b) 水源井水∶普通污水=1:1　　(c) 水源井水∶普通污水=0:1

(d) 水源井水∶含聚污水=5:1　　(e) 水源井水∶含聚污水=1:1　　(f) 水源井水∶含聚污水=0:1

图 3-15　水源井水分别与普通污水、含聚污水不同比例混合沉降垢显微观察（×10 倍）

图 3-16 为水源井水与普通污水混合后沉降垢扫描电镜下微观形貌观察，表 3-8 为对应部分沉降垢颗粒的能谱分析结果。由此可知，沉降垢颗粒的晶形、分选性均较好，晶型为非常经典的六方晶型方解石，颗粒粒径多集中在 50μm 左右，局部可见部分细小地层颗粒附着于垢粒表面 [图 3-16（c）]，还可见垢粒之间聚集生长，形成粒径更为粗大的垢粒 [图 3-16（c）、（b）]。能谱分析表明沉降垢颗粒构成元素主要为 C、O、Ca，可断定其为碳酸钙颗粒 [图 3-16（a）、（b）]。碳酸钙有方解石、文石、球霰石三种晶体结构，通常情况下，以最稳定方解石晶型存在。方解石属于六方晶系，文石属于斜方晶系，球霰石最不稳定，通常会自发转化为方解石或文石[38]。

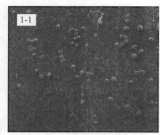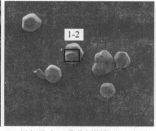

(a) 全貌，沉降垢呈颗粒状产出，
分选较好

(b) 局部放大，碳酸钙颗粒呈六方晶
型，粒径>50μm

(c) 局部放大，碳酸钙颗粒与无机
盐聚集，粒径>20μm

图 3-16　沉降垢扫描电镜下微观形貌照片（水源井水：普通污水=1：3，65℃）

表 3-8　沉降垢能谱分析结果统计表（水源井水：普通污水=1：3，65℃）

能谱点位	类型	原子质量分数/%							能谱范围
		CK	OK	NaK	CaK	AlK	SiK	MgK	
1-1	沉降垢	38.33	12.98	1.9	13.55	—	31.66	1.58	全域
1-2	沉降垢	23.28	36.85	—	38.64	—	/	1.23	局部
1-3	沉降垢	23.4	26.6	2.27	38.73	0.42	7.47	1.11	局部
1-4	沉降垢	28.78	30.84	—	36.34	—	4.05	—	局部

图 3-17 为水源井水与含聚污水混合后盖玻片上沉降垢扫描电镜下微观形貌照片，表 3-9 为对应部分颗粒的能谱分析。盖玻片全貌显示，沉降垢主要以点状产

(a) 全貌，沉降垢主要以点状产出，
偶见大颗粒

(b) 局部放大，见球粒状颗粒，
分选好，并聚集生长成集合体

(c) 不同形态颗粒构成大颗粒，
粒径40μm，主要成分为碳酸钙

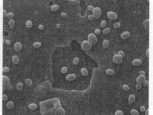

(d) 局部放大，多个粒状碳酸钙聚集
生长呈大颗粒不规则状，粒径30μm

(e) 局部放大，球粒状碳酸钙与
聚合物相互包裹，产出聚合物薄膜状

(f) 未成形的碳酸钙呈薄片状，
颗粒状碳酸钙均匀分布其上，
由球形颗粒推测薄膜厚>3μm

图 3-17　沉降垢扫描电镜下微观形貌照片（水源井水：含聚污水=1：2，65℃）

表 3-9　沉降垢能谱分析结果统计表（水源井水：含聚污水=1：2，65℃）

能谱点位	类型	原子质量分数/%							能谱范围
		CK	OK	NaK	CaK	ClK	SiK	MgK	
2-1	沉降垢	38.33	20.54	3.35	18.49	0.78	16.95	1.57	全域
2-2	沉降垢	28.39	36.58	—	32.34	1.15	—	1.54	局部
2-3	沉降垢	32.01	37.98	—	30.01	—	—	—	局部

出，放大后见其成球形颗粒，类似黄豆状、蚕茧状，单个垢粒的粒径小于 3μm，分选极好，几乎所有球状垢粒大小都相近，分析其成分为碳酸钙［图 3-17（a）、（b）、（e）］，局部放大后可见部分颗粒间存在丝状聚合物连接；图 3-17（c）为多个不同形态的颗粒构成的大颗粒，能谱分析知其为碳酸钙；图 3-17（d）可见方形颗粒与球形颗粒共生，对其能谱分析知其构成元素主要为 Na 与 Cl，断定其为无机盐颗粒；在图 3-17（f）中可见明显的薄膜状碳酸钙物质。

对比扫描电镜下水源井水分别与普通污水、含聚污水混合后的沉降垢形态可以看出，在结垢物的形貌上，沉降垢由不含聚时的典型六方晶型方解石碳酸钙转变为球形、黄豆状、蚕茧状的碳酸钙；在结垢物的粒径上，含聚后产出的球形碳酸钙粒径小于 3μm，仅为水源水与普通污水混合后沉降垢粒径的 1/10 以下；在结垢物的产出形式上，含聚污水产生的垢既有单粒垢、又有与聚合物等有机物形成的薄膜状垢，还有一部分由多个球粒垢自身聚集或聚集其他地层微粒等组成的复合垢，而普通污水中产生的垢相对单一。

2. 悬浮垢形态及组分变化特征

图 3-18 为水源井水与普通污水混合后滤膜悬浮垢电镜下的微观形貌照片，表 3-10 为对应颗粒的能谱分析。由图表可知，滤膜全貌较干净，悬浮物颗粒较少，局部放大后，可见：①长条状颗粒［图 3-18（b）］，颗粒长>100μm，构成元素主

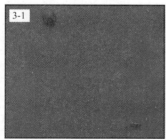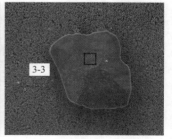

(a) 滤膜全貌，较干净，颗粒较少，　　(b) 局部放大，有机物颗粒，　　(c) 局部放大，晶形较好的
　　偶见晶形较好块状颗粒　　　　　　　粒径100μm　　　　　　　　碳酸钙颗粒，粒径100μm

图 3-18　滤膜悬浮垢扫描电镜下微观形貌与能谱点位（水源井水：普通污水=1：1，65℃）

表 3-10　滤膜悬浮垢能谱分析（水源井水∶普通污水=1∶1，65℃）

能谱点位	类型	原子质量分数/%									能谱范围
		CK	OK	NaK	CaK	FeK	SiK	MgK	AlK	ClK	
3-1	悬浮垢	71.88	25.82	1.03	0.74	—	—	—	—	0.53	全域
3-2	悬浮垢	74.39	14.8	1.3	0.74	1.39	4.34	0.84	0.75	1.46	局部
3-3	悬浮垢	23.23	37.17	—	37.25	—	1.31	1.04	—	—	局部

要为 C、O，其次为 Si、Fe、Ca、Na、Mg 等元素，说明该颗粒为包裹着地层微粒、腐蚀产物、结垢产物等复杂的聚集体；②块状颗粒 ［图 3-18（c）］ 亦为钙质垢，成分主要为 Ca、C、O，粒径 100μm 左右，其晶型较好。

图 3-19 为水源井水与含聚污水混合后滤膜悬浮垢电镜下的微观形貌照片，表 3-11 为对应颗粒的能谱分析，滤膜全貌显示颗粒较多 ［图 3-19（a）］，且分布方式为局部聚集，能谱分析表明，Ca 元素含量较大，推测其悬浮垢中碳酸钙垢比例相对较大。对部分颗粒放大 ［图 3-19（b）］，可见较多球形颗粒及不规则的团状垢，球形颗粒粒径主要分布在 5～10μm，不规则的大颗粒团状垢主要是由薄膜状物质包裹多个球形颗粒物后形成，其球形颗粒则为碳酸钙颗粒，薄膜状物质分析应为水解的聚合物，由于聚合物的吸附作用，多个球形颗粒聚集在一起形成了粒径更大的团状垢，粒径大于 100μm。偶见因含铁、镁等元素而形成的莓状碳酸钙颗粒，其粒径大小为 20μm ［图 3-19（c）］。

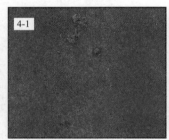 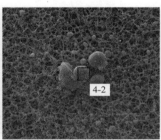 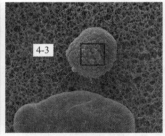

(a) 滤膜全貌，颗粒较多，主要呈球粒状以及聚集体　　(b) 局部放大，球粒状钙质垢构成的聚集体，球形粒径5～10μm　　(c) 局部放大，含铁、镁等莓状钙质颗粒，粒径>20μm

图 3-19　滤膜悬浮垢扫描电镜下微观形貌照片（水源井水∶含聚污水=1∶3，65℃）

表 3-11　滤膜悬浮垢能谱分析（水源井水∶含聚污水=1∶3，65℃）

能谱点位	类型	原子质量分数/%							能谱范围
		CK	OK	NaK	CaK	FeK	MgK	ClK	
4-1	悬浮垢	59.17	32.58	1.5	5.71	—	—	1.04	全域
4-2	悬浮垢	24.95	30.96	—	44.08	—	—	—	局部
4-3	悬浮垢	33.97	34.25	1.29	25.93	1.24	1.38	1.94	局部

综合分析，水源井水与普通污水混合后呈现一定的不配伍性，在混合比例为2∶1～1∶2之间时，不配伍程度相对较强，产生的垢量也较多，垢的晶形规整，分选性好，粒径粗大（>20μm），垢的组分主要为六方晶型方解石碳酸钙。

混合水样中含有聚合物后，沉降垢主要为细小粒径（粒径<3μm）的球状碳酸钙垢以及由聚合物包裹细小球状垢形成的薄膜状垢，悬浮垢主要为球形颗粒状碳酸钙垢（粒径为 5～10μm）及由聚合物包裹多个球形颗粒物形成的粒径粗大的不规则团状垢。根据垢的形态可推测，粒径细小的球状垢可以进入储层更深的部位，而薄膜状垢或粒径粗大的不规则团状垢对储层近井地带的端面或者储层内部的粗大孔喉、主流孔喉具有较强的封堵能力，造成储层端面伤害和深部伤害共存的双重伤害。

第五节　产出聚合物对结垢的影响机理

不论是含聚污水还是普通污水，与水源井水混合后产生的结垢物质在组分上都为碳酸钙颗粒，只是结垢量、形态、粒径有明显的差异。为探讨含聚污水中产出聚合物对垢生长规律的影响机理，分别选取不同聚合物浓度的水样开展配伍性实验，并对实验后结垢量、垢形态及组分进行微观分析，结合碳酸钙矿物的生长机理，研究聚合物浓度对垢形态特征的影响。

一、产出聚合物浓度对结垢量的影响

取现场不同受益井的含聚污水分别与水源井水开展配伍性实验（65℃、8h），实验后结垢总量（C_i）、由于不配伍产生的结垢增量（$C_i - C_i'$）随聚合物浓度的增加而增加（图 3-20）。这说明产出聚合物整体上会促进水中成垢离子的结垢，水中

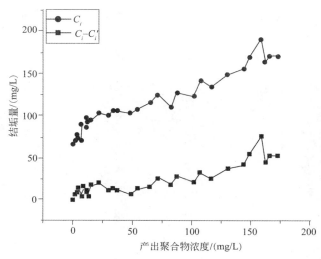

图 3-20　总垢及总垢增加值随产出聚合物浓度的变化特征

的结垢量增多，不配伍程度加剧。

二、产出聚合物对结垢形态及其形成机理研究

溶质从溶液中结晶析出会经历两个步骤：首先会产生微小粒子作为结晶核心，称为晶核，随后晶核长大成可见晶体。晶核的产生过程称为成核，晶核再生长成为微晶粒，微小晶粒在溶液中由于布朗运动不断地相互接触、碰撞、长大的过程称为晶体生长。碳酸钙晶体析出也包括三个阶段：$CaCO_3$ 晶核的形成、晶核迅速长大阶段、晶态的转变阶段及晶粒数和尺寸的稳定期[39,40]。

依据晶体成核热力学理论：①降低表面能垒或者增加溶液饱和度能促进成核过程；②若晶粒-基质表面相互作用的净界面能比晶粒-溶液的低，则异相成核优先发生[41]。依据贝壳珍珠层有机质的结构研究，指出有机基质的周期结构与晶体某方向面网的周期晶格常数相适应的时候，可以降低无机相异相成核的活化能，诱导晶体沿这一方向面网生长，从而使该方向面网的晶轴垂直模板，比如碳酸钙晶体形成、自由成长的热力学过程（图 3-21）。

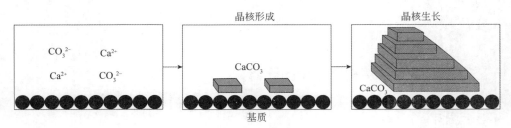

图 3-21　碳酸钙晶体形成热力学过程[41]

在不含聚的水源井水结垢物中，不论是沉降垢还是悬浮垢的微观形态通常都呈六方晶系的方解石 [图 3-22（a）、（c）]，也可见柱状 [图 3-22（b）]，属于经典的自形晶，形状较规整，呈立方体状，表面光滑，结构紧密。这说明不含聚合

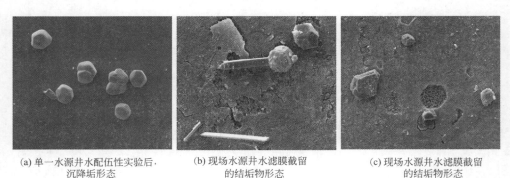

(a) 单一水源井水配伍性实验后，　　(b) 现场水源井水滤膜截留　　(c) 现场水源井水滤膜截留
　　沉降垢形态　　　　　　　　　　　的结垢物形态　　　　　　　　　的结垢物形态

图 3-22　不含聚水样中（P=0mg/L）碳酸钙结垢物微观形态照片

物水样中的结垢物主要是受成垢离子在热力温度条件下达到过饱和状态后自由结晶生成，结垢量的多少取决于成垢离子浓度的高低与热力学条件的改变。

含聚污水中的产出聚合物主要为阴离子型聚丙烯酰胺，其分子结构式如图 3-23，其在溶液中的行为趋向于形成具有一定形貌特征的线团乃至胶团，产出聚合物的加入在改变碳酸钙的晶型、形貌、粒径方面起着重要作用。本文依据配伍性实验中含聚合物浓度的高低，将聚合物对垢的影响过程划分为晶型调控、交联絮凝两个过程，并分别进行详细阐述。

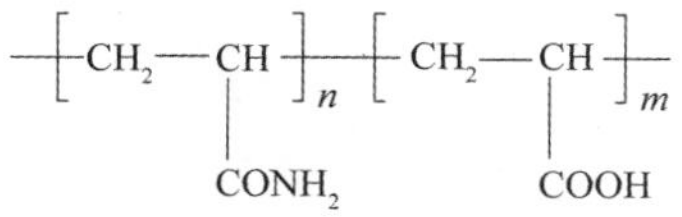

$$\begin{array}{c}\left[CH_2-CH\right]_n\left[CH_2-CH\right]_m\\ \quad |\qquad\qquad\quad|\\ CONH_2\qquad\quad COOH\end{array}$$

图 3-23　含聚污水中产出聚合物结构式简图

通常我们认为聚丙烯酰胺在水溶液中将有不同的临界胶束浓度和胶束空间构象[43]，由于其在水溶液中溶解性的不同形成了的不同胶束构象和分子链，从而影响着碳酸钙晶体的形貌。另一方面，聚合物分子链上羧酸根基团的排布也有所不同，大部分胶束的分子链上存在大量—COO⁻间距为 5.03Å 的组合，这与方解石（110）晶面的钙离子间距呈几何匹配、键合（图 3-24），形成类 Stern 层。通过类 Stern 层与特定晶面的静电作用、几何匹配、立体化学补偿，以及类 Stern 层与正负离子外层水化层的去溶剂化过程的共同作用，使得阴极根与钙离子匹配直接诱导方解石成核，抑制方解石多边晶型的形成[44]，达到调控碳酸钙晶型的目的并形

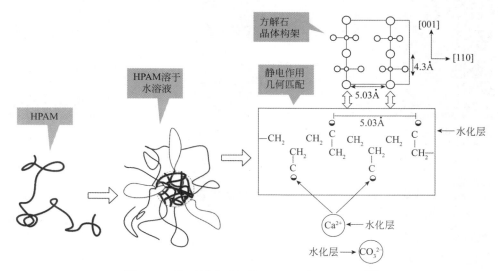

图 3-24　聚丙烯酰胺调控 $CaCO_3$ 结晶示意图[44]

成稳定相态的纳米微晶方解石，即呈球形晶体，颗粒粒径极细小，为纳米级［图3-25（a）、（d）］，一部分球形纳米微晶自由长大，形成粒径在0.5～3μm的球形垢［图3-25（b）、（d）、（e）］。

除了大部分胶束的调控作用，部分基质上—COO⁻分布稀疏，存在着生成—COOCa和$CaCO_3$的竞争，在离子初始浓度过饱和且成核时间较短时，—COO⁻与晶体相互匹配成核的概率不大，碳酸钙的晶型演化不受聚合物的影响，得到完整的自形晶，沉淀过程中，向界面能趋于最小化聚集而成层状晶体叠加结构，如图3-25（e）。但—COO⁻可吸引并键合钙离子，可将晶核锚固在基质上，从而影响碳酸钙的生长和聚集[45]，而该部分—COO⁻可能在碳酸钙集合时成为基质模板而夹在碳酸钙聚集体中，因此可见多个球形碳酸钙垢相互粘连或者球形垢与方解石自行晶粘连［图3-25（b）、（e）］。

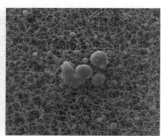
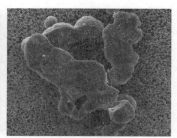

(a) P=10mg/L，悬浮垢，大量球形纳米微晶聚集生长

(b) P=25mg/L，悬浮垢，纳米级球形垢均匀分布，局部见3～5μm球形垢粘连

(c) P=150mg/L，悬浮垢，球形垢粘连聚集成粒径>20μm的团状聚合垢

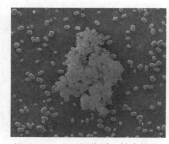
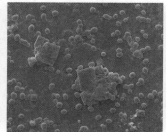
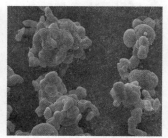

(d) P=10mg/L，沉降垢，纳米微晶聚集，其他球形垢均匀分布

(e) P=45mg/L，沉降垢，见球形垢之间粘连以及球形垢与方解石自形晶粘连

(f) P=100mg/L，沉降垢，见球形垢之间大量粘连形成团状

图3-25　不同聚合物浓度条件下悬浮垢与沉降垢形态微观照片

随着聚合物浓度逐渐升高，在镜下可见独立的、单个的球状垢、层状垢等成垢物质已逐渐消失，这些垢相互聚集粘连形成团状的复合垢。由于聚合物的交联、絮凝性能，将前期形成的球状成垢物质、盐类、杂基及层状碳酸钙自形晶相互吸引并交联成团[46]，我们将聚合物相互交联包裹盐分、结垢物质这一过程称为交联絮凝结垢过程（图3-26）。这个阶段的成垢物质相对于单独的聚合物组分更加复杂，其将

盐类、垢类包裹其中［图3-25（c）、（f）］，随后在多孔介质中发生滞留或者吸附，由于粒径粗大反排困难，即使是采取酸化措施也难以突破聚合物"保护膜"，直接接触结垢物质，不可避免地进一步加深了储层伤害及增加了解堵措施的难度。

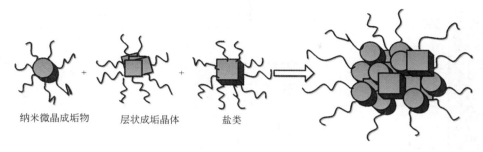

纳米微晶成垢物　　　层状成垢晶体　　　盐类

图 3-26　复杂聚合物包裹体交联示意图

第六节　含聚污水结垢对储层孔喉结构的影响

一、含聚污水结垢对储层渗透率的影响

在静态配伍性实验中，水源水与普通污水、含聚污水均存在一定程度的不配伍性。为评价结垢对储层渗透率的影响，进行了不同类型注入水与储层岩心的适应性评价动态实验，实验步骤：

① 根据现有地层水离子分析资料，用蒸馏水配制相同矿化度的 KCl 盐水作为地层水，避免注入水与地层水结垢等影响；

② 对储层岩心进行称重，测试气测渗透率 K_g；

③ 储层岩心抽真空饱和 KCl 地层水 24h 以上，装入岩心夹持器，恒温 65℃；将恒速恒压泵设置为恒速模式，以 1mL/min 驱替 KCl 地层水，记录数据至渗透率基本不变作为地层水初始测试渗透率 K_i；

④ 以 1mL/min 的流速驱替不同类型的实验水，保证实验水驱替 80PV；

⑤ 以 1mL/min 的泵速再次驱替 KCl 地层水，测量地层水恢复渗透率 K_r；

⑥ 岩心渗透率伤害程度计算：用驱替实验水前、后的两次地层水测渗透率计算不同注水对岩心渗透率的伤害率，公式如下：

$$I = (1-K_r/K_i) \times 100\% \qquad (3-21)$$

式中　I——岩心渗透率的伤害率，%；

　　　K_i——初始 KCl 地层水测得的渗透率，mD；

　　　K_r——驱实验水后的 KCl 地层水测得的恢复渗透率，mD。

通过实验数据计算出渗透率的伤害率后，参考储层敏感性伤害评价标准与指标（SY/T 5358—2010）确定渗透率的降低程度。

各注入水均经 0.45μm 的纤维滤膜精细过滤，排除其他机械杂质的影响，实验结果如表 3-12，由实验结果可知。

表 3-12　绥中 36-1 油田各注入水与储层岩心适应性动态评价结果

岩心号	深度/m	注入水类型	K_g	K_i	K_r	KCl 溶液矿化度/(mg/L)	I	伤害评价
S1	1593	水源水（未加药）	3314	292	166	8000	43.03	中等偏弱
S2	1679		1539	172	79	8000	54.31	中等偏强
S11	1618	水源水（加 30mg/L 防垢剂）	2989	122	112	8000	11.96	弱
S12	1642		3730	259	228	8000	8.37	弱
S9	1380	含聚污水（未加药）	3539	461	233	8000	49.46	中等偏弱
S10	1504		2292	193	86	8000	55.44	中等偏强

注：K_g 代表气测渗透率，mD；K_i 代表 KCl 溶液所测的初始渗透率，mD；K_r 代表伤害后 KCl 溶液所测的渗透率，mD；I 为岩心的渗透率伤害率，%。

（1）未加药水源水对两块东营组储层岩心伤害率分别为 43.03%、54.31%，平均值为 48.67%，属于中等偏弱范畴。加入 30mg/L 现场在用防垢剂后，水源水对储层岩心的渗透率伤害率降为 11.96%、8.37%，伤害程度为弱。该实验反映了单一水源水具有较强的结垢能力，如不采取防垢措施，长期注入必将导致垢在储层中不断积累，对储层造成较严重的伤害。

（2）含聚污水结垢对储层岩心渗透率的伤害率分别为 44.52%、55.44%，平均值为 52.45%，伤害程度为中等偏强，高于未加药的水源水实验结果。主要是含聚污水结垢物的形态既有粒径较小的球状颗粒垢，又有片状、团状、膜状等大粒径垢，结垢物的粒径极差较大，伤害形式相比结垢粒径分布相对均匀、粒径极差较小的水源井水更复杂，加之含有聚合物后，结垢量也较单一水源井水大，对储层岩心渗透率的伤害程度更大。

二、含聚污水结垢对孔喉结构的影响

在油田注水开采中，若长期注入与地层水不配伍的注入水或者注入结垢能力强于地层水结垢能力的水样必将导致储层结垢量增加，对油田开采层位，特别是近井地带储层造成堵塞，从而引起注水压力高、注水困难、后期酸化频繁等问题。

图 3-27 为未加药水源水驱替实验后岩心前端电镜观察照片，电镜下可明显看到较大量晶型规则的垢附着于岩石骨架颗粒表面、充填粒间孔，造成孔喉大幅变小，粒间孔被充填后形成晶间孔、晶间缝，造成后续流体渗流阻力大幅增加，宏

观表现为渗透率的降低。从储层岩心内部观察到的垢分布情况可知，这类晶型规则的垢分布相对均匀，孔隙喉道内垢量相对集中，骨架颗粒表面垢量略少。

(a) 实验后岩心电镜观察，　　　(b) 局部放大，见晶型规则的　　　(c) 大量晶型规则的垢聚集生长，
大量垢附着骨架颗粒、充填粒间孔　　垢聚集充填粒间孔　　　　　　封堵孔隙

图 3-27　水源水驱替实验后岩心前端电镜观察照片（S1 号岩心）

图 3-28 为含聚污水驱替实验后岩心前端的电镜照片，电镜下可见实验后岩心内部存在大量的无晶型特征的物质附着于骨架矿物表面，充填粒间孔，膜状物质包裹附着于骨架颗粒及黏土矿物表面，可见这种膜状物质表面还富集较大量的粒径不一的杂质或点状、球状垢粒。同时还可以发现这种膜状物质较均匀致密，无明显的孔、缝，一旦堵塞于孔隙喉道内部，对后续流体起到较强的封堵作用，表现为渗透率伤害的幅度更大。

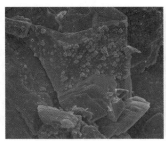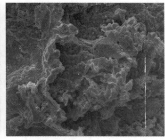

(a) 见骨架颗粒表面附着有一定量　　(b) 见膜状垢包裹附着于孔喉处，膜状　　(c) 膜状物包裹在黏土矿物表面，
的无晶型特征的结垢物　　　　物质表面可见较大量粒径大小不一的微粒　　膜状物可见大量点状物质

图 3-28　现场含聚污水驱替实验后岩心前端电镜观察照片（S10 号岩心）

表 3-13 为实验前后岩心物性变化统计表，通过实验前后的数据分析可知，水源井水驱替后的 S2 号岩心实验后重量增加了 7.9%，孔隙度降低了 29.7%，渗透率降低了 54.3%；含聚污水驱替后的 S10 号岩心实验前后重量增加了 13%，孔隙度降低了 40%，渗透率降低了 55.4%。根据岩心基本物性参数的变化发现，结垢后的岩心孔隙度和渗透率都有了较大幅度的降低，且含聚污水结垢造成岩心孔隙度的降低幅度更大。

表 3-13 配伍性实验前后岩心物性参数的变化

岩心编号	深度/m	实验后			实验前		
		M_1/g	ϕ/%	K_r/mD	M_2/g	ϕ/%	K_i/mD
S2	1679	25.52	21.9	79	23.5	31.16	172
S10	1504	37.02	19.93	86	32.18	33.23	193

进一步利用核磁共振的手段探究岩心实验前后的孔隙结构特征,如图 3-29 所示。水源井水配伍性实验后 S2 号岩心大孔隙的比重明显降低,中小孔隙的变化幅度不大,有略微降低。这主要是由于水源水中的结垢物晶型规则,充填大孔喉后,将大孔喉分割为细小孔喉,增加了一部分细小孔喉的数量,而岩心自身原生的细小孔喉被结垢物堵塞,增加的细小孔喉与被堵塞的原生细小孔喉数量相当,整体上表现为细小孔喉下降幅度不大。

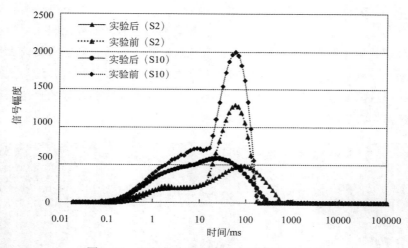

图 3-29 配伍性实验前后岩心孔隙结构变化

含聚污水驱替后的 S10 号岩心大、中孔隙均发生了明显的降低,且大孔隙降低幅度大于中孔隙降低幅度,细小孔隙的变化幅度较小。相比水源井水,含聚污水导致大、中孔喉的比重降低幅度更大,这主要是含聚污水中的团状、膜状垢与球形垢粒形成的大小粒径不一的复核堵塞形式对中大孔喉的堵塞程度更大。

为了验证储层内部是否已经结垢,需对储层注水开发初期以及目前中高含水期的储层岩心进行对比观察。2013 年绥中 36-1 油田进行了二期加密调整,在储层段重新钻取了岩心,此时油田已经经过长达 12 年的注水开采,利用显微镜等手段对储层中的垢特征进行全面分析和判断,以及定性分析这些垢对储层孔隙结构的影响程度。

表 3-14 为绥中 36-1 油田不同时间取心井的岩心全岩矿物分析结果，由表中数据可知，油田开发之前的储层岩心全岩分析结果主要以石英、长石和黏土矿物组成，方解石和白云石等碳酸钙矿物的含量为 0，而经过 12 年长期注水开发后，调整井钻取的储层岩心全岩分析结果中矿物组成仍以石英、长石和黏土矿物组成，只是黏土矿物含量有所降低，且储层岩心中普遍存在方解石、铁白云石等碳酸钙质的矿物，这部分方解石和白云石类的碳酸钙矿物有可能是长期注水后储层中结垢所致。

表 3-14　绥中 36-1 油田不同时间取芯井储层岩心全岩分析结果（平均值）

井号	取样时间	石英/%	钾长石/%	斜长石/%	方解石/%	黄铁矿/%	其他/%	黏土矿物/%
SZ36-1M5/K4/N12	2013.12	50.6	19	14	1.6	0.2	4（铁白云石）	11.2
SZ36-1-23	1996.3	67	8	5	—	—	16（菱铁矿）	15

图 3-30 为渤海油田某调整井岩心铸体薄片和阴极发光照片，该调整井所在区块在 2013 年之前一直以水源井水为注入水源。显微镜观察发现，单偏光镜下在孔隙中可以明显看见颗粒边缘或者喉道处有黑色颗粒，颗粒粒径 40～100μm［图 3-30（a）］；正交光这些颗粒呈现为高级白或者黄色颗粒［图 3-30（b）］，其成分为碳酸盐颗粒，这些碳酸盐颗粒呈零星分散状或松散集合体状，与自生胶结物有一定区别，判定这些微粒为注入水结垢的产物。

(a) 骨架颗粒周边见较多细小颗粒状　(b) 细小颗粒物质呈高级白或淡黄色，　(c) 可见少量橘黄色颗粒物质，
　　物质，$Ed_{1上}$，单偏光　　　　　略见晶型规则，$Ed_{1上}$，正交光　　　1675.15m，$Ed_{1上}$，阴极发光

图 3-30　渤海油田某调整井岩心铸体薄片及阴极发光照片观察（2013 年取岩心）

阴极发光显微镜技术是目前用于研究岩石矿物组分特征的一种快速简便的分析手段，通过不同矿物在阴极发光下的颜色便可区分出矿物类型，石英主要发暗蓝色光，斜长石发天蓝色光，正长石发暗红色光，泥质杂基不发光-暗灰色光，岩屑不发光，石英胶结物不发光，方解石胶结物红色光-橘黄光。图 3-30（c）为岩

心阴极发光照片，薄片中呈现浅黄色或者亮黄色的颗粒为碳酸盐岩类颗粒，这些颗粒主要围绕矿物颗粒周边生长，黄色颗粒粒径40~100μm，当其量达到一定值时充填整个孔隙，对储层孔喉处造成堵塞。阴极发光显微照片再次验证了孔隙中的充填物有大量的方解石。

由调整井岩心铸体薄片和阴极发光照片可知，储层在注水开采中由于长期注入结垢能力强的水源井水致使储层中发生了结碳酸钙垢现象，这些垢围绕储层矿物周边生长、充填堵塞储层孔隙与喉道，降低了储层孔隙大小以及连通率，是导致后续注水压力上升的重要原因。

M5井和K4井分别为绥中36-1油田D平台、A平台的新增调整井，D平台和A平台自2004年以来一直注入含聚污水。虽然M5井、K4井储层岩心没有观察到明显的碳酸钙垢，但仍可见岩石骨架颗粒边缘、孔隙喉道间都存在灰黑色的物质，正交光下无明显颜色或呈弱黄色（图3-31），主要原因是含聚污水产生的垢主要以圆球颗粒状、膜状、团状的形式产出，垢的周围包裹吸附了聚合物，同时含聚污水中其他杂质含量较多，也影响了垢的观察。综合某调整井岩心结垢情况推测，含聚污水长期注入区域的储层内部也可能存在明显的结垢伤害。

(a) 骨架颗粒周边有明显黑色边缘，
SZ36-1-M5，1383.6 m，Ed_{1F}油层，单偏光

(b) 骨架颗粒边缘未见明显颜色，SZ36-1-M5，
1383.6m，Ed_{1F}油层，正交光

(c) 骨架颗粒周边有较大量灰黑色物质，
SZ36-1-K4，1439.6 m，Ed_{1F}油层，单偏光

(d) 骨架颗粒边缘略可见弱黄色物质，
SZ36-1-K4，1439.6m，Ed_{1F}油层，正交光

图3-31　SZ36-1油田M5井和K4井岩心铸体胶结物观察（2013年取岩心）

第七节　含聚污水结垢预防技术

一、防垢剂性能评价及浓度优选

根据前面配伍性实验结果表明，绥中 36-1 油田水源井水与普通污水、含聚污水存在一定不配伍性，现场采取加入防垢剂的方式预防结垢，药剂类型为 BHDF-04，加药浓度为 15～30mg/L。但是由于现场加药罐数量的限制，现场将缓蚀剂 BHH-08 与防垢剂混合在同一药剂罐内。根据现场加药方式，分别评价不同防垢剂浓度对水源井水与普通污水混合水、水源井水与含聚污水的防垢性能，混合水比例均为 1：1，图 3-32 为实验结果，由图可知：

① 对于普通污水，现场防垢剂具有较好的防垢效果，当防垢剂浓度达到 30mg/L 以上时，总垢浓度可控制在 5mg/L 左右，防垢率达 90%以上，防垢剂浓度进一步增加至 40mg/L、60mg/L 时，总垢浓度基本不再降低，30mg/L 时为较佳加药浓度；当普通污水中含有现场在用的缓蚀剂时，现场防垢剂的防垢效果有所降低，且在防垢剂浓度为 40mg/L 时，总垢量才降低至最低值 13mg/L，此时，防垢率降至 80%以下，防垢剂浓度增加至 60mg/L 时，总垢量相比最低值有所提升，这可能是由于现场防垢剂与缓蚀剂并非完全配伍，在一定程度上干扰了防垢剂性能的正常释放。

② 对于含聚污水，整体上随着防垢剂浓度的增加，总垢量呈先降低再上升的趋势，当聚合物浓度较低时（50mg/L），最佳防垢剂浓度为 30mg/L；当聚合物浓度较高时（>100mg/L）时，最佳防垢剂浓度上升至 40mg/L；当低于或超过最佳

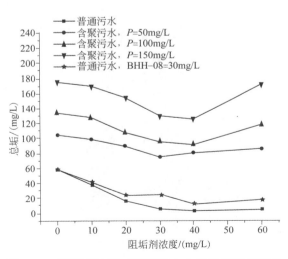

图 3-32　阻垢剂浓度对清污混合水结垢量影响评价

加药浓度时，防垢效果均变差。相比普通污水，相同浓度的防垢剂的防垢率明显偏低，最佳药剂浓度时防垢率小于40%，说明在含聚污水中，产出聚合物的存在会对防垢剂的防垢效果造成干扰。

针对目前现场含聚污水中产出聚合物浓度较低（<50mg/L）的现状，如果在不更换药剂种类的前提下，建议将防垢剂加药浓度维持在30mg/L附近。

二、药剂配伍性及加药方式研究

化学药剂之间不配伍将会导致药剂功能减弱甚至是失效，同时由于不配伍产生沉淀物导致注入水中悬浮物含量增加，甚至粒径增大，加大对储层造成伤害。而目前绥中36-1油田防垢剂和缓蚀剂是混合加入，加药点位于斜板除油器入口或者生产管汇处，而现场的杀菌剂也加在上述加药点，且加药点距离近，在25cm左右。多种类型的化学药剂在注入点附近必然互相干扰，如果药剂之间互相不配伍，则有可能在加药点附近相互反应，生成大量沉淀，影响药剂性能正常发挥，严重者反而污染水质。

按现场加药浓度，用水源井水对水处理药剂进行稀释后两两混合药剂混合后均澄清，未出现不配伍现象。但由于现场加药点相距很近，且采用一次性加药方式，造成加药点附近各药剂往往以高浓度相遇，因此实际药剂接触时浓度远大于加药浓度。为验证药剂原液接触是否存在不配伍现象，用现场水处理药剂进行药剂配伍性实验，发现部分药剂不配伍（图3-33）：

① 阻垢剂和缓蚀剂混合后，在摇匀前水样澄清，充分震荡加热反应后液体澄清，没有明显变化；

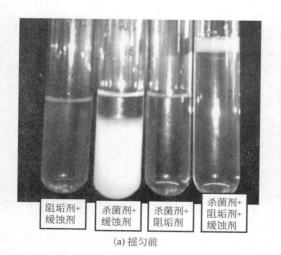

(a) 摇匀前	(b) 摇匀后，60℃反应2h后

图3-33 药剂原液相容性评价宏观照片

② 杀菌剂和缓蚀剂混合后存在严重不配伍,在摇匀前产生大量白色絮状悬浮物,加热反应后悬浮物未消失,液体浑浊;

③ 杀菌剂和阻垢剂混合后,在摇匀前水样澄清,充分震荡加热反应后液体澄清,没有明显变化;

④ 三种药剂混合后,在摇匀前上层产生少量白色絮状悬浮物,加热反应后水样澄清,可见三种药剂之间存在轻微不配伍。

因此,有必要针对目前的加药方式开展优化研究,避免杀菌剂、防垢剂和缓蚀剂在同一加药点密集加入。

三、地面预结垢及超声波防垢技术控制结垢伤害

由于晶体生长可分为 3 个步骤:溶液中晶体析出,并产生拟稳态晶胚;壁面上形成稳定的晶核;晶核生长连片成垢[39,40]。其中任何一个环节受到阻滞都会引起结垢过程的延缓,达到阻垢、除垢的效果。影响结垢的外界条件中,温度是较为敏感的,即温度越高,结垢速度越快,结垢量越大。利用这个特点,可预先对易结垢的水体通过增加温度加速水体中的成垢离子转化为垢析出,再冷却降温,可降低同一水体的再结垢能力。

超声波防垢是一种操作简单、效率较高的防垢方法。其优点是可连续在线工作、自动化程度高、工作性能可靠、不需要化学药剂及无环境污染等[47]。经过超声波作用后的水体 Ca^{2+} 浓度明显高于无超声波的时候,说明超声波可以抑制离子通过聚合向垢转化,并由于超声波的剪切作用,在液体、垢层和管壁之间形成剪切力,直接导致已生成的垢层出现疲劳、松动和脱落,从而延缓了微晶成垢的过程[48]。

结合含聚污水与水源水配伍性静态实验评价结果,含聚污水结垢物主要是片状、块状、絮团状的有机物质,粒径多数≥20μm,以及单体碳酸盐垢粒径<5μm,这些粒径粗大的有机絮团和粒径细小的单体碳酸盐垢是造成储层伤害的主要因素。为此,提出地面预结垢并联合超声波作用控制结垢伤害的思路,设计了如图 3-34 的室内动态伤害评价流程,评价现场取回的含聚污水流经预结垢反应罐先期结垢,再流经超声波作用罐(超声波作用功率 400W)后对储层岩心渗透率的影响。其中,预结垢反应罐可通过活塞调节内部容积大小,在一定的流速下可控制评价流体在罐内的反应时间。预结垢反应罐出口管线以线圈形式沉没于冷却池内降温,线圈数量满足冷却后的流体与进入预结垢反应罐之前的流体温度一致。

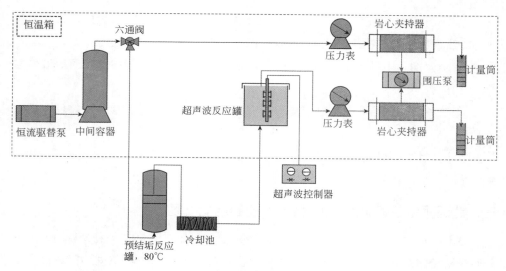

图 3-34 预结垢及超声波联合防垢动态伤害评价实验流程示意图

表 3-15 为绥中 36-1 油田注入井井口含聚污水（A43 井，水质指标为悬浮物 SS=45mg/L、产出聚合物 P=30mg/L、含油率 O=90mg/L，粒径中值 d=3.2μm）联合防垢前后对储层岩心渗透率的影响结果。由表可知，当直接采用 A43 井井口注入水开展储层岩心驱替实验时，储层岩心的渗透率伤害率平均为 71.70%，伤害程度强。经预结垢反应罐反应不同时间后的含聚污水，再流经超声波作用罐后，对储层岩心的渗透率伤害率大幅降低至 39% 左右，原因一方面是含聚污水在预结垢反应罐内高温条件下，结垢速度有所加快，结垢过程中捕获了一部分含聚污水中的悬浮物、含油和聚合物等伤害源，另一方面是预结垢后的含聚注入水在储层岩心内部再结垢的能力降低，结垢伤害得到抑制，第三，超声波的防垢原理可进一步避免含聚注入水的再结垢，同时超声波作用持续的机械能量场可防止含聚污水中的产出聚合物絮凝悬浮物、油形成粒径粗大的絮团，还可将已形成的絮团打散成小粒径的物质。当预结垢反应时间由 2h 增加至 8h 后，现场含聚注入水对岩心渗透率的伤害率变化不大，由此可以判断现场含聚注入水结垢基本发生在前 2h。

表 3-15　含聚污水预结垢及超声波联合防垢前后对储层岩心渗透率的影响结果

岩心号	K_g	ϕ/%	K_i	K_r	I/%	I_r/%	备注
1	2903	29.13	597	116	80.57	71.70	未预结垢
2	3039	26.30	261	97	62.84		
3	2365	30.19	568.5	367.3	38.8	41.1	预结垢反应 2h
4	1487	26.77	423.8	239.7	43.4		

岩心号	K_g	ϕ/%	K_i	K_r	I/%	I_r/%	备注
5	1966	31.44	293.4	175.7	40.1	43.9	预结垢反应 4h
6	945	25.5	107.5	58.5	45.6		
7	2317	32.53	290.8	182.3	37.3	39.2	预结垢反应 8h
8	1070	26.75	153.4	90.4	41.1		

注：K_g 为岩心气测渗透率，mD；K_i 为岩心地层水测初始渗透率，mD；K_r 为驱替含聚污水 40PV 后再驱地层水测恢复渗透率，mD；ϕ 为孔隙度，%；I 为岩心液测渗透率伤害率，$(K_i-K_r)/K_i$，%；I_r 为平均伤害率，%。

根据该实验结果推测，可在无法改善水质及水体结垢能力的前提下，在注入缓冲罐前端设置一级预结垢反应罐和超声波作用罐，将现场注入水进行预结垢及超声波处理，有助于降低含聚污水对储层的伤害。

第四章 含聚污水回注对储层的堵塞机理及储层保护技术

聚合物驱油技术的大规模推广应用，取得了显著成效，同时产生了一些次生问题，最突出的就是含聚污水的水质问题。由于产出聚合物的存在，含聚污水具有黏度相对较高、油水乳化严重、携带固体能力强、油滴和固体颗粒上浮或下沉的阻力大以及对化学处理剂的吸附损耗严重等特点，处理难度很大。海上平台由于空间限制，没有专门处理含聚污水的设备，通常在现有常规水处理设备工艺基础上做些改进或调整，导致含聚污水处理及回注过程中水质问题相比陆地油田更为严重。如果向储层注入劣质水，可直接堵塞油层渗滤端面，导致注水井吸水能力下降、注入压力升高、欠注严重、更进一步加剧储层非均质性，从而引起油层能量不足，油井产量下降。此外，还会导致注水管柱腐蚀结垢、拔不动、分注合格率低、酸化有效期短等系列问题，影响油田开发效果。

另一方面，由于含聚污水的特殊性质，准确测定水中的含油、悬浮物浓度及粒径中值等指标的难度更大，沿用常规水质测定方法存在较大误差。绥中 36-1 油田生产报表中显示注水水质绝大多数情况下符合注水水质控制标准，实际注水情况表明该区注水井欠注井比例达到 43%，注水井动管柱和洗井时发现管壁、井底沉积了大量的含油物质，表明注水中水质指标远远超出了注水控制标准，因此亟需探索出一套可准确测定含聚污水水质指标的方法，在准确测定水质指标的基础上再开展水质对储层的堵塞机理和相应的保护技术研究。

第一节 含聚污水水质测定方法的建立

注水水质是油田注水的核心内容，准确测定注水中含油率、悬浮物浓度和粒径中值是油田日常生产工作的一部分，对油田的开发生产有重要的指导意义，水质的好坏不仅能反映油田污水处理系统的运转情况，同时也能间接反映储层伤害情况。目前，含油率的测定主要有重量法、紫外分光光度法、荧光光度法、红外分光光度法等[49-53]；悬浮物浓度测定主要是膜滤法，参照的相关标准有国标（GB11901—1989）、石油行业标准（SY/T5429—2012）、企业标准（Q/HS2042—2008）三级；关于注水中悬浮固体粒径中值的测定，美国腐蚀协会行业标准（NACE Standard TM-01—73）推荐斜入射光或透射光观察对试验膜截留物进行显微镜检测，石油行业标准（SY/T5429—2012）推荐库尔特颗粒计数器或同类仪器需要指出的是，两种方法测得的颗粒物质均包括水中油珠颗粒。

含聚污水成分和性质的更复杂化导致其水质的准确测定相对于常规污水而言更难，且产出聚合物浓度越高，水质测定值与实际值偏差越大[54]。原因主要是：①含聚污水油水乳化严重；②聚合物的双亲性加强了油珠在含聚污水中的稳定性，污水中油珠粒径更为细小，油珠粒径≤10μm 的占 90% 以上，主要集中在 3～5μm，而常规污水油珠粒径一般都在 34μm 以上[55]，常规方法无法完全萃取出含聚污水中的含油；③在萃取含聚污水含油时存在乳化层，造成乳化层中的油不能完全转移到萃取液中，致使含油测定结果偏低；④采用膜滤法对含聚污水水质进行测定时，水中聚合物、含油、残留化学剂等因素容易被截留在滤膜表面，易导致测试时间延长且测试误差增大。因此，如何在现场准确、快速地测定含聚污水中的水质是一个亟待解决的问题。前人对陆地油田含聚污水水质的测定开展过类似的探索[56,57]，如利用加热法、加破乳剂、改变滤膜等方法。而针对渤海油田含聚污水水质测定方法未见公开报道，因此，需结合海上注聚油田实际情况，开展海上油田含聚污水水质的测定方法研究。

一、实验原理、仪器及药剂

1. 实验原理

水中含油率的测定，采用国家标准推荐的红外测试法开展研究。红外光谱分析仪的工作原理是朗伯-比尔定律，通过配制一组油脂浓度已知的标定体系，可以求得吸光度与油脂浓度的关系式，根据该关系式和被测样品的吸光度，则可求出被测样品中的油脂浓度。利用该原理，在室内配制了已知绥中 36-1 油田原油浓度的标定体系，测定结果的准确度和精确度符合设备要求。

对于悬浮固体含量的测定，采用负压膜过滤法截留水样中的悬浮固体颗粒。该法是让水通过已称至恒重的 0.45μm 滤膜，根据过滤水的体积和滤膜的增重计算水中悬浮固体的含量。

库尔特粒径分析仪等设备测定的粒径定义是：当被测颗粒的某种物理特性或物理行为与某一直径的同质球体（或其组合）最相近时，就把该球体的直径（或其组合）作为被测颗粒的等效粒径（或粒度分布）。

2. 实验仪器及药剂

含油测定实验过程中需用到以下仪器和材料：Infracal TOG/TPH 型红外含油分析仪；恒温水浴，控温范围为室温～100℃，控温精度为±1℃；电子天平，精度 0.1mg；具塞量筒，100mL；小烧杯，50mL；容量瓶，50mL；移液管；载玻片；移液枪：0～200μL；无齿扁嘴镊子；脱脂棉；试管刷；吸耳球。用到以下实验试剂：正己烷，分析纯；石油醚，分析纯，沸程 30～60℃；无铅汽油；120 号溶剂油；四氯化碳；三氯甲烷；无水乙醇；蒸馏水；清水剂 BHQ-402。

悬浮物测定实验过程中需用到以下仪器设备：悬浮固体抽滤装置或其他同类仪器，抽滤真空度为 80～90kPa，结构原理见图 4-1；烘箱或其他同类仪器，控温范围为室温～200℃，控温精度±2℃；电子天平，精度 0.1mg；混合纤维素酯微孔滤膜，平均孔径 0.45μm，直径 47mm，孔隙率 80%；量筒，500mL、250mL、100mL、50mL、25mL；注射器，50mL、30mL；温度计，测温范围 0～100℃，分度值 1℃；干燥器，常压，上口直径 210～240mm。用到以下实验试剂：蒸馏水，室温下避光保存；120 号溶剂汽油，使用前用平均孔径为 0.22μm 的纤维素微孔滤膜过滤；石油醚，分析纯，沸程 60～90℃，使用前用平均孔径为 0.22μm 的纤维素微孔滤膜过滤。

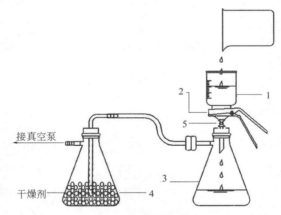

图 4-1　悬浮固体抽滤装置示意图

1—玻璃滤杯；2—滤杯夹；3—抽滤瓶；4—缓冲瓶；5—过滤阀

悬浮颗粒粒径中值测定实验过程中需用到以下仪器设备：库尔特库尔特颗粒计数仪和激光粒度仪。

二、含聚污水中含油率测定方法改进

1. 萃取剂的优选

表 4-1 为参照 SY/T 5329—2012 中含油率的测试步骤，不同类型萃取剂测试含

聚污水中含油率的结果。由表可知：正己烷、120#溶剂油萃取时含油测试精度为93%，萃取液分层且底部可见少量黄褐色鼻涕状絮体。三氯甲烷、四氯化碳、无铅汽油的含油测试精度在90.3%～91.3%之间，萃取液分层，同样有少量黄褐色絮体出现。石油醚的含油测试精度为87%，萃取液分层，但底部一层黑渣子，中间有极薄微黄色乳化层。

表 4-1　不同类型萃取剂对含聚污水含油率测定结果的影响（O_w: 100mg/L，p: 100mg/L）

萃取剂类型	石油醚	无铅汽油	正己烷	120 号溶剂油	四氯化碳	三氯甲烷
含油率测定值/(mg/L)	87	91.3	93	93	91.1	90.3
萃取液状态	分层，底部见黑渣子，中间极薄黄色乳化层	分层，底部少量黑褐色絮体	分层，底部少量黄褐色絮体	分层，底部少量黄褐色絮体	分层，上部少量黄褐色絮体	分层，浑浊，上部少量黄褐色絮体
测试用时/min	30	35	7	30	15	15

从测试时间上看，正己烷萃取含油时单样次耗时最短，其次是四氯化碳和三氯甲烷，时间最长的是石油醚、120 号溶剂油和无铅汽油。由于四氯化碳会对环境产生二次污染，它是《关于消耗臭氧物质的蒙特利尔议定书》所禁用并要求在2010 年停止使用的试剂，而且溶剂用量多、污染严重，对操作人员健康有害。三氯甲烷萃取时会存在萃取液浑浊的现象，毒性相比石油醚等更大。石油醚在稠油含油污水测试时精度低于其他药剂，且耗时长。120 号溶剂油和无铅汽油同样存在测试时间较长的问题，正己烷测试精度与其他萃取剂相同，且萃取能力强，挥发快，毒性相对较小，因此本文选择正己烷作为萃取剂。

2．含聚污水中含油率测定结果影响因素分析

（1）聚合物浓度对含油率测定结果的影响

聚合物浓度对含油率测定结果的影响见表 4-2，由表可知，随着水样中聚合物浓度的增加，水样中含油率的测定结果越小，也即含油率的测试精度越低。其主要原因是聚合物的双亲性加强了油珠稳定性，含聚污水中油珠粒径更为细小，常规方法无法完全萃取出含聚污水中的含油。当聚合物浓度大于 200mg/L 时，萃取液中有明显的乳化层存在，乳化层厚度随着含油率和聚合物浓度的增加而增大，且逐渐有不分层的趋势，此时常规测试方法已无法测试含油率。

（2）水样量取体积对含油率测定结果的影响

按照常规方法，量取 100mL 水样体积（SZ36-1 油田 A 区注入水）置于 100mL具塞量筒内，再加入 5mL 正己烷，震荡 1min 后静止分层，取上层萃取液测得含

表 4-2　聚合物浓度对含聚污水中含油率测定结果的影响

模拟含油率 /(mg/L)	聚合物浓度/(mg/L)						
	0	100	200	400	600	800	1000
50	48.3*	35.3*	27.8*	28.1*	27.6*	28.9*	20.0*
100	98.2*	62.9*	60.6**	46.2**	44.1**	43.2**	—***
500	496.5*	462.4**	440.4**	—***	—***	—***	—***
1000	975.1*	812.1**	—***	—***	—***	—***	—***

注：*代表萃取液明显分层；**代表萃取液有明显乳化层，静置 5min 后分层；***代表萃取液乳化层厚度较大，静置 5min 后不分层，常规方法无法测试含油率。

油率为 28mg/L。通过降低水样量取体积，量取 A 区注入水 50mL 置于洁净的 100mL 离心管内，加入 2.5mL 正己烷，充分振荡 1min 左右，静置分层，取上层萃取液测试的含油率为 43mg/L，说明减少测试水样体积能够提高含聚污水中含油率的测试精度。这主要是 100mL 离心管容积有限，装入 100mL 待测水样后振荡不能实现萃取剂与水样的充分混合，适当减少测试水样的体积来提高振荡动力能，使萃取剂与水样更好的混合，从而将含聚污水中小颗粒难分离的油萃取出来。

（3）静置时间及振荡次数对含油率测定结果的影响

常规方法测试含油率过程中，水样震荡 1min 后静止分层，静置时间为 3min。通过将静置时间延长，并每隔 10min 振荡一次，取上层萃取液测试含油率，结果见表 4-3。从表中可以看出，静置时间在 10min 以上时含油率测定结果均高于常规方法，说明通过延长时间能提高含聚污水中含油率测定结果。提高振荡次数也可以使含聚污水中含油率测定值升高，但在延长时间超过 20min 后，振荡次数达 3 次以上时，含油率测定值升高幅度极低。

表 4-3　静置时间及振荡次数对含油率测定结果的影响

延长时间/min	3	5	10	15	20	30	60	120
振荡次数/次	1	1	1	2	3	4	4	1
含油率/(mg/L)	43	47	61	67	69	70	70	64

延长时间和增加振荡次数属于简单物理作用，能够一定程度上提高含聚污水中含油率的测定精度，但改善效果不随简单物理作用的重复而呈线性上升。由此推测最佳静置时间为 20min，振荡次数 2～4 次。

（4）萃取剂用量对含油率测定结果的影响

用洁净的 100mL 离心管量取现场不同节点含聚污水 50mL，通过加入不同用量的正己烷，充分振荡 1min 左右，重复振荡 3 次，静置 20min 分层，图 4-2 为测定结果。

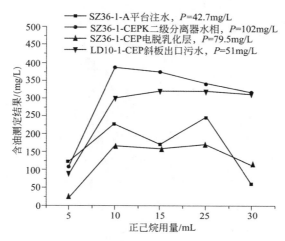

图 4-2　现场不同节点含聚污水不同正己烷加量条件下含油率测定值

由图 4-2 可知，在正己烷用量为 10mL、15mL、25mL 时，测定结果要大于常规方法推荐的 5mL 正己烷用量。当正己烷用量超过 10mL 时，含聚污水中的油反而没有完全转移到萃取液中，底部水样仍较浑浊。这主要是由于水样中正己烷的加量较大，占据了离心管 95% 以上容积，振荡过程中的动力能较小，产生的气泡大，即使萃取剂量多也不能完全将含聚污水中的油萃取出来。

图 4-3 为室内模拟不同聚合物浓度的含油污水在不同正己烷加量下的含油率测试精度，由图可明显看出，常规方法推荐的 5mL 正己烷加量的含油测试精度远

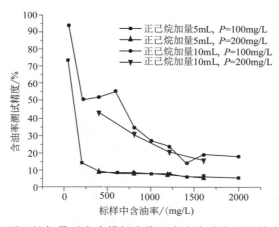

图 4-3　正己烷加量对室内模拟含聚污水中含油率测试精度的影响

低于 10mL 正己烷加量，当模拟污水含油值>400mg/L 时，5mL 正己烷加量下的含油测试精度<10%，聚合物浓度由 100mg/L 增加至 200mg/L 时，含油测试精度会进一步降低；在含油高于 600mg/L 时，即使正己烷加量为 10mL，含油测定精确度也在 40%以下，说明对于较高含油浓度的含聚污水还需探索其他更可靠的改进措施。

（5）温度对含油率测定结果的影响

常规测试方法是在室温条件下对含油率进行测试。考虑到含聚污水含油测试时存在明显的乳化层，结合热化学破乳原理，将现场待测含聚水样预热至 60℃。再加入正己烷进行测试，充分振荡 1min 后静置分层，最后用移液枪补充正己烷至对应刻度线，拧紧具塞，左右轻轻摇晃 2 次，静置 20min。图 4-4 为室温和 60℃条件下绥中 36-1 油田 A 区注入水中含油率的测定结果。由此可知，当温度稳定在现场注水温度时，不同萃取剂液量下的含油率测定值均高于室温下的测定值，说明温度升高促进了含聚污水中的油向萃取液中溶解，也有助于消除萃取液乳化层，萃取后的水样基本清澈。

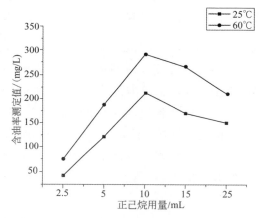

图 4-4　温度对绥中 36-1 油田 A 区注入水含油率测定结果的影响

室内模拟配置了一组不同聚合物浓度的已知含油率的含聚污水，分别量取 50mL 水样开展加热与不加热条件下含油测定结果的对比实验（正己烷加量为 10mL），实验结果见图 4-5，由图可知，随着标样中含油率的增加，含聚污水中含油率的测实精度明显降低；在不加热条件下，含油测试精度在 13.8%～94%之间，且含油高于 600mg/L 时，含油测试准确度小于 40%，且随聚合物浓度的升高，含油测试准确度还将降低。加热至 60℃后，含油测试准确度明显升高至 46.6%～96.8%之间，且含油低于 800mg/L、聚合物浓度为 100mg/L 时，含油测试准确度可达到 82%以上，基本能满足含聚污水中含油的测试要求，聚合物浓度的升高及含油值的升高会导致含油率测试准确度降低。

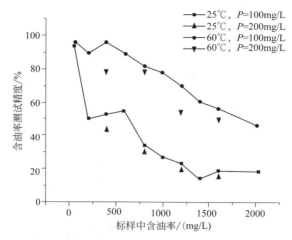

图 4-5　温度对室内模拟含聚污水中含油率测试精度的影响

（6）加清水剂对含油率测定结果的影响

室内模拟配置了一组不同聚合物浓度的已知含油值的含聚污水，分别量取 50ml 水样，加热至 60℃，开展了不加清水剂与加 50mg/L 清水剂 BHQ-04 的对比实验，正己烷用量为 10ml，实验结果见图 4-6。由图可知：

不加清水剂时，含油测试准确度在 46.6%～96.8% 之间，含油在 800mg/L 以下时，含油测试准确度可达到 82% 以上，含油大于 800mg/L 时，含油测试准确度不到 80%，最低达到 46.6%，且聚合物浓度升高至 200mg/L 时，含油测试准确度还将降低。

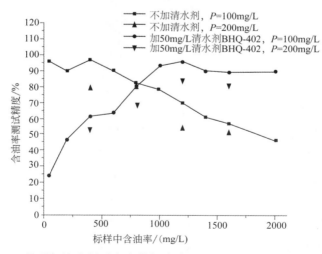

图 4-6　是否加清水剂对室内模拟含聚污水中含油率测试精度的影响

加入 50mg/L 清水剂 BHQ-402 后，含油高于 800mg/L 时，含油测试精度可达 80%以上，相比不加清水剂时，测试准确度提高了 15.6%～43%。当含油低于 800mg/L 时，加清水剂后的含油测试准确度反而低于不加药的情况。主要是由于低含油的含聚污水，通过采取水样体积减半、加入 10mL 正己烷、加热至 60℃等手段基本能萃取出水中含油，加入清水剂反而会由于形成絮团造成含油率测定精度降低。

表 4-4 为清水剂 BHQ-402 不同加药浓度下 SZ36-1 油田 A 区注入水含油率的测定结果，由表可知，加入清水剂 BHQ-402 后，含油率测定值基本在 200mg/L 左右，即使加大正己烷用量，测定值也不会出现上升。主要是由于向含聚污水中加入清水剂时，含聚污水中的产出聚合物、含油、悬浮物等均被药剂絮凝出水相，而正己烷萃取的主要是絮团中的一部分油，仍有很大一部分油被絮团包裹，极难萃取。另一方面，当 BHQ-402 用量在 50mg/L 以上时，加大药剂浓度并不能提高含聚污水中含油率的测定值，反而有所降低。主要是 50mg/L 加量下基本将水中的含油絮凝出水相，再提高药剂浓度只是增加了絮团的强度，萃取难度反而变大。

表 4-4   不同浓度清水剂加量下 SZ36-1 油田 A 区注入水含油率测定结果

正己烷用量/mL	2.5	5	10	15	25
50mg/L BHQ-402/(mg/L)	203	212	218	218	214
100mg/L BHQ-402/(mg/L)	198	206	202	203	210
200mg/L BHQ-402/(mg/L)	209	214	208	213	206

因此在含聚污水中含油率的测定过程中，是否要加入清水剂，需要看含聚污水萃取后是否浑浊，含油是否基本被萃取出来为准。如果明显浑浊则加入清水剂能提高测试精度，如果基本清澈，则无需加入清水剂。

3. 含聚污水中含油率测试方法改进

综上分析，在常规方法基础上，通过水样体积减半、延长静置时间、增加振荡次数、加大萃取剂用量、提升测试温度以及加入清水剂等改进措施，能使含聚污水中含油的测试精度由常规方法的不足 20%提高至 80%以上。改进后的含聚污水含油率测试步骤如下：

① 参照标准，用 100mL 具塞量筒取 50mL 现场待测含聚水样放入水温为现场水流温度的恒温水浴中预热 10min，使水样温度介于 50℃和现场水温之间，如果现场水流温度超出正己烷沸点 68.7℃，则应将恒温水浴温度设定为 60℃。

② 加入 10mL 正己烷，盖上具塞，左右轻轻摇晃 2 次，拧开具塞放气，重复该步骤 3～5 次。

③ 拧紧具塞，充分振荡 1min 后静置分层。

④ 重复步骤③2～4 次，用移液枪补充正己烷至 60mL 刻度线，拧紧具塞，左右轻轻摇晃 2 次，静置 20min。

⑤ 用移液枪取上层正己烷溶液 50μL 滴入碟片样品槽内，碟片平放 1min，待正己烷挥发完后测定，直接读数。

⑥ 如果待测水样经步骤④后，水样仍显浑浊，说明含油未完全萃取至正己烷溶液内，则在加入 50mg/L 的清水剂，继续操作即可。

三、含聚污水中悬浮物测定方法改进

含聚合物采出水水质非常复杂，可能影响悬浮固体含量测定的因素有：过滤水样量、水样温度、pH 值、化学添加剂（聚合物、碱、表面活性剂）量、含油率等。目前国内油田在含聚合物采出水悬浮固体含量的测定中仍沿用行业标准（SY/T 5329—2012）中推荐的膜滤法。由于大分子聚合物的存在，改变了污水的过滤性能，导致过滤速度慢，聚合物在过滤过程中被截留，增加了悬浮固体含量测试结果，所以使用该方法不能真实客观检测水中悬浮固体含量。

依据常规方法过滤渤海油田的含聚合物水样，测试滤膜截留聚合物量，结果见表 4-5。对同一水样，被滤膜截留的聚合物质量随着过滤水样体积的增加而增加，过滤后水样中的聚合物浓度随过滤体积的增大而降低，说明水样过滤体积越大，被滤膜截留的聚合物越多。过滤初期，含聚合物水样通过滤膜的能力较强，聚合物被滤膜截留较少，随着过滤体积的增多，初期被截留的聚合物导致滤膜过滤能力变差，含聚合物水样通过滤膜的能力越来越弱，聚合物被滤膜截留越来越多。水质的好坏也能影响聚合物的截留量，绥中 36-1CEP 核桃壳出口水水质较差，

表 4-5　常规方法测试含聚污水前后滤膜截留聚合物质量统计表

水　样	过滤水量/mL	滤前水样聚合物浓度/(mg/L)	滤后水样聚合物浓度/(mg/L)	滤膜截留聚合物质量/mg
绥中 36-1CEPK 注水泵出口水	150	45	39.7	0.8
	180	45	39.4	1.0
旅大 5-2 注水泵 出口水	180	23	19.1	0.7
	220	23	18.5	1.0
旅大 10-1 注水泵 出口水	145	67	60.8	0.9
	185	67	59.9	1.3
绥中 36-1CEP 核桃壳出口水	35	78	40.9	1.3
	50	78	36	2.1

导致过滤水量最少，而截留的聚合物量最大，其他 3 个水样过滤性能稍好，截留的聚合物较少。截留在滤膜表面的聚合物如不被洗去，即被计入悬浮固体的含量，则会导致悬浮物浓度测定值偏高。

图 4-7 为水样过滤体积和水温对绥中 36-1CEP 核桃壳出口污水中悬浮固体测定量的影响。温度分别为 20℃、45℃、60℃时，测定过滤体积由 20mL 增加到 100mL，悬浮固体含量测定值可从 70mg/L 变化到 730mg/L。主要是常温下，含聚污水中的悬浮固体微粒与聚丙烯酰胺在滤膜表面截留、吸附、沉积、压实，使滤膜孔隙缩小甚至被堵塞，剩余污水很难通过，滤过时间大大延长，测试误差加大。升高水样温度能显著降低悬浮物浓度测定值，减小其随过滤体积增大而增大的幅度。当水温 60℃时，过滤水样的体积从 20mL 增加到 100mL，悬浮物浓度测定值几乎没有变化。

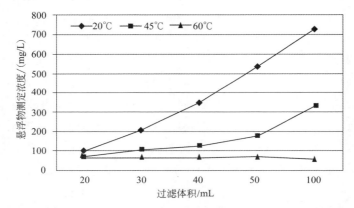

图 4-7　温度和水样过滤体积对含聚污水悬浮物含量测定结果的影响

为此在膜滤法基础上增加水样预热步骤。同时为尽可能减少滤膜上截留聚合物对悬浮固体含量测定值的影响，将去离子水洗膜步骤由滤膜烘干后提前到水样膜滤后。改进的膜滤法测定悬浮固体含量的步骤如下：

① 将待测含聚合物水样在 60℃恒温水浴中放置 30min；

② 取 100mL 水样放入悬浮固体抽滤装置中进行抽滤,如过滤时间大于 30min，则需更换滤膜；

③ 滤后用 60℃去离子水滤洗滤膜 3～4 次，每次滤洗体积 5～10mL；

④ 用镊子从滤器中取出滤膜并烘干，再用汽油或石油醚清洗直到滤液无色，取出滤膜并在 90℃烘干至质量恒定；

⑤ 由过滤前后滤膜质量差计算滤膜的截留量,除以水样体积得到含聚采出水悬浮固体含量。

在现场取绥中 36-1 油田含聚污水分别用改进方法和原常规方法测定悬浮固体含量，结果见表 4-6。改进方法测定的悬浮固体含量明显低于原方法，过滤时间也明显缩短。过滤绥中 36-1 油田 CEP 核桃壳出口含聚污水时，用改进后的膜滤法可将过滤时间由 82min 缩短至 13min，悬浮固体含量测定值由原方法的 82.5mg/L 降低至 34.5mg/L，过滤时间缩短了 84%以上，悬浮固体含量测定值只有原常规方法测定值的 42%。对传统膜滤法所作的改进消除和减弱了聚合物在滤膜上的截留。

表 4-6　改进方法和常规方法测定绥中 36-1 油田含聚污水悬浮物浓度结果对比

测试水样	CEP 核桃壳出口水		CEPK 注水泵出口水	
	常规方法	改进方法	常规方法	改进方法
膜滤水样黏度/(mPa·s)	1.52	1.18	1.43	1.17
膜滤水样体积/mL	100	100	100	100
膜滤时间/min	82	13	35	9
悬浮固体含量/(mg/L)	82.5	34.5	27.5	15.7
测实值降低率/%	—	58.2	—	42.9

四、含聚污水中悬浮颗粒粒径中值测定方法改进

目前测试悬浮固体粒径中值的设备主要有激光粒度仪、颗粒图像处理仪、库尔特粒度分析仪、沉降仪包括重力沉降、离心沉降、光透沉降、沉降管、移液管等、动态光散射仪（PCS）等。其中，颗粒图像处理仪操作比较麻烦，结果易受操作人员影响，不宜测量分布范围宽的样品。沉降方法操作复杂，结果受环境和操作者影响较大，重复性较差。动态光散射仪测量精度在 2μm 以下，不利于油田生产污水的操作。激光粒度仪和库尔特颗粒计数器的操作方法简单，测试结果的重复性好。

结合含聚污水中水质显著差于常规水驱污水的实际情况，从操作便捷性和精度上，选择激光粒度分析仪和库尔特粒度分析仪进行含聚污水中悬浮物颗粒粒径中值测定结果的比较（表 4-7）。由表中数据可知：一方面，激光粒度分析仪均可以测定每个节点含聚污水中悬浮颗粒粒径中值，而库尔特粒度分析仪在分析测试较脏的水样，有堵塞微孔管的现象出现。另一方面，激光粒度分析仪测定的水中悬浮颗粒粒径中值普遍高于库尔特粒度分析仪测试结果，且水中悬浮物浓度越低，二者的差值越小，说明激光粒度分析仪对水中悬浮物浓度较高的水样测试结果更符合实际。而水中悬浮物浓度较低的水样，二者测试精度基本相同。

表 4-7　不同设备测试含聚污水中悬浮颗粒粒径中值测定结果比较

取样位置	悬浮物浓度/(mg/L)	悬浮颗粒粒径中值/μm		
		库尔特粒度分析仪	激光粒度仪	差值
绥中 36-1-CEP 加气浮选器出口	—	微孔管堵塞	13.231	—
绥中 36-1-CEP 核桃壳滤器出口	34.5	3.035	7.316	4.281
绥中 36-1-CEPK 注水泵出口	15.7	2.167	5.132	2.965
旅大 10-1-CEP 加气浮选器出口	28.7	2.633	5.537	2.904
锦州 9-3-CEP 核桃壳滤器出口	17.9	2.667	4.317	1.65

因此，针对含聚污水，建议改进为用激光粒度分析仪测试悬浮颗粒粒径中值。

综上所述，常规方法测试含聚污水水质时，存在含油萃取不完全导致含油率测定值偏低、聚合物附着滤膜导致水样过滤性能差、过滤时间长、悬浮物浓度测试结果偏高，悬浮物颗粒粒径中值存在微孔管堵塞且测定值偏小的问题。在现有方法基础上，分别对含油率、悬浮固体含量、悬浮物颗粒粒径中值的常规测试方法进行改进，可有效提高含聚污水中的水质测试精度。

五、含聚污水水质现状

利用改进后的含聚污水水质测试方法，对渤海油田含聚污水的注水水质进行监测，结果如图 4-8 所示，由图可知，SZ36-1 油田绝大部分井口平台注入水中的含油率、固悬物含量、总铁和硫酸盐还原菌等指标均超标，且部分平台硫酸盐还原菌 SRB 的含量严重超出控制标准。水质超标直接导致注入压力高、欠注、酸化周期短等问题。

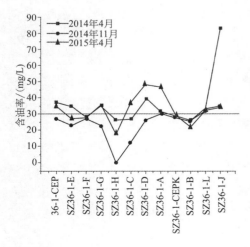
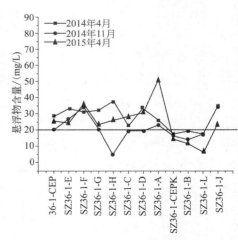

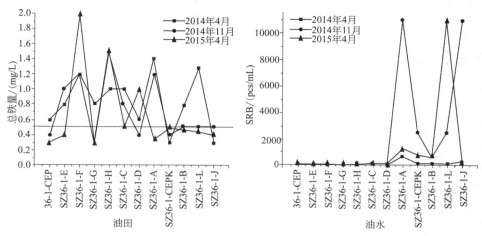

图 4-8　绥中 36-1 油田含聚污水水质分析结果 （2014.4—2015.4）

第二节　含聚污水水质对储层堵塞机理研究

国内外针对含聚污水注入对储层的伤害机理相关论述偏重于水质、结垢及污染物质分析等因素，暂未见含聚污水注入后储层特征变化的报道。对储层引起伤害的因素可以归结于聚合物吸附滞留、聚合物堵塞、结垢、聚合物引起的水质变化等。影响含聚污水回注对储层造成伤害的因素众多，很难单方面地分析其中某种特定的因素。以下学者对这些综合因素进行了较为详细的分析。

大庆油田将聚合物驱采出液经过常规处理后得到两种回注水水质。①双"15"水：悬浮物浓度<15mg/L、含油率<15mg/L；②双"30"水：悬浮物浓度<30mg/L、含油率<30mg/L。对大庆油田高台子组地层分别针对双"15"水、双"30"水开展地层岩心驱替实验表明[58]，注入双"15"水时，对于渗透率为 10～30mD 的油层，聚合物浓度不能超过 100mg/L；对渗透率为 70～90mD 的油层，聚合物浓度不能超过 200mg/L。注入双"30"水时，对于渗透率为 10～30mD 的油层，污染指数较大，不能作为注入水，对渗透率为 70～90mD 的油层，聚合物浓度应小于 50mg/L。

渤海聚驱油田以注入水质对储层渗透率伤害率<30.0%为限研究推荐了各区块的水质指标，SZ36-1 油田：悬浮物浓度≤25mg/L，悬浮物粒径中值≤4μm，含油率≤30mg/L，聚合物浓度≤150mg/L；LD10-1 油田：悬浮物浓度≤20mg/L，悬浮物粒径中值≤4μm，含油率≤30mg/L，聚合物浓度≤150mg/L；JZ9-3 油田：悬浮物浓度≤10mg/L，悬浮物粒径中值≤3μm，含油率≤30mg/L，聚合物浓度≤100mg/L；其他指标参照行业标准。

大庆油田通过岩心驱替实验提出了适应不同类型油层的注入水中的聚合物浓度[59]。渗透率为 500mD 以上的油层，注入水中聚合物浓度最大为 500mg/L；渗透率为 370mD 以上的油层，注入水中聚合物浓度最大为 300mg/L；渗透率为 235mD 以上的油层，注入水中的聚合物浓度最大为 200mg/L；对于渗透率低于 80mD 的油层，吸水能力较差，不适合注入含聚合物污水。

陆地聚合物驱油田与海上聚驱油田含聚污水回注地层后都存在吸水厚度降低、注水效果不及常规水驱油田、部分聚驱区块产量下降的问题。储层渗透率伤害程度主要与注聚浓度、储层孔渗条件、注水层位的储层厚度有关。回注水中聚合物浓度越高，对油层造成的渗透率伤害程度越大；储层厚度越薄、孔渗条件越差，储层伤害程度也越大。随着含聚污水注入时间的延长，伤害程度的增加幅度减小，并逐渐趋于稳定[60]。

聚合物分子是否能直接堵塞岩心孔喉，主要取决于其水化分子半径（图 4-9），当 $R_h > 0.46R$ 时，聚合物水化分子线团相互"架桥"，形成较稳定的三角结构，堵塞孔喉。由于产出水中聚合物的分子量极低，因此分子半径也是极小的，不足以直接堵塞油层，但聚合物的吸附作用是会导致毛细管变细，改变孔隙结构，降低渗透率，从而使储层的孔渗条件变差而受到伤害。同时，随着聚合物浓度的增加，岩心孔隙半径的损失率有所增加，渗透率越低孔隙半径降低幅度也越大。因此，污水中聚合物的含量是使油层渗透率降低的主要因素之一。

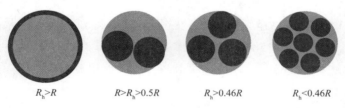

$R_h > R$ $R > R_h > 0.5R$ $R_h > 0.46R$ $R_h < 0.46R$

图 4-9 　聚合物水化分子堵塞多孔介质孔喉示意图[61]

如果含聚污水矿化度低于储层临界矿化度，注入储层后会导致水敏性黏土矿物膨胀而不稳定，发生脱落、随流体运移，再加上水中原本存在的悬浮物、乳化油等水中的杂质堵塞储层的渗滤表面，造成油层渗透率的叠加伤害。

含聚污水中悬浮物堵塞储层是主要的伤害形式，注入的悬浮物含量越高，聚合物在多孔介质表面上的吸附量越多，对岩心伤害越大。悬浮物为产出聚合物与水处理药剂不配伍、钙镁等二价离子絮凝的产物；其次为产出聚合物与地层微粒形成的包络物，还含少量碳酸钙和菱铁矿沉淀。注水中生成的碳酸钙和菱铁矿等刚性结垢产物加剧了近井地带储层的堵塞程度，产出聚合物与药剂不配伍产生的有机絮凝沉淀等产物对储层深部形成堵塞，导致注水困难和酸化效果较差。

对大庆油田南三区东部聚合物驱产出水处理前后原油、聚合物、固体悬浮物、无机离子和细菌等成分的含量及其固体悬浮物颗粒直径大小与分布研究得出。得出结论：注入水中的 SRB 等微生物细菌、固体悬浮物、原油、聚合物均是造成储层渗透率降低的主要污染物质，且渗透率越低，造成储层伤害的程度越大。聚合物对储层是否伤害主要是依据油层孔隙半径中值与聚合物分子回旋半径之比来确定，当该比值大于 5 时，聚合物不会对油层造成堵塞。

含聚污水对储层的伤害半径也较大，大庆油田岩心实验及现场注水动态表明，纯含聚污水污染半径为近井地带 3.0m 左右，而带悬浮物含聚污水污染半径为 1.8m 左右。

通过以上文献调研，目前整体上认识到含聚污水对储层造成的伤害主要有聚合物在多孔介质表面上的吸附伤害、固体悬浮物堵塞、结垢伤害、细菌堵塞、注入水造成黏土矿物的水化膨胀和运移伤害等。但是具体哪种伤害源对储层的伤害权重最大还需根据具体的油田进行针对性的研究，同时这些伤害源的交叉影响方面的研究暂无人系统地研究。其次，含聚污水对结垢物形态和组分的系统影响、对疏松砂岩储层的堵塞规律也未见公开文献报道。

本节主要通过大量的岩心实验，评价含聚污水中含油率、悬浮物浓度、悬浮固体颗粒粒径中值、聚合物浓度对储层的堵塞程度、堵塞形式和堵塞机理。

一、实验评价方法及流程

实验仪器及材料如下：

① 图 4-10 的岩心流动实验装置；

② CFP-1500AEX 毛管流动孔隙结构仪，测试岩心孔隙度和渗透率；

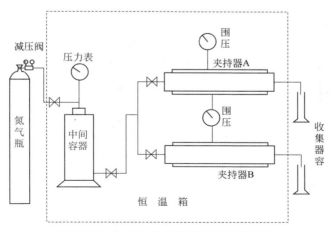

图 4-10　岩心驱替流动实验装置示意图

③ BME100L 型高剪切混合乳化机，乳化原油；

④ Mastersizer2000 粒度分析仪，测试粒径中值；

⑤ 磁力搅拌的中间容器，盛各种流体；

⑥ 溶剂过滤器和各种孔径的纤维素酯滤膜。

实验步骤如下：

① 配制不同水质条件下的工作液；

② 测定实验岩心的气测渗透率 K_g 和孔隙度；

③ 实验岩心抽空饱和地层水 20h 以上，装入岩心夹持器，保持其地层温度条件下，驱替一定体积的地层水，待岩心渗透率稳定后，测其初始渗透率 K_i；

④ 在恒定流速下注入配置好的工作液，记录注入不同 PV 工作液后岩心渗透率的变化关系；

⑤ 评价配置工作液对岩心渗透率的影响程度。

用实验过程中测得的两个水相渗透率计算污水注入后岩心渗透率的伤害率，公式如下：

$$C = (1-K_r/K_i)\times100\% \qquad\qquad (4-1)$$

式中　K_i——工作液的初始渗透率，mD❶；

　　　K_r——驱替不同 PV 工作液所测得的渗透率，mD；

　　　C——工作液对岩心渗透率的伤害率，%。

二、含聚污水水质对储层渗透率的伤害评价

1. 乳化油滴对渗透率的伤害评价

油田注水过程中，乳化油滴的来源主要有两个途径。一种是注入水进入地层后与地层中的残余油接触，由于原油中自带的环烷酸、脂肪酸等天然表面活性剂，在剪切力作用下产生乳化而形成乳化油滴；另一种是由于注入水中或污水中表面活性剂存在和注水过程中水力搅拌作用，会使注入水中所含的原油发生乳化。注入水含油如何影响其储层渗透性，则需通过岩心的动态驱替实验予以评价。依据海上含聚污水回注油田物性特征，依次按照中渗透（100～700mD），中高渗透（700～2000mD）、高渗透（2000～3500mD）、特高渗透（>3500mD）四个级别选取实验岩心。

含油污水模拟方法：分别向精细过滤的普通污水（取自 SZ36-1 油田 H03 井）、含聚污水（取自 SZ36-1 油田注入井 A43 井井口）中加入定量该油田的生产原油，分别配置成含油率为 10mg/L、15mg/L、20mg/L、25mg/L、30mg/L、40mg/L 的实

---

❶ 1mD(毫达西)=0.0009869μm²，下同。

验水样，现配现用。对乳化后的液体，取中间部分使用，同时标定含油率。在恒温（60℃）驱替实验过程中使用磁力悬浮搅拌器，使其油滴乳化均匀，图 4-11 为不同含油率的普通污水、含聚污水分别对不同渗透率级别岩心渗透率伤害程度的实验结果。由图可知：

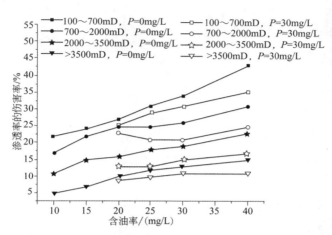

图 4-11　含油率对不同渗透率岩心堵塞伤害实验结果

不同渗透率的岩心整体上都表现出渗透率的伤害程度随含油率的增加而增大，当含油浓度较低时，含油污水中悬浮油滴粒径小，数量相对少，可以顺利通过岩心。另外，较低浓度乳化油滴吸附在孔隙壁上，由于吸附量相对较低，不会对岩心造成很大伤害。含油率较高时，水中的油滴数量相对较多，粒径相对较大，因此流动过程中出现贾敏现象，导致岩心渗透率伤害率相对较大。

同一含油率下，含油污水对岩心的伤害程度随着岩心渗透率的增大而减小。对于高渗透储层，其孔喉半径大，对乳化形成的悬浮油滴阻力较小，所以伤害程度低；而对于低渗透储层，其孔喉半径小，对乳化形成的悬浮油滴有较大的阻力，所以伤害程度相对较高。

当含油污水中含有产出聚合物后，相同含油率的含聚污水整体上对岩心渗透率的伤害率小于不含聚的含油污水，主要是由于含聚污水中的油滴粒径相对以乳化油为主，粒径较小。因此，在相同含油浓度条件下，含油粒径越小对储层岩心的渗透率的伤害率也越小。图 4-12 为相同含油率的污水在含聚和不含聚条件下乳化油滴的形态特征。由图可知，常规不含聚合物的生产污水中油滴粒径在 3～15μm 左右，肉眼可明显见到圆形油滴，乳化油含量低。含聚污水中的油滴粒径明显偏小，基本在 1.5μm 以下，油珠粒径偏小的原因主要是产出聚合物的活化作用所致。

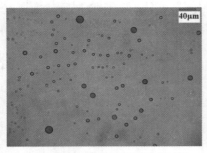 

(a) SZ36-1油田非受益井采出水粗过滤
并稀释后（O=90mg/L，P=0mg/L）

(b) SZ36-1油田含聚污水注入井A43井
井口污水（O=90mg/L，P=30mg/L）

图 4-12 含聚污水与常规生产污水中油滴微观形态特征

乳化油滴与固相颗粒的显著区别在于乳化油滴是可变形粒子，在某一压力下油滴可能无法通过孔隙喉道，但是流动压力增加时，油滴可借助自己良好的形变特点通过喉道，这一特点使得油珠比颗粒有着更深的侵入深度。如果原油不发生乳化，含油率较高时也会降低水的有效渗透率，从而降低水的流动能力。另一方面，悬浮颗粒和分散油珠之间的明显差异在于其物理晶体的化学性质。当小于孔喉直径的油珠运移至孔喉中时，油珠和颗粒之间存在明显的排斥力，因而油珠的俘获仅以孔喉壁吸附俘获为主。乳液流经储层时会达到渗透性能更高的区域，它通过迫使流体流向低渗区达到限制流向作用，从而最终提高波及效率。对于孔隙尺寸一定的储层，含油珠较大的乳液要比含油珠较小的乳液更容易堵塞孔隙。尽管油珠可能侵入多孔介质到一定深度，但它们不会引起渗透率的极大伤害。当渗透率很大时，仅油珠大小很难严重堵塞孔喉，即使直径再大也很难。对于中低渗透岩心，虽然油珠大小和渗透率下降幅度之间存在一种关系，但油珠直径的增大并不能极大地增加渗透率伤害。油珠的浓度比其尺寸对渗透率伤害的影响要大得多。

2. 固悬物浓度及中值对渗透率的伤害评价

固悬物就是人们通常所说的机械杂质，包括黏土颗粒、无机沉淀、有机沉淀、有机垢、腐蚀产物等。注入水中固悬物的含量与固相颗粒粒径的大小是造成地层伤害的直接因素，也是影响注入水水质及注水井吸水能力大小的重要指标。回注污水中所含的悬浮颗粒若与储层的孔喉不匹配，则会造成储层的堵塞，渗透率降低。通常，悬浮颗粒粒径大于储层孔喉直径时，形成外部滤饼；颗粒直径稍小于孔喉直径时，则颗粒将进入地层并在部分孔喉处架桥形成内部滤饼，导致渗透率下降；颗粒直径远远小于孔喉直径时，则可以完全穿过地层，仅在死端处汇集，该情况下可以避免渗透率下降。从储层保护的角度出发，固相颗粒浓度和粒径中值越低对储层的伤害就越低。而从经济可行性考虑，该指标越低，则需要越高的精细过滤处理设备，投资就越大；同时还受工艺条件的限制。

图 4-13 为 SZ36-1 油田注水井井口滤膜悬浮物扫描电镜图。从滤膜全域看，悬浮物主要呈颗粒状堆积于滤膜上，局部放大后，呈球状、块状、片状以及多颗粒聚集的不规则形状等形态［图 4-13（b）和（c）］。能谱分析结果显示（表 4-8），悬浮物主要元素为 C、O、Ca、Fe、Si，表明悬浮物主要为有机物质，其次为碳酸钙结垢物、腐蚀产物和地层微粒等。分析原因可能是流程管线在注水期间从未进行清洗，积累了较多的结垢物、腐蚀产物、聚合物、无机盐、地层微粒等，因为聚合物的吸附作用，使得这些微粒常常聚集生长，从而形成多元素的复杂颗粒。

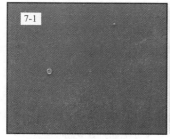

(a) 悬浮物全貌，颗粒状悬浮物为主　　(b) 局部放大，球形腐蚀产物，　　(c) 多颗粒聚集在一起，
　　　　　　　　　　　　　　　表面吸附微晶质颗粒，粒径>20μm　　形成粒径40μm左右的大颗粒

图 4-13　SZ36-1 油田注水井井口滤膜悬浮物扫描电镜图

表 4-8　SZ36-1 油田注水井井口滤膜悬浮物组分分析统计

能谱点位	类型	原子质量分数/%								能谱范围
		CK	OK	NaK	CaK	SiK	FeK	MgK	ClK	
7-1	悬浮物	65.5	30.5	—	1.28	—	0.93	—	—	全域
7-2	悬浮物	32.18	31.5	—	36.32	—	—	—	—	局部
7-3	悬浮物	70.37	19.74	2.09	2.94	0.61	1.85	0.58	1.82	局部

由于现场注入水中的悬浮物组成极其复杂，本实验采用将矿场污水抽滤悬浮物稀释的方法进行模拟：

① 注水井井口水，萃取除油；测定其悬浮物含量、粒径中值、聚合物浓度；

② 注水井井口水，萃取除油，并进行精细过滤；

③ 水源井井口水，测定其悬浮物含量、粒径中值；

④ 水源井井口水，进行精细过滤；

⑤ 将水样①和②按一定比例混合，配置成含聚合物的实验水样，并测定其悬浮物含量、粒径中值、聚合物浓度；将水样③和④按一定比例混合，配置成不含

聚合物的实验水样，并测定其悬浮物含量、粒径中值；如果悬浮物浓度达不到要求，加相应粒径的超细碳酸钙。

实验前配制水样，用高速搅拌机在 5000r/min 转速下搅拌均匀，放置时间不超过 2h。悬浮物浓度主要做 3mg/L、4mg/L、5mg/L、10mg/L、15mg/L、20mg/L 几个等级指标。根据水样粒径分别选用 2.0μm、3.0μm、4.0μm 三种不同粒径的超细碳酸钙。

图 4-14 为不同悬浮物浓度和粒径中值的水样分别对中渗透（100～700mD），中高渗透（700～2000mD）、高渗透（2000～3500mD）、特高渗透（>3500mD）四个级别岩心渗透率的伤害程度实验结果。由图看出：

① 整体上,固悬物浓度和粒径对岩心渗透率的伤害程度随着岩心渗透率的增大而降低；

② 相同粒径条件下，随着悬浮物浓度的增大，对岩心渗透率的伤害率越大；

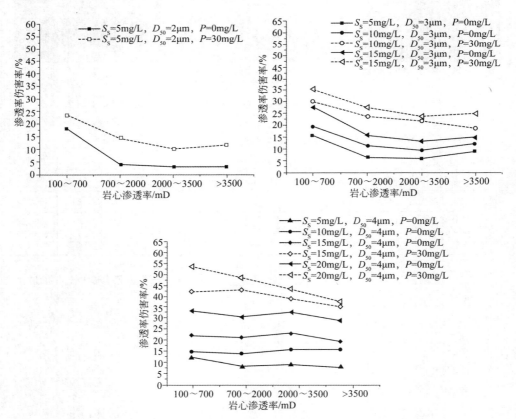

图 4-14　固悬物浓度及粒径对不同渗透率岩心的堵塞伤害实验结果

③ 相同悬浮物浓度条件下，对于渗透率小于 700mD 的岩心而言，随着粒径中值的增大，对岩心渗透率的伤害率反而降低。这主要是由于这部分岩心主流喉道半径相对较小，外来注入水中粒径较小的固悬物可以进入储层岩心内部，造成岩心内部孔喉的架桥堵塞。外来粒径较大的固悬物主要以岩心外滤饼的形式造成渗透率的降低，而岩心内部渗流伤害较小，外来固相粒径越大，外滤饼的渗流能力越强，渗透率伤害率也越小。对于渗透率大于 700mD 的岩心而言，随着粒径中值的增大，对岩心的渗透率伤害率也增大。这主要是由于岩心渗透率越大，主流喉道半径分布的范围也较大，粒径为 3μm 的外来固悬物对岩心的伤害主要以内滤饼为主，可能也有少量的外滤饼伤害，而粒径为 4μm 的外来固悬物对岩心的伤害则同时存在外滤饼和内滤饼的双重伤害。

因此，注入水中悬浮颗粒的含量及粒径对储层均有伤害，当悬浮颗粒含量较低时，外部颗粒侵入初始和后期的主要伤害机理分别是孔隙表面沉淀和孔喉堵塞；悬浮颗粒含量较高时，孔隙充填和岩心内部滤饼的形成是主要伤害机理。单从悬浮物浓度和粒径对岩心渗透率的伤害程度可以看出，外滤饼伤害<内滤饼伤害<内滤饼+外滤饼双重伤害。

当含有固悬物的生产污水出现产出聚合物后，对储层岩心渗透率的伤害率出现大幅增加。这可能是由于产出聚合物与固悬物协同作用后，改变了储层岩心的伤害形式，由之前的内滤饼、外滤饼变为以内滤饼+外滤饼双重伤害为主的形式。前期研究[62]表明，不含聚污水悬浮物呈颗粒状产出，并不集合或絮凝（图 4-15）。含聚污水中可清晰见到细粒状固悬物被产出聚合物包裹或絮凝，固悬物以絮团形式出现，絮团呈云朵状、豆花状。这些有机絮团强度较高且具有一定的变形能力，是造成储层渗透率降低的主要物质。

 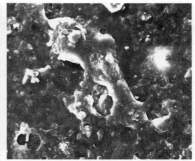

(a) 不含聚产出水滤膜悬浮物 ESEM 观察，固悬物呈颗粒状，均匀分布　　(b) 产出聚合物浓度为 100mg/L 时悬浮物 ESEM 观察，悬浮物呈明显絮团状

图 4-15　加入聚合物前后固悬物环境扫描电镜观察

3. 产出聚合物对渗透率岩心堵塞伤害评价

图 4-16 是在环境扫描电镜下观察到现场注入水中产出聚合物的形态，现场注入水取自绥中 36-1 油田注入井 M09 井井口采油树，测得产出聚合物浓度为 49.6mg/L。由图看出，现场含聚污水中产出聚合物分子聚集成片团状或絮团状结构，在大视域范围内，聚合物聚集体之间呈微弱的网状交联［图 4-16（a）］。局部放大后［图 4-16（b）］，可以清楚地看到产出聚合物骨架粗大，且吸附有大量的细小颗粒物，形成骨架粗大的片团状、絮团状，骨架的粒径>15μm。

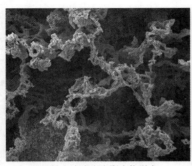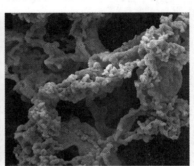

(a) 注入水中产出聚合物形态，　　　(b) 局部放大，可见细小颗粒吸附于片团
　　　呈片团状、絮团状　　　　　　　　聚合物上，片团骨架粒径粗大，>15μm

图 4-16　现场含聚污水中产出聚合物形态（聚合物浓度均为 50mg/L）

根据注聚受益井产出液中聚合物的浓度分布，分别将受益井底部水样经过多重定性滤纸过滤，最后再经 0.45μm 滤纸精细过滤获得不含油、不含悬浮物、聚合物浓度为 50mg/L、100mg/L、150mg/L 的单一聚合物实验水样，再分别开展不同渗透率岩心的堵塞伤害实验，结果如图 4-17 所示。由图可知，单一产出聚合物并不会对储层岩心造成明显伤害，浓度<150mg/L 时，对岩心渗透率的伤害率均小于 30%，属于弱伤害，说明单一产出聚合物的分子量是极低的，分子半径也是极小的，不足以直接堵塞油层。对于同一级别渗透率岩心，产出聚合物浓度越大，对储层渗透率的伤害率也越大。当产出聚合物浓度相同时，储层渗透率越大，产出聚合物对储层岩心的渗透率伤害率越小。

图 4-18 为单一产出聚合物对储层岩心驱替实验后电镜照片，由图可知，单一聚合物主要以吸附形式对储层造成伤害，吸附于黏土矿物表面［图 4-18（a）］、骨架矿物表面［图 4-18（b）、（c）］、碎屑颗粒表面［图 4-18（c）］。镜下见到产出聚合物的吸附并非均匀的，部分骨架颗粒表面吸附的产出聚合物较多，导致原本洁净的矿物表面变得粗糙、较脏，同时这些颗粒表面更易附着其他碎屑颗粒。由此推测，如果长期回注含聚污水，即使无其他机械杂质的影响，产出聚合物也会被储层颗粒吸附，造成孔喉半径的减小。

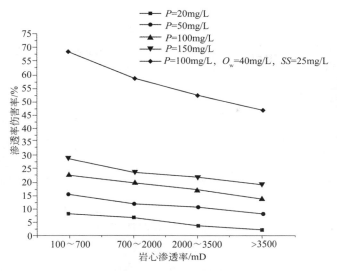

图 4-17　产出聚合物对不同渗透率岩心的影响实验结果

(a) 聚合物局部吸附黏土矿物表面　　(b) 骨架颗粒表面被聚合物吸附，　　(c) 聚合物吸附于骨架颗粒表面，
　　　　　　　　　　　　　　　　　孔喉内充填少量微粒　　　　　　　碎屑表面，大孔喉未被充填

图 4-18　单一聚合物对岩心伤害电镜照片（P=150mg/L，K=2550mD）

当污水中同时含有产出聚合物、悬浮物和含油时，由于产出聚合物对乳化油和固悬物都有较强的絮凝作用，三者聚集在一起后，致使污水对储层物性的伤害程度大幅上升。

三、含聚污水注水水质指标确定

1. 综合水质指标对岩心渗透率伤害评价

含聚污水中产出聚合物的黏度和浓度随着水处理深度的增加而减小。产出聚合物主要具有黏度和分子量低、分子半径小的特点。因此，单个分子的产出聚合物不足以直接堵塞储层，但是聚合物分子的吸附作用使储层岩石毛细管变细，孔隙结构发生变化，从而使油层渗透率降低而受到伤害。因此，污水中产出聚合物的浓度是使油层渗透率降低的主要因素之一。

综合水质指标模拟方法如下：

① 注聚受益井采出污水精细处理：去除油和悬浮物，利用淀粉-碘化镉光度法测试聚合物浓度。将标定了产出聚合物浓度的精细处理后的注聚受益井采出液，用于配置驱替实验中不同浓度的含聚污水，若是注聚受益井产出聚合物浓度值偏低，可添加紫外光降解后的聚合物。

② 注聚受益井采出污水除油处理：处理后的液体中含产出聚合物和机械杂质，作为调控含聚污水中的悬浮物浓度使用；若悬浮物浓度不够，可用加钠土进行调控。

③ 综合污水：以不同产出聚合物的含聚污水为基液，配制不同水质指标的污水。驱替实验所做的产出聚合物浓度为 50mg/L、100mg/L、150mg/L、200mg/L；悬浮物、含油率根据实验需要加入相应的同种污水稀释。

④ 配制好工作液后，测试各项水质指标。

实验将分别用 A43 井、A19 井、A13 井、A16 井所取污水作为不同聚合物浓度的母液，再配成不同悬浮物浓度和含油率的工作液体进行实验，不同的悬浮物浓度通过添加新疆钠土实现，同时向母液中加入原油来配制不同的含油率，实验结果见表 4-9。A43 井、A19 井为注水井井口取样的综合污水，代表已加药类污水；A13 井、A16 井为注聚受益井产出污水，代表未加药的含聚污水。

表 4-9   A43 井综合污水配制综合水质指标评价实验结果

岩心号	综合指标	K_g	ϕ/%	K_i	K_r	I/%	I_r/%
33	SS:10/P:30/O:20	3021	28.95	562	408	27.40	21.52
34		2810	26.19	735	620	15.65	
35	SS:20/P:30/O:40	2560	29.02	768	455	40.76	32.05
37		1515	28.07	574	440	23.34	
39	SS:45/P:30/O:90	2903	29.13	597	116	80.57	71.70
40		3039	26.30	261	97	62.84	

注：K_g 为岩心气测渗透率，$10^{-3}\mu m^2$；K_i 为 KCl 液测储层砂初始渗透率，$10^{-3}\mu m^2$，ϕ 为孔隙度，%；K_r 为驱替综合污水 30PV 后再驱 KCl 测储层砂渗透率，I 为 $1-K_r/K_i$，%。

A43 井井口取样综合污水指标为：悬浮物 SS=45mg/L、产出聚合物 P=30mg/L、含油率 O=90mg/L，中值 d=2.5~3.2μm，将 A43 井所取污水直接与 A43 井精细过滤水稀释一倍，稀释四倍后，得到 SS=20mg/L、P=30mg/L、O=40mg/L 和 SS=10mg/L、P=30mg/L、O=20mg/L 两个指标等级，然后利用动态实验评价综合指标对储层的损害，得到表 4-9 所示实验结果。

由表 4-9 判断可知，当综合水质指标为 SS=10mg/L、P=30mg/L、O=20mg/L 时，储层砂渗透率下降 27.4%和 15.65%，平均为 21.52%［图 4-19（a）］，损害程度弱。

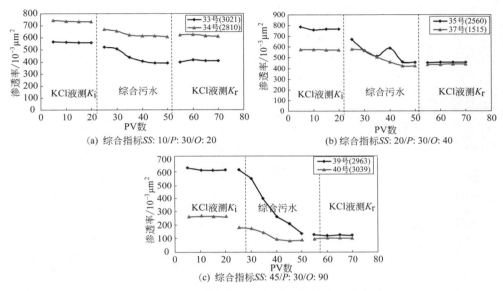

图 4-19　A43 井综合污水水质指标筛选评价实验

保持聚合物浓度不变，当悬浮物浓度和含油率放宽为 S=20mg/L、P=30mg/L、O=40mg/L 后，储层砂损害率为 40.76%和 20.34%，平均为 32.05%，损害程度为中等偏弱［图 4-19（b）］。

当综合水质指标放宽为 SS=45mg/L、P=30mg/L、O=90mg/L 时，储层砂渗透率损害率平均为 71.70%［图 4-19（c）］，损害程度强。初步可以判断，当产出聚合物浓度在 30mg/L 时，注入水综合水质指标应控制在 SS≤20mg/L，O≤40mg/L。

再利用 A19 井井口取样综合污水对综合指标进行进一步筛选，A19 井污水粗过滤后综合水质指标为：SS=15mg/L、P=50mg/L、O=25mg/L，将该溶液与其精细过滤水混合稀释后得到指标为 SS=8mg/L、P=50mg/L、O=15mg/L 的综合污水，其余不同水质指标的综合污水由 A19 井井口综合污水中加适量新疆钠土与原油配制而得，A19 井综合污水动态实验评价结果见表 4-10。

由表 4-10 判断：当综合水质指标为：SS=8mg/L、P=50mg/L、O=15mg/L 的工作液驱替时，57 号、58 号储层砂的损害率为 20.73%和 36.11%，平均为 28.42%［图 4-20（a）］，损害程度弱。

表 4-10　A19 综合污水配制综合水质指标评价实验结果

岩心号	综合指标	K_g	ϕ/%	K_i	K_r	I/%	I_r/%
57	$SS:8/P:50/O:15$	3309	28.07	820	650	20.73	28.42
58		2651	30.50	900	575	36.11	
59	$SS:15/P:50/O:25$	2804	27.18	509	346	32.02	35.44
60		1454	29.17	417	255	38.85	
61	$SS:25/P:50/O:40$	1367	19.23	70	49	30.00	41.92
62		1090	23.43	104	48	53.85	
63	$SS:35/P:50/O:60$	1861	26.74	128	32	75.00	72.84
64		1390	28.95	440	129	70.68	
65	$SS:45/P:50/O:90$	1660	26.30	549	220	59.93	52.94
66		1630	27.40	420	227	45.95	

注：K_g 为岩心气测渗透率，$10^{-3}\mu m^2$；K_i 为 KCl 液测储层砂初始渗透率，$10^{-3}\mu m^2$，ϕ 为孔隙度，%；K_r 为驱替综合污水 30PV 后再驱 KCl 测储层砂渗透率，I 为 $1-K_r/K_i$，%。

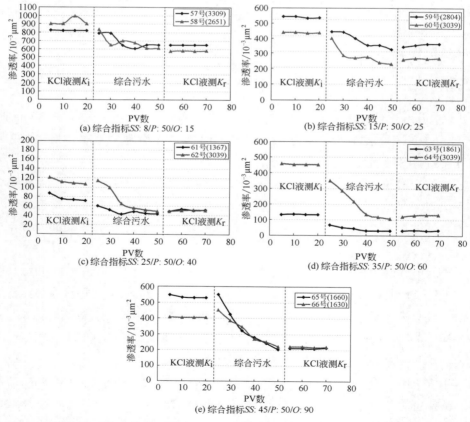

图 4-20　注水井井口综合污水水质指标评价实验（A19 井，加药）

当综合水质指标为：$SS=15mg/L$、$P=50mg/L$、$O=25mg/L$ 时，驱替 30PV 后储层砂渗透率损害率为：32.02%~38.85%，平均为 35.44%［图 4-20（b）］，损害程度>30%。

当综合水质指标为：$SS=25mg/L$、$P=50mg/L$、$O=40mg/L$ 时，61 号、62 号储层砂渗透率损害率为 30%、53.85%，平均为 41.92%［图 4-20（c）］。

当综合水质指标为：$SS=35mg/L$、$P=50mg/L$、$O=60mg/L$ 时，渗透率损害率平均为 72.84%［图 4-20（d）］，损害程度强。当再放宽综合水质指标为 $SS=45mg/L$、$P=50mg/L$、$O=90mg/L$ 时，驱替 30PV 后，储层砂渗透率损害程度>50%。根据 A19 井综合污水筛选综合水质指标，$P=50mg/L$，$SS \leqslant 25mg/L$，$O \leqslant 40mg/L$。

利用 A13 井产出液配制综合指标为：$SS=8.5mg/L$、$P=80mg/L$、$O=30mg/L$ 和 $SS=5mg/L$、$P=80mg/L$、$O=20mg/L$ 两个指标的综合污水，其余水质指标的综合污水由 A13 井污水加适量新疆钠土与原油配制而成，A13 井动态损害实验结果见表 4-11，由此可知：

表 4-11　A13 产出污水配制综合水质指标的评价实验结果

岩心号	综合指标	渗透率	ϕ/%	K_i	K_r	I/%	I_r/%
2	$SS:5/P:80/O:20$	2106	29.17	470	476	0.00	13.82
5		2026	24.75	651	471	27.65	
11	$SS:8.5/P:80/O:30$	1828	24.97	251	198	21.12	17.54
12		2919	28.75	272	234	13.97	
13	$SS:17.5/P:80/O:30$	2456	26.74	692	462	33.24	22.73
15		2573	26.12	581	510	12.22	
16	$SS:25/P:80/O:40$	2081	26.96	366	265	27.60	36.05
19		2505	26.30	645	358	44.50	
21	$SS:35/P:80/O:50$	2881	28.51	525	283	46.10	45.80
25		2910	28.99	422	230	45.50	
30	$SS:45/P:80/O:100$	2511	26.08	710	230	67.61	57.39
32		2617	27.20	284	150	47.18	

注：K_g 为岩心气测渗透率，$10^{-3}\mu m^2$；K_i 为 KCl 液测储层砂初始渗透率，$10^{-3}\mu m^2$；ϕ 为孔隙度，%；K_r 为驱替综合污水 30PV 后再驱 KCl 测储层砂渗透率；I 为 $1-K_r/K_i$，%。

当用 A13 井注聚受益井产出污水（未加药），加适量原油将水质指标放宽到：$SS=17.5mg/L$、$P=80mg/L$、$O=30mg/L$，注入 30PV 后，13 号、15 号储层砂渗透率损害率为 33.24% 和 12.12%，平均为 22.73%［图 4-21（c）］，损害程度弱。

稀释 A13 井产出污水，将综合水质指标调整为：SS=8.5mg/L、P=80mg/L、O=30mg/L 和 SS=5mg/L、P=80mg/L、O=20mg/L，评价它们对储层砂渗透率平均损害率分别为 17.54%、13.82%［图 4-21（b）、（a）］，损害程度弱。

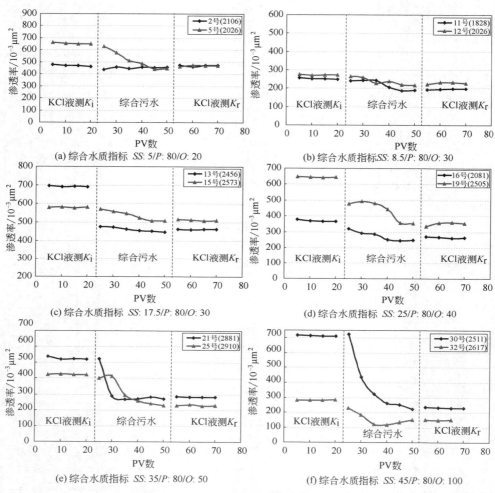

图 4-21　A13 井综合水质指标实验评价

在 A13 井产出污水基础上，将水质指标放宽到 SS=25mg/L、P=80mg/L、O=40mg/L 后，储层砂驱替 30PV 后，16 号、19 号储层砂渗透率损害率分别为 27.60% 和 44.50%，平均为 36.05%［图 4-21（d）］，损害程度中等偏弱。当综合水质指标提高到 SS=35mg/L、P=80mg/L、O=50mg/L 和 SS=45mg/L、P=80mg/L、O=100mg/L 时，储层砂渗透率损害率平均为 45.8% 和 57.39%［图 4-21（e）、（f）］，损害中等。

按行业标准以渗透率损害率<30%为标准，用 A43 井、A19 井综合污水，A13 井等单一含聚污水分别作作母液，配出不同综合水质指标污水，筛选出储层可接受的综合水质指标为：

A43 井：$SS \leqslant 20\text{mg/L}$，$P \leqslant 30\text{mg/L}$，$O \leqslant 40\text{mg/L}$（综合污水）；

A19 井：$SS \leqslant 15\text{mg/L}$，$P \leqslant 50\text{mg/L}$，$O \leqslant 25\text{mg/L}$（综合污水）；

A13 井：$SS \leqslant 25\text{mg/L}$，$P \leqslant 80\text{mg/L}$，$O \leqslant 40\text{mg/L}$（单一含聚污水）；

A16 井：$SS \leqslant 20\text{mg/L}$，$P \leqslant 150\text{mg/L}$，$O \leqslant 40\text{mg/L}$（单一含聚污水）。

因此初步推荐：当产出聚合物浓度 $P \leqslant 150\text{mg/L}$ 时，$SS \leqslant 20\text{mg/L}$、$O \leqslant 30\text{mg/L}$ 为储层可接受的水质指标；产出聚合物浓度增加到 300mg/L，其他水质指标不变，储层也基本可以接受。

2. 含聚污水回注水质指标的确定

上述推荐水质指标的实验是利用储层砂模拟岩心所得出的，其胶结程度和孔隙结构参数与天然岩心有一定差距，因此推荐的水质指标还需要天然岩心最后检验确定。下面利用天然岩心对综合水质指标进行进一步验证和优化。表 4-12 为综合水质指标优化和筛选实验评价结果。

表 4-12　综合水质指标平台在线优化实验结果

岩心号	综合指标	K_g	ϕ/%	K_i	K_r	I/%	I_r/%
97	$SS:20/P:50/O:40$	2525	26.40	830	450	45.78	46.81
98		2481	19.88	556	290	47.84	
99	$SS:20/P:50/O:30$	2970	28.35	310	220	29.03	16.30
100		1914	24.12	1120	1080	3.57	
101	$SS:20/P:150/O:30$	2707	28.07	1010	866	14.26	16.10
102		2561	29.13	987	810	17.93	

注：K_g 为岩心气测渗透率，$10^{-3}\mu\text{m}^2$；K_i 为 KCl 液测储层岩心初始渗透率，$10^{-3}\mu\text{m}^2$；ϕ 为孔隙度，%；K_r 为驱替综合污水 30PV 后再驱 KCl 测储层岩心渗透率；I 为 $1-K_r/K_i$，%。

实验所用的污水为 A20 井精细过滤水加适当的新疆钠土和油田原油配成指标为实验所需综合指标，当驱替 30PV 后，99 号、100 号天然岩心渗透率的损害率平均为 16.30%（图 4-22），损害程度弱，储层可接受。

在前面的储层砂水质指标筛选实验中，将上述综合指标中含油率放宽到 40mg/L 时，渗透率损害率≤30%，而用天然岩心驱替时，97 号、98 号天然岩心渗透率损害率分别为 45.78%、47.84%，平均为 46.81%（图 4-23），损害程度中等，且超过行业标准所要求的渗透率损害率 < 30% 的标准。因此，含油率最好控制≤30mg/L。

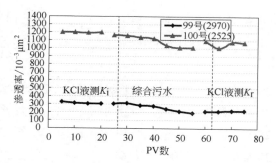

图 4-22　综合指标 SS：20/P：50/O：30 对天然岩心物性影响程度评价

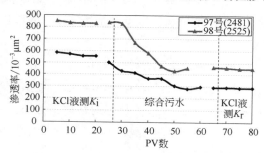

图 4-23　综合指标 SS：20/P：50/O：40 对天然岩心物性影响程度评价

前面储层砂岩心实验表明，当产出聚合物浓度≤150mg/L 时，水质指标的可以不考虑聚合物浓度的影响，下面用天然岩心进一步优化其结论是否可靠。

101 号、102 号储层砂驱替实验是用 A20 井采出液精细过滤后污水加适当新疆钠土、油田原油和分子量为 30 万~40 万的产出聚合物溶液，配成综合指标为 SS≤20mg/L、P≤150mg/L、O≤30mg/L 的污水，驱替 30PV 后，101 号、102 号储层砂的损害率分别为 14.26% 和 17.93%，平均为 16.10%（图 4-24）。与综合指标为 SS≤20mg/L、P≤50mg/L、O≤30mg/L 的污水驱替实验结果相比，平均损害率几乎没有变化，可见当聚合物浓度小于≤150mg/L 时，推荐综合水质指标可不考虑产出聚合物浓度的影响是正确的，其他水质指标参考行业标准。

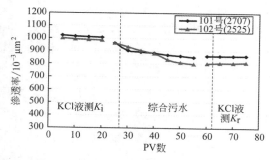

图 4-24　综合指标 SS：20/P：150/O：30 对天然岩心物性影响程度评价

综合研究区储层地质特征、系列实验等，推荐渤海注聚典型油田含聚污水回注的水质指标，见表 4-13，水质指标分级控制见图 4-25。

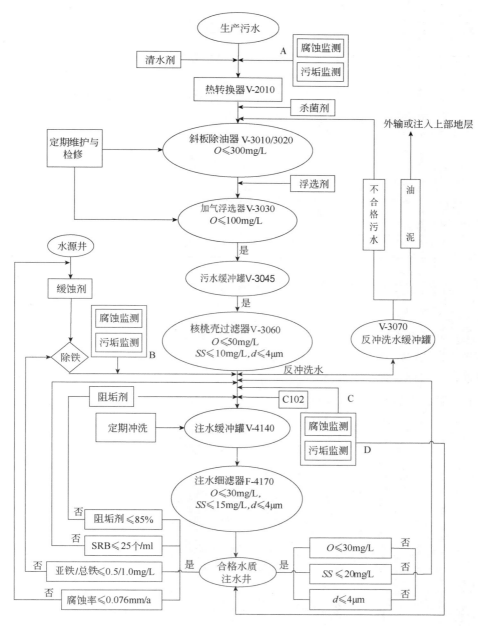

图 4-25 注入水水质分级控制图

表 4-13　油田含聚污水回注水质指标推荐

油田名称 水质项目	SZ36-1 油田	LD10-1 油田	JZ9-3 油田	行业标准 C3
悬浮物/(mg/L)	≤25	≤20	≤10	≤10
粒径中值/μm	≤4	≤4	≤3	≤3
含油率/(mg/L)	≤30	≤30	≤30	30
聚合物浓度/(mg/L)	≤150	≤150	≤100	
SRB/(个/L)	≤25			
铁细菌/(个/L)	$n×10^2$			
腐生菌/(个/L)	$n×10^2$			
总铁/亚铁/(mg/L)	≤1.0/0.5			
平均年腐蚀率/(mm/a)	<0.076（A1：试片各面都无点腐蚀；A2：有轻微点蚀；A3：有明显点蚀）			
溶解氧/(mg/L)	≤0.05			
备注	细菌、含氧率、腐蚀率等指标参考行业标准，未再做相关评价实验			

四、含聚污水水质对储层孔喉结构的影响评价

图 4-26 为水质指标为产出聚合物浓度为 100mg/L、悬浮物浓度为 25mg/L（粒径中值为 3.2μm）、含油率为 40mg/L 的含聚污水对 100～700mD 级别岩心的渗透率伤害曲线。从渗透率变化趋势可以看出，随着驱替 PV 数的增加，渗透率逐渐降低，含聚污水注入初期渗透率下降幅度较大，当驱替至 90PV 后，渗透率逐渐平稳，最终对岩心的伤害率达到 68.4%，为中等偏强程度的伤害。

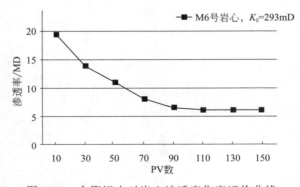

图 4-26　含聚污水对岩心渗透率伤害评价曲线

从核磁共振图像上（图 4-27，S6-1～S6-8 分别为驱替 10～150PV 含聚污水时的曲线）也可以看出，随着驱替的进行，曲线面积逐渐减小，表明孔隙逐渐被堵

塞，特别是在驱替初期（10～50PV），大孔喉减小明显，说明含聚污水注入初期对大孔喉的堵塞作用显著。驱替 50PV 含聚污水后，核磁共振曲线基本无明显变化，说明储层岩心内部孔隙结构无明显变化，但是测得的岩心渗透率却在进一步降低，可能是堵塞的伤害形式从内部向入口端面发生了转移。

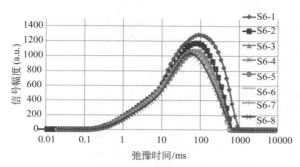

图 4-27　含聚污水对岩心伤害评价核磁共振曲线

对驱替后的岩心进行扫描电镜观察（图 4-28），可以看出岩心端面已被聚合物协同其他机杂形成了类似于滤饼的密实堵塞层［图 4-28（a）、(b)］，滤饼厚度估计有 3μm 左右；岩心入口端明显可见大小孔喉均被聚合物、膜状物质、絮团状物质堵塞，堵塞形式有膜状物质、较大粒径的絮团状物质直接封堵大孔喉［图 4-28（c）、(f)］，也有聚合物大量吸附、架桥，造成大孔喉的封堵［图 4-28（e）］，岩心中部和末端都可见骨架颗粒间的大孔喉内部有明显的聚合物吸附粘连［图 4-28（g）、(i)］、大量点状物质形成的片状、团状聚集体的充填［图 4-28（h）、(j)］。粘连在孔隙的聚合物不仅本身成为堵塞物，还造成孔隙喉道空间的分割缩小，减小了允许通过的微粒粒径，使得细小颗粒也能堵塞原本较大的喉道，伤害了岩心渗流的能力。同时，聚合物具有吸附性会使得细粒物质吸附其上，形成絮团状物质，造成更严重的堵塞。

(a) 岩心端面，含聚污水中的机械杂　(b) 岩心端面，端面见较厚膜状滤饼，　(c) 岩心前端，膜状物质封堵大孔喉
质以膜状、滤饼等形式堵塞渗流端面　　入口端孔喉被聚合物、絮团堵塞

图 4-28

  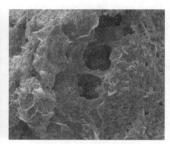

(d) 岩心前端，聚合物吸附、
架桥、封堵大孔喉

(e) 岩心前端，絮团状物质充填
封堵大孔喉

(f) 岩心中部，产出聚合物在
岩心孔喉中架桥堵塞

(g) 岩心中部，点状机杂聚
集体充填堵塞孔隙

(h) 岩心末端，聚合物分子链接、
架桥喉道

(i) 岩心末端，点状物质聚
集体充填大孔喉

图 4-28　含聚污水对岩心伤害评价电镜照片（M6 号岩心）

　　整体上看，岩心端面形成了较厚的滤饼堵塞层，入口端大小孔喉被堵塞的程度明显高于岩心中部和末端，岩心中部和末端同样存在聚合物对孔喉的架桥、充填，堵塞的范围从端面到末端都存在。由此推测，现场实际注水过程中，近井地带到中深部地层可能都存在由聚合物吸附水中机械杂质形成的絮团、膜状物质、聚集体形式的堵塞，且近井地带是最严重的的堵塞带，甚至在筛管处有可能形成滤饼。

　　根据岩心驱替过程中的核磁共振曲线变化规律以及实验后岩心观察到堵塞形式，推测含聚污水回注储层的堵塞机里如图 4-29 所示。

　　含聚污水注入初期，含聚污水中的机械杂质进入了岩心内部，由于岩心内部小孔喉的渗流速度远低于中大孔喉，相同流量条件下，中大孔喉流经的含聚污水量大，因此，首先堵塞的位置是岩心中的中大孔喉，堵塞的形式为吸附、架桥、充填，造成大孔喉被分割。当大孔喉被堵塞后，含聚污水的流向向中小孔喉转移，但是由于含聚污水中的堵塞物质为粒径较大的块状、絮团状、膜状物质，这些物质无法进入中小孔喉内部，只能在中小孔喉的入口处形成封堵，逐步形成内部滤饼伤害，所以小孔喉并未造成明显的内部充填、架桥等堵塞伤害，因此在核磁共振曲线上小孔喉的比例未发生明显变化。

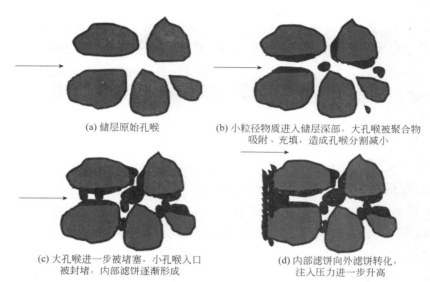

(a) 储层原始孔喉

(b) 小粒径物质进入储层深部，大孔喉被聚合物吸附、充填，造成孔喉分割减小

(c) 大孔喉进一步被堵塞，小孔喉入口被封堵，内部滤饼逐渐形成

(d) 内部滤饼向外滤饼转化，注入压力进一步升高

图 4-29　含聚污水回注储层堵塞机理示意图

含聚污水驱替中后期，内部滤饼逐渐向端面滤饼转化，大量的机械杂质被早期形成的堵塞带截留逐步形成外部滤饼，不再进入储层内部，此时注入压力将发生较大抬升，迫使注水流向中低渗层。而中低渗层的吸水能力远小于高渗层，使得中低渗层达到外部滤饼伤害的周期更短，一旦储层发生了外部滤饼伤害，注水压力将很快达到注水井的最大安全注入压力的限压值，且注水量将大幅降低，即出现压力高、欠注的情况（如图 4-30）。

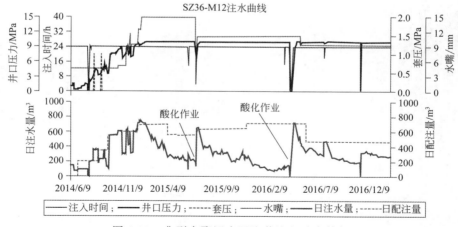

图 4-30　典型含聚污水回注井注入动态特征

综合分析可知，单一的含油率、悬浮物浓度、产出聚合物对岩心的伤害程度不及三者共存条件下的伤害程度。这主要是由于聚合物分子对敏感性颗粒、污水

中的固悬物和油污具有吸附聚集的作用，使得产出聚合物丝网增粗增大，由丝网状向片团状和絮团状转化，聚合物浓度越高，吸附量越大，其结果是形成强度较高且具有一定变形能力的团状集合体，能够很轻易堵塞岩心孔隙喉道。且水中的悬浮物浓度、含油率、产出聚合物等水质指标越大，对储层岩心渗透率的伤害程度也越大。从孔喉结构的伤害情况看，含聚污水首先是快速堵塞岩心中的大-中孔喉，当这些中大孔喉被堵塞后，逐步由内滤饼向外滤饼的堵塞形式转化，造成有效渗透率的进一步降低。

五、含聚污水回注井井下堵塞物成分分析

含聚污水堵塞储层孔喉结构的实验结果表明，在含聚污水注入一段时间后，往往易造成近井储层端面形成膜状滤饼伤害，使得吸水剖面发生转向。在长时间不进行反洗井作业的前提下，这种滤饼厚度逐渐变大，甚至堵塞配水器芯子、筛管通道。由于这种膜状滤饼是由产出聚合物复合水中含油、悬浮物浓度、不配伍产生的垢、腐蚀产物、细菌等多种机杂而形成的，常规的酸化很难有效去除。

绥中 36-1 油田 M 平台 8 口注水井均从 2014 年开始注水，未进行过动管柱作业，初期表现为注水压力攀升快，达到最高注入压力后注水量迅速下降达不到配注要求，M11、M12 井在 2016 年 4 月进行不动管柱酸化作业，作业过程打压 15MPa，解堵液无法注入，显示无流量。作业后发现，通井规及配水器芯子上粘带大量含聚油泥物质（图 4-31）。从外观上观察以及手感触摸可知，与注聚井井下污油泥、地面处理工艺关键设备顶部聚集的含聚污油泥极其相似。

(a) 含聚污水回注井堵塞物（SZ36-1-M12井）　　(b) 注聚井井下堵塞物　　(c) CEPK地面含聚污油泥
（LD10-1油田A18m井）

图 4-31　注入井井底堵塞物与地面含聚污油泥实物照片

为了进一步分析这些含聚污油泥的组分，分别收集取回注聚井井筒作业过程中返出的油泥样品 1 个（SZ36-1 油田 J03 井）、含聚污水回注井井筒返出油泥样品 1 个（绥中 36-1 油田 M12 井配水器芯子处油泥）、CEPK 平台地面工艺关键设备油泥样品 3 个，分别对这些含聚油泥样品进行含水率、含油量、有机组分含量机成分、无机组分含量及成分，分析结果见表 4-14。

表 4-14　绥中 36-1 油田不同节点含聚污油泥组分分析结果

取样位置	含水/%	含油/%	有机组分/%	无机组分/%	无机组分能谱测试结果/%							
					C	O	Na	Al	Si	Cl	Ca	Fe
CEPK 污油罐转液泵滤网处油泥	36.6	21.3	40.28	1.82	67.38	26.59	0.64	2.73	1.26	0.39	0.96	0.04
CEPK 注水缓冲罐顶部油泥	38.9	18.6	40.57	1.93	55.77	34.63	0.22	0.00	5.62	2.43	1.29	0.06
CEPK 注水泵入口提篮式滤网油泥	22.1	23.03	52.2	2.67	59.56	32.69	0.41	3.07	0.05	1.75	0.65	1.82
注聚井 J03 井井筒油泥	25.3	6.47	60	8.23	38.8	31.6	0.7	2.6	13.1	0.9	7.9	4.44
注水井 M12 井配水器芯子处油泥	15.5	20.46	50.93	13.11	40.09	30.07	0.6	1.93	9.1	1.01	9.9	7.3

由表中数据可知，各节点含聚油泥绝大部分为有机物质，其次为含油、含水、无机物质。注聚井和含聚污水注入井中的无机物质含量高于地面关键设备顶部聚集的含聚污油泥中无机物质的含量。从无机组分的成分分布看，无机组分主要以 C、O、Fe、Ca、Si、Al、Na、Cl 等元素为主，Fe 元素主要是腐蚀产物以及水中铁离子与产出聚合物互聚形成的共聚物，Ca 元素主要为结垢产物，Si、Al 为地层产出物质，Na、Cl 为产出聚合物捕集的无机盐类。这些元素组成与注水井井口悬浮物组分一致（见表 4-8），说明井下返出的堵塞物质主要是由于注入水中悬浮物质长期聚集形成的，进一步证实了产出聚合物絮凝水中机械杂质形成的复杂堵塞物是储层伤害的关键。

整体上看，地面含聚油泥中无机组分的 C、O 含量高于井下，Fe、Ca、Si、Al 等腐蚀产物、结垢产物、地层微粒含量低于井下。注聚井与含聚污水注入井返出的井下堵塞物物质相似度高，无机组分的含量及元素分布基本相同，物质来源主要是注入水中的悬浮物，因此，严格控制注水水质是避免井下堵塞物聚集的基础。对于已经存在堵塞物聚集的含聚污水回注井，通过"充分渗透、溶胀、分散、剥离"这种复杂堵塞物，再进行"聚合物降解、有机物质溶解、无机堵塞物酸溶蚀"，可实现含聚污水回注井的有效解堵。

第三节　含聚污水回注动态特征研究

任何不合格的注入水注入地层后将产生储层吸水能力变化和导致注水压力上升。从含聚污水对储层岩心渗透率和孔喉结构的堵塞实验可知，含聚污水在孔隙喉道内流动时，将比常规注入水具有更强的携带能力，岩心孔隙内松散的颗粒更容易分散、运移而堵塞孔隙和喉道，造成岩心内部大孔喉尺寸的变小，但在含聚污水注入一段时间后，往往易造成近井储层端面形成膜状滤饼伤害，使得吸水剖面发生转向。本节在统计分析 SZ36-1 油田含聚污水回注层位吸水强度变化规律的基础上，利用不同渗透率级差储层岩心的并列实验研究含聚污水的堵塞规律，并通过试井资料模拟计算含聚污水回注井的堵塞范围，为解堵增注技术提供依据。

一、含聚污水注入井吸水强度变化特征

储层渗透率与储层有效厚度之积称之为流动系数，简写为 K_h。流动系数大小表明了流体在储层中的流动难易程度，流动系数值越大，表明流体在储层中越容易流动。统计每个吸水层的流动系数与吸水强度的关系，可以判断注入井的动态吸水特征。目前 SZ36-1 油田共有 13 个注水平台，其中 H、F 平台在 2013 年 12 月底之前一直以水源井水为注水水源，2013 年 12 月 CEPO 平台投用后，注水水源变为含聚污水与水源井水的混合水。其余平台注水水源均为含聚污水与水源井水的混合水。

1. 水源井水注入动态特征

SZ36-1 油田 H、F 平台共有注水井 30 口，其中具有相关吸水剖面测试数据可作为统计对象的有 17 口井。图 4-32 为长期以水源井水为注水水源的典型注水井各吸水层位吸水强度变化规律，根据统计结果得出以下规律及特征：

① 注水井各小层吸水能力与地层流动系数（K_h）关联性较强，一般表现为地层流动系数越大吸水能力越强。

② 大部分井长期注水过程中，主力吸水层始终是主力吸水地位、次主力吸水层也基本维持次主力吸水地位不变，其他各小层吸水强度波动不大，如 F06、F10、F17、H01、H17、H29、H31 井均存在此规律，此规律井占统计井数的 58.8%。另一部分井表现出主力层、次主力层始终维持主力和次主力地位不变，其他各小层吸水强度逐步降低，甚至被伤害导致不吸水［如图 4-32（b）H17 井中 K_h=449 和 881 的吸水层］，出现此类规律的井约占 17 口井的 41.2%，极个别井甚至出现除

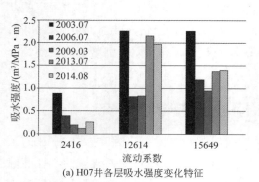

(a) H07井各层吸水强度变化特征

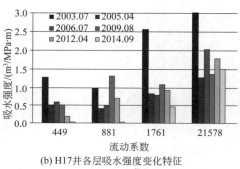

(b) H17井各层吸水强度变化特征

图 4-32 典型水源井水注入井各层吸水强度变化特征

主力吸水层外其他层均被堵死情况。但无论各层位吸水强度如何变化，主力吸水层位始终保持主力吸水地位不变，这个现象在 17 口统计井中 100%存在。

2. 含聚污水回注动态特征

统计了近 50 口含聚污水注入井的吸水剖面变化特征，图 4-33 和图 4-34 为典型井各层位吸水强度变化规律，其中，J03 井注水时间较长，初期注水水源为水源井水，自 2004 年 6 月之后，注水水源陆续变为含聚污水与水源井水的混合水。在早期水源井水注入阶段，吸水剖面的变化特征与 H 平台、F 平台注水井类似，均为主力吸水层始终是主力吸水地位、次主力吸水层也基本维持次主力吸水地位不变，其他各小层吸水强度波动不大。

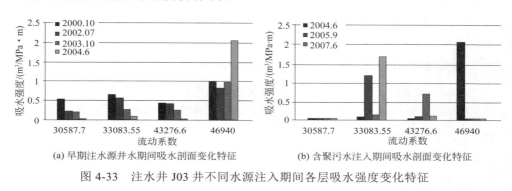

图 4-33　注水井 J03 井不同水源注入期间各层吸水强度变化特征

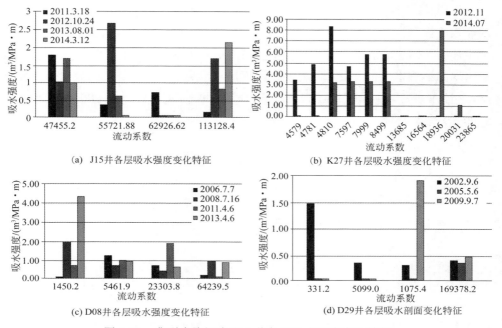

图 4-34　典型含聚污水注入井各层吸水强度变化特征

在含聚污水回注阶段，J03 井与其他含聚污水注入井各层吸水强度均表现出以下规律及特征：

① 含聚污水注入井各小层的吸水能力与地层流动系数相关性并不明显；

② 绝大部分含聚污水注入井存在主力吸水层吸水能力大大降低，变为非主力吸水层，甚至被堵死导致不吸水，次主力或次次主力吸水层变为主力吸水层，其他弱吸水层表现为吸水强度波段上升，变为次主力吸水层的现象。也有少部分井，由于注水时间较短，表现出主力吸水层吸水能力降低但仍为主力吸水层，次主力层吸水能力降低变为弱吸水层或不吸水，而次次主力层甚至是弱吸水层的吸水能力升高变为次主力吸水层的现象。一旦某个吸水层变为主力吸水层后，后续注水会使其吸水能力大大降低，又变成非主力吸水层，次主力吸水层或次次主力吸水层又转变为主力吸水层，所有井均周期性地呈上述变化规律。

二、储层非均质性对含聚污水回注影响评价

多口井的试井测试数据还显示，含聚污水注入往往造成吸水厚度逐渐降低。以 SZ36-1 油田 M13 井为例，M13 井 2014 年 6 月开始注水到 2015 年 12 月注水量下降严重，注水初期 M13 井吸水层厚度共计 68.2m，目前吸水层厚只有 34m，最上层及最下层全部堵死不吸水，这与室内驱替实验后岩心端面观察到较厚滤饼的现象相吻合。

地质特征分析结果表明 SZ36-1 油田储层在横向和纵向上都存在着中等-严重的非均质性，含聚污水长期注入区域还存在明显的结垢堵塞、水质堵塞伤害，进一步加剧了储层的非均质性。为考察不同渗透率级别的储层在长期回注含聚污水后出现的渗透率伤害及吸水能力变化，模拟注水层不同物性层位的吸水及伤害情况，进行并列三管实验（图 4-35），渗透率分为 100～700mD、700～2000mD、2000～3500mD 三个级别。

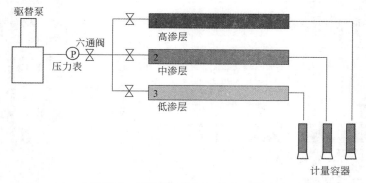

图 4-35 含聚污水对不同渗透率级差岩心伤害实验流程图

取 SZ36-1 油田注水井实际注入水,水质指标为悬浮物 SS=35mg/L、产出聚合物 P=30mg/L、含油率 O=53mg/L,粒径中值 d=3.2μm,将所取污水直接与其精细过滤水稀释一倍后,得到 SS=18mg/L、P=30mg/L、O=30mg/L,另取纤维球过滤器出口水源水,化验水质为悬浮物浓度为 7.3mg/L,不含油和聚合物。然后对这 3 个水质条件下的注入水开展多级差渗透率岩心并列伤害动态驱替实验,表 4-15 为动态评价实验结果,每组实验驱出污水总量 1500mL,实验岩心为储层砂模拟岩心,可以看出:

① 不含聚的水源水驱替三个不同级别渗透率岩心时,渗透率为 100～700mD 时下降率平均为 38.18%,渗透率为 700～2000mD 时下降率平均为 32.07%,渗透率为 2000～3500mD 时下降率平均为 28.75%,整体上表现为岩心渗透率越大,伤害程度越低。说明非含聚注入水对非均质油藏的堵塞规律是由低渗吸水层逐步向高渗吸水层过渡伤害。

由此推测,在实际注水过程中,主力层位的吸水能力较强,以水源水为注入水源时,主力层位的渗透率伤害率低于次主力层,使得主力层位永远保持主力的地位,次主力层或弱吸水层伤害程度较大导致吸水能力逐步降低。这与水源井水注入井吸水强度变化特征一致。

② 含聚污水驱替三个不同级别渗透率岩心时,渗透率小的岩心伤害程度最低,渗透率大的岩心伤害程度反而高,说明含聚污水对非均质油藏的堵塞规律是由高渗透吸水层逐步向低渗吸水层过渡伤害。主要是因为渗透率越高的层位,初期注入能力越好,含聚污水中的产出聚合物、固悬物、乳化油、垢等复杂的堵塞物在储层内的吸附量、滞留量就越多,储层渗透率相对下降率越高,并且含聚污水中的复杂堵塞物往往以团状、膜状、颗粒状等多种形式存在,对岩心的封堵能力要强于非含聚污水。

由此推测,在实际含聚污水注入过程中,主力吸水层位的渗透率伤害率大于其他所有吸水层,长期注入后,会导致主力吸水层首先出现堵塞伤害,吸水能力必然逐步降低,最终导致主力吸水层吸水困难,渗透率伤害较大,注入压力出现较大上升。而其他吸水层的吸水能力影响幅度远低于主力吸水层,当主力吸水层渗透率伤害增大到一定程度时,主力吸水层的吸水能力逐步弱于其他吸水层甚至不吸水,其他吸水层转变为主力吸水层,此时注水压力进一步增加。长期注入后,注水压力必然会达到注水井最高限压,一旦到达注水压力限压值之后,注入压力无法进一步上升,此时就会出现注入量逐步下降。并且岩心实验表明,流经最大渗透率岩心的流体体积是最小渗透率的 3 倍以上,也即一旦高渗层堵塞之后,注入量会出现较大幅度降低。与含聚污水回注井的吸水剖面变化规律和实际注水情况较为一致。

表 4-15　各注入水对不同级别渗透率储层岩心物性变化实验结果

组号	水质指标/(mg/L)	K_g/mD	V_c/(mL/min)	K_i/mD	K_f/mD	V/mL	I/%	伤害程度
1	水源水 （P: 0/O: 0/SS: 7.3）	553	0.466	110	68	340	38.18	中偏弱
		1829	1.018	396	269	440	32.07	中偏弱
		3189	1.116	699	498	600	28.75	弱
2	含聚注入水 （P: 30/O: 53/SS: 35）	673	0.501	120	73	186	39.16	中偏弱
		1541	0.704	268	120	490	55.23	中偏强
		3058	0.818	305	143	553	53.11	中偏强
3	含聚注入水 （P: 30/O: 30/SS: 18）	645	0.671	145	116	167	20.25	弱
		2019	0.869	296	213	550	28.14	弱
		3305	1.072	354	242	600	31.52	中偏弱

注：P 为产出聚合物浓度，mg/L；O 为油含量，mg/L；SS 为悬浮物浓度，mg/L；V 为注入污水总体积，mL；Δp，驱替压差，MPa。

③ 当含聚污水水质进一步降低时，对相同级别渗透率岩心的伤害程度大幅降低，但伤害规律不会发生变化。因此，含聚污水仍应以控制注水水质为最佳的储层保护手段。

三、含聚污水回注井堵塞范围分析

为真实了解目前含聚污水回注井的注入能力及储层渗流情况，采用试井压力恢复手段测试注水井井底渗流条件并开展深入分析，了解注水井的堵塞范围，为后续措施提供依据。

1. 试井测试结果分析

SZ36-1-M13 井为设计注水井，开发层位为东营组下段 I_u+I_d+II 油组，射孔厚度 66.7m，油层有效厚度 56.7m，4 段优质筛管防砂。2014 年 6 月 3 日新井投注，初期配注 104m³/d，随后动态调配注水量逐渐上升，压力也迅速上升，期间多次因配合周边钻完井停注、减注。至 2015 年 1 月配注量 600m³/d，压力上升至 10MPa，欠注，注水量持续下降。至目前日配注量调整为 340m³/d，继续欠注，实际注水量 192m³/d 左右，井口压力 10MPa，因注水压力高欠注 148m³/d。

2015 年 10 月 20 日至 10 月 26 日对 SZ36-1-M13 井采用存储压力计进行压降测试作业，测试结果（表 4-16、图 4-36）显示：该井井筒储集系数较大且持续时间较长，表皮系数为 8.38，井下有污染，地层渗透率低；地层远端物性变差或流体性质可能发生变化，压力导数曲线后期出现了明显的上翘。主要吸水层为 $I_上$ 的 3 小层和 $I_下$ 的 4.2+5 小层，有效厚度 25.9m。与投注初期注水层有效厚度 56.7m 相比，实际吸水层的厚度大幅降低，说明大部分注水层被堵，导致不吸水。

表 4-16　SZ36-1 油田 M13 井压降测试结果

井储 C	2.03m³/MPa	地层压力 P_i	13.20MPa
表皮 S	8.38	地层系数 K_h	668mD·m
复合半径	61.9 m	渗透率 K	25.8mD

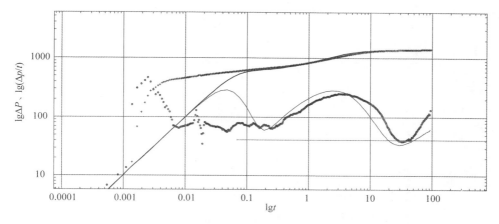

图 4-36　SZ36-1 油田 M13 井关井双对数曲线拟合图
（t 单位为 h；p 单位为 psi）

SZ36-1-M10 井为设计注水井，开发层位为东营组下段 I$_u$+ I$_d$+Ⅱ油组，射孔厚度 70.5m，油层有效厚度 55.9m，四段优质筛管防砂。2014 年 5 月 27 日新井投注，投注初期配注 250m³/d。2015 年 12 月 04 日至 12 月 13 日 SZ36-1-M10 井采用存储压力计进行压力降落测试作业，两支压力计均录取到合格的数据且匹配好，使用下压力计进行分析。本井为 4 个防砂段同时注水，受多层或地层非均质影响，试井特征曲线存在上下波动，曲线较难拟合。该井试井特征曲线表现出远端呈缓慢下降趋势（图 4-37），远井地带的储层物性条件要好于近井地带。有两种可能：①测试井近井地带和远井的储层物性或流体性质可能存在一定差别，复合半径 41.5m；②受外围注水井影响，测试井一定范围内可能存在恒压边界，边界距离在 42m 左右。试井解释的表皮系数为 8.87，井底存在污染；试井解释的渗透率 9.26mD，较低。

2. 堵塞范围模拟计算

油、水井试井测试是获得动态条件下的储层参数，获得的表皮系数是各种因素产生的综合表皮，不是储层污染表皮，不能真实反应储层污染情况[63-66]。因此，在研究过程中根据 M10 井压降测试获得的总表皮 8.87，而分解成各种情况下的表皮，从而真正找到储层的污染表皮。总体上，总表皮系数的表达式为：

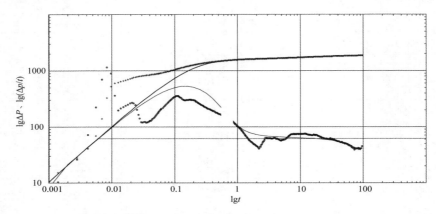

图 4-37　SZ36-1 油田 M10 井关井双对数曲线拟合图
（ t 单位为 h；p 单位为 psi）

$$S_t = S_d + S_{pf} + S_{pT} + S_A + S_\theta + S_{Dq} + S_{grav} + S_{an}$$ （4-2）

式中　　S_t——综合表皮；

　　　S_d——储层伤害表皮系数；

　　　S_{pf}——射孔拟表皮系数；

　　　S_{pT}——部分打开储层造成的拟表皮系数；

　　　S_A——油藏形状拟表皮系数；

　　　S_θ——井斜拟表皮系数；

　　　S_{Dq}——非达西拟表皮系数；

　　S_{grav}——砾石充填拟表皮系数；

　　　S_{an}——环空砾石充填拟表皮系数。

对于 M10 井为优质筛管完井方式，因此不存在 S_{grav}（砾石充填拟表皮系数）及 S_{an}（环空砾石充填拟表皮系数），一般在表皮分解过程中，对非达西拟表皮系数 S_{Dq} 和油藏形状的表皮系数 S_A 考虑较少，在本次综合表皮系数分解过程中不再考虑这两个表皮系数。

（1）井斜拟表皮系数

理想井应该是水平井地层的垂直井，井斜为零，M10 井是井斜为 40.43°，其中水平渗透率与垂直渗透率的比值取经验值 0.8，根据下式求取井斜拟表皮系数。

$$S_\theta = -\left(\frac{\theta'}{41}\right)^{2.06} - \left(\frac{\theta'}{56}\right)^{1.865} \lg\left(\frac{h_D}{100}\right)$$ （4-3）

$$h_D = \frac{h}{r_w} \sqrt{\frac{K_H}{K_V}}$$ （4-4）

$$\theta' = \tan^{-1}\left(\sqrt{\frac{K_V}{K_H}}\tan\theta\right) \tag{4-5}$$

式中　K_H——水平渗透率，μm^2；

　　　K_V——垂直渗透率，μm^2；

　　　θ——井斜角，适用于条件为 $0° \leqslant \theta \leqslant 75°$；

　　　r_w——井半径，m。

（2）部分打开油层造成拟表皮系数

$$S_{pT} = \left(\frac{h}{h_p} - 1\right)\left[\ln\left(\frac{h}{r_w}\right)\left(\frac{K_H}{K_V}\right)\right] \tag{4-6}$$

式中　r_w——井半径，m；

　　　h——油层厚度，m；

　　　h_p——射开厚度，m。

（3）射孔造成拟表皮系数的计算方法

射孔表皮系数可以分解为水平和垂直以及井筒压实带造成的拟表皮系数之和，用以表达整个射孔过程中造成的拟表皮系数。

① 计算水平方向的拟表皮系数 S_H

$$S_H = \ln\left(\frac{r_w}{r_{we}}\right) \tag{4-7}$$

$$r_{we}(\theta) = \begin{cases} \dfrac{1}{4}L_p \text{相位} & \text{相位角}\ \theta = 0° \\ a_\theta(r_w + L_p) & \text{其他} \end{cases} \tag{4-8}$$

式中　r_{we}——有效井半径，m；

　　　r_w——井半径，m；

　　　L_p——射孔孔眼长度，m；

　　　a_θ——取值见表 4-17。

表 4-17　a_θ 的取值表

射孔相位角/(°)	0（360）	180	120	90	60	45
a_θ	0.25	0.5	0.648	0.726	0.813	0.86

② 计算井筒造成拟表皮系数 S_{wb}

$$S_{wb}(\theta) = c_1(\theta)\exp[c_2(\theta)r_{wd}] \tag{4-9}$$

$$r_{wd}=r_w(L_p+r_w) \tag{4-10}$$

式中　r_w——井半径，m；

　　　r_{wd}——污染半径，m；

　　　L_p——射孔孔眼长度，m；

　　　$c_1(\theta)$和$c_2(\theta)$——取值见表4-18。

表 4-18　相位角与 $c_1(\theta)$ 和 $c_2(\theta)$ 之间的关系

相位角/(°)	$c_1(\theta)$	$c_2(\theta)$
0(360)	1.6×10^{-1}	2.675
180	2.6×10^{-2}	4.532
120	6.6×10^{-3}	5.32
90	1.9×10^{-3}	6.155
60	3.0×10^{-4}	7.509
45	4.6×10^{-5}	8.791

③ 计算垂直方向上的拟表皮系数 S_v

$$S_v=10^{\left[a_1\lg\frac{r_pN}{2}\left(1+\sqrt{\frac{K_V}{K_H}}\right)+a_2\right]}\frac{1}{NL_p}\sqrt{\frac{K_H}{K_V}}^{\left[b_1\frac{r_pN}{2}\left(1+\sqrt{\frac{K_V}{K_H}}\right)+b_2-1\right]}\left[\frac{r_pN}{2}\left(1+\sqrt{\frac{K_V}{K_H}}\right)\right]^{\left[b_1\frac{r_pN}{2}\left(1+\sqrt{\frac{K_V}{K_H}}\right)+b_2\right]} \tag{4-11}$$

式中　S_v——综合伤害表皮系数；

　　　N——有效射孔总孔数，孔；

　　　r_p——射孔孔眼半径，m。

a_1、a_2、b_1、b_2 均为与相位角有关的系数，其取值如表4-19所示。

表 4-19　a_1、a_2、b_1、b_2 与相位角的关系

φ/(°)	a_1	a_2	b_1	b_2
0(360)	−2.091	0.0453	5.1313	1.8672
180	−2.025	0.0943	3.0373	1.8115
120	−2.018	0.0634	1.6136	1.7770
90	−1.905	0.1038	1.5674	1.6953
60	−1.898	0.1023	1.3654	1.6490
45	−1.788	0.2398	1.1915	1.6392

④ 射孔压实带拟表皮系数

$$S_d = \frac{h}{L_p N}\left(\frac{K}{K_{dp}} - \frac{K}{K_d}\right)\ln\frac{r_{dp}}{r_p} \qquad (4\text{-}12)$$

因此，射孔造成总表皮系数 S_{pf} 为：

$$S_{pf} = S_V + S_H + S_{wb} + S_d \qquad (4\text{-}13)$$

根据 M10 井实际情况对综合表皮系数分解得到的结果如表 4-20 所示。

表 4-20　M10 井表皮系数分解结果

井号	S_t	S_d	S_θ	S_{pf}	S_{Pt}
M10	8.87	7.79	−1.63	2.41	0.30

根据等值渗流阻力法可知：

$$S = \left(\frac{K_0}{K} - 1\right)\ln\left(\frac{r_d}{r_w}\right) \qquad (4\text{-}14)$$

式中　S——伤害表皮；

　　K_0——储层原始渗透率，mD；

　　K——储层伤害后原始渗透率，mD；

　　r_d——污染半径，m；

　　r_w——井眼半径，m。

根据试井解释成果分解表皮系数得到储层综合伤害表皮系数为 7.79，井眼半径 r_w 为 0.108m，试井测试所得渗透率为渗流流动过程得到的渗透率 9.26mD。绥中 36-1 油田 M 平台主力注水层位天然岩心地层水液测渗透率为 15.21～50.77mD，平均为 36.2mD，将该平均值作为初始渗透率 K_0。根据试井解释成果、表皮系数分解结果、M10 井的具体条件可计算出储层伤害范围在距井筒 2m 左右。

根据渗流力学性质及达西定律可知，当储层条件一定时，注水井注入量与压力差成正比，对于单一生产井或注水井，不能用单向流描述过程，而应考虑径向流动。平面径向流压力主要消耗在井底附近，越靠近井底，渗流面积越小，渗流阻力越大。同样，堵塞越靠近井底，压力消耗越大，注水量降低越快，当堵塞位置逐渐远离井底，注水量将逐渐缓慢降低[67]。

注水井注水过程中在储层中的渗流过程可看作单相不可压缩液体的平面径向流，流动过程认为是稳定流动。根据平面径向渗流的微分方程、单相不可压缩液体平面径向渗流的压力分布公式，计算得到 SZ36-1 油田 M10 井的压降主要消耗在近井筒附近。近井地带对压力最为敏感，在距离近井筒 2m 范围内压力消耗达25%以上。因此，如果注水产生的伤害距离井筒越近则造成的压力降越大，注水量下降速率越快。注水井注水量与注水压差成正比，当注水量出现迅速下降趋势，注水压差必迅速下降。因此，出现典型欠注井注水量变化趋势，影响其注水量变化的堵塞距离应该在井筒 2m 范围，在储层较远端位置也可能存在伤害但不是导致注水量迅速下降的主因。

第四节　含聚污水回注储层保护技术

从水质对储层的堵塞机理可知，含聚污水中粒径大小不一的块状、絮团状、聚集体状、片状、膜状物质是造成储层堵塞的关键因素，这些物质主要是聚合物与注入水中的悬浮物、含油、细菌、结垢物、腐蚀物质等机械杂质相互作用形成的，因此，预防产出聚合物对水中悬浮物等机械杂质的絮凝是含聚污水回注储层保护技术的关键。一方面，在油田注水水质控制指标的指导下，积极探索含聚污水水质达标控制技术，降低水中悬浮物等机械杂质的含量，从而侧面降低水中聚合物絮凝机械杂质形成复杂堵塞物的含量；另一方面，在控制好水质的前提下，确保产出聚合物不对水中悬浮物机杂形成絮凝，或弱化含聚污水中机杂的絮凝成团，可从根本上预防含聚污水回注对储层造成的伤害，是含聚污水回注储层的最佳保护手段。

一、含聚污水水质达标控制技术

注入水水质是造成地层损害的主要外因，主要包括悬浮物浓度、聚合物浓度、含油率、细菌含量、氧气含量、腐蚀率等。要使油田注好水、注足水，关键在于确保现行注水水质符合注水水质控制标准。从目前海上聚驱油田注水水质现状看，含油、悬浮物浓度、总铁、硫酸盐还原菌等主要注水水质指标基本达不到控制标准（图 4-30），这一方面是现行水处理工艺是油田 ODP 阶段设计建造的常规水处理工艺，含聚污水的出现造成了这些设备不适应，部分设备低效运转，使得注水达标处理的难度加大，另一方面是水处理药剂效果有待进一步提高。

（一）改进提高含聚污水关键处理设备效能

1. 斜板除油器存在问题分析及优化改进

油滴聚结有两种方式，一种是碰撞聚结，另一种为浸润聚结。聚结过程中，油滴在迷宫状的通道中经过，不断相互碰撞聚大上升，另外，油滴不断与聚结板的粗糙表面接触，在表面形成一层油膜，这种油膜是形成大油滴的基源。在除油过程中，污水中的悬浮物在斜管区也得到了充分上浮分离。

影响来水除油效率的参数有：油滴大小分布、乳化液的稳定性、原油特性、流量波动、压力波动、化学添加剂。来液在斜板除油器中的流动为层流，Stoke's定律陈述了油滴直径的平方与上升速率的关系：

$$V_r = gd^2(\rho_w - \rho_o)/18\eta \tag{4-15}$$

式中　V_r——油滴上升速率；

　　　g——重力加速度；

　　　ρ_w——水密度；

　　　ρ_o——油密度；

　　　d——油滴直径；

　　　η——水的黏度。

从Stoke's定律可以看出油滴大小对油滴在水中上升速率的影响最大。油在污水中一般分为四种形态：浮油、分散油、乳化油、溶解油。采油污水中一般90%左右的油是以粒径大于100μm的浮油和10~100μm的分散油形式存在，由于油滴直径大能快速上升到表面。另外10%主要是0.1~10μm的乳化油，分散在水中以稳定的状态存在，由于其直径小，上升到表面的速度慢。乳化油可归为两类：机械乳化和化学乳化。机械乳化油通过泵、大压差产生；化学乳化通过水垢和阻蚀剂、生物杀灭剂和化学药剂如絮凝剂或混凝剂相互作用产生。小于0.1μm的溶解油含量很低，也很难除去。因此，油滴大小分布是影响油水分离器设计的重要因素之一。

作为污水处理系统的第一级处理设备，斜板除油器起着重要的作用。但是随着生产的延续，特别是含聚污水的产出，各聚驱油田斜板除油器中堆积了大量含聚油泥，其收油槽和收油管线（原设计坡度较小）被堵塞，严重影响斜板除油器的正常收油，导致污水处理效率逐渐变差。

目前绥中36-1CEPK平台斜板存在的问题主要是：①斜板除油器顶部含聚污油泥多，排泥不畅。原设计的收油管线管径较小，坡度也较小，由于含聚污油泥流动性差，造成设备收油困难。②含聚污油进入污油罐后，容易堵塞污油泵滤网。

目前绥中36-1-CEP平台斜板存在的问题是：①内部填料为玻璃钢材质波纹板，填料不同程度破损，塌陷，且内部滤料覆盖较多的污油和污泥，影响其处理效果；②罐内的波纹板清水室内的油不容易收走；③随着返聚的增加，含聚污油泥的排出量也会急剧增加。

旅大10-1油田目前共有斜板除油器4台，主要存在问题为：①斜板除油器采用频繁收油方式（次/10min），以保证斜板出口水质。②设备投运之初即需改造，新增斜板除油器2011年投入使用，内部填料为不锈钢波纹板填料，波纹板排列与水平呈60°夹角布置。投用前对斜板内部进行了改造，增加了纵向的收油槽（见图4-38）。③斜板除油器的除油效果有待提升。由于斜板除油器为污水系统中第一级的污水处理设备，斜板除油器除油效果的提升可降低污水系统后几级的处理压力。

纵向收油槽

图4-38　旅大10-1油田新增斜板除油器内部增加的纵向收油槽

综上所述，斜板除油器存在的共性问题为：①顶部含聚污油多，设备原收油管线管径、坡度均较小，造成设备收油困难。②底部无有效的排泥措施，排泥不畅。污油泥的大量堆积，严重影响了处理效果。③大量含聚污油进入后续设备，产生严重的堵塞现象，带来了频繁的清淤工作。

图4-39所示为旅大10-1油田除油器内部结构简图，该设备主要由罐体、入口波纹板、波纹孔板、锯齿状收油堰板、冲砂管线等组成。对于平板或波纹板重力分离流动系统，流量与有效分离面积和污水通过除油器的水平速度成正比。目

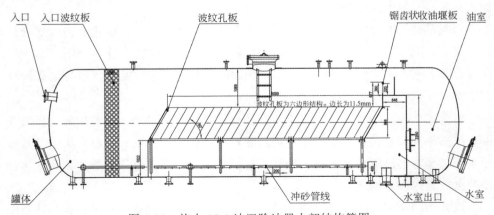

入口　入口波纹板　波纹孔板　锯齿状收油堰板　油室

波纹孔板为六边形结构，边长为11.5mm

罐体　冲砂管线　水室出口　水室

图4-39　旅大10-1油田除油器内部结构简图

前目标油田（绥中 36-1、旅大 10-1 及锦州 9-3 油田）除油器主要由入口波纹板、60°倾角的波纹孔板、锯齿状收油堰板、冲砂管线等组成，应用于含聚污水处理中出现的问题是：①斜板除油器顶部含聚污油多，原设计的收油管线管径较小，坡度也较小，由于含聚污油泥流动性差，造成设备收油困难；②底部无有效的排泥措施，排泥不畅，污油泥的大量堆积，严重影响了处理效果；③大量含聚污油进入后续设备，产生严重的堵塞现象，带来了频繁的清淤工作。

产生这些问题的主要原因是：①波纹孔板倾角较小，相同大小的除油器斜板倾角越小，分离面积越小，处理量也越小，除油效率也会降低；②含聚油泥流动性差，顶部锯齿状收油堰板以及底部的冲砂管线难以除去黏稠状含聚油泥，设备内部污油污泥无辅助清理机构，不能定期顺畅清理，势必导致排泥不畅，收油困难，长期大量堆积，甚至产生内部填料破损与塌陷现象，最终导致设备失效。

针对除油器目前存在的问题，优化设计了图 4-40 所示的结构形式。

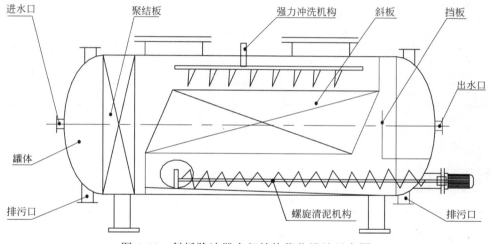

图 4-40　斜板除油器内部结构优化设计示意图

（1）将波纹孔板原 60°倾角改为斜管 65°倾角，分离面积增大，既提高处理能力，又有利于污泥的排除。

对于平板或波纹板重力分离流动系统，流量与有效分离面积、污水通过除油器的水平速度成正比。由于含聚污水污泥量大，因此，斜管的设计决定了分离效果的好坏，它直接影响到工艺的正常运转和处理后的水质。斜管倾角大，沉淀物就会沿着管壁快速滑下和浓集，最后离开斜管到罐底部，浓集颗粒重力越大，分离越快。

（2）在分离室顶部增加强力冲洗机构，及时冲刷黏附在罐壁的含聚污油，保障收油管线收油通畅；在罐体底部增加螺旋清泥机构，彻底刮掉、输出罐体底部油泥。

该装置结构技术特点：

① 整机运行自动控制，采用压力流程，有利于排油及排泥；

② 本装置顶部设有强力冲洗机构，可以定期对斜板上沉积污油泥彻底冲洗，并及时从收油包排出；

③ 装置底部的螺旋清泥机构，可以有效避免污泥的淤积，定期顺畅排出。

对于黏度较大、含油乳化程度高的含聚生产水，斜板除油器内部结构应在聚结板的材料、角度和间距布置上进行优化，并增加斜板除油器内部浮油聚集死角处的排污管线，以期达到最大程度的除油率。表 4-21 是绥中 36-1 油田 CEP 平台斜板除油器内部结构优化和聚结板材料更换后对含聚污水的除油效果对比。可以看出，改进的斜板除油器对于含聚污水的除油率可达到 85%～90%左右，能够有效地降低含聚生产水中的含油量。

表 4-21　绥中 36-1 油田 CEP 平台斜板除油器含油检测数值　单位：mg/L

时间 （改造前）	斜板除油器 入口含油	斜板除油器 出口含油	时间 （改造后）	斜板除油器 入口含油	斜板除油器 出口含油
1	594	132	7	610	67
2	575	102	8	578	60
3	624	143	9	594	57
4	615	132	10	601	68
5	644	151	11	551	68
6	610	143	12	570	66

2．气浮装置存在问题分析及优化改进

气浮法是固液分离或液液分离的一种技术，利用高度分散的微小气泡作为载体黏附于废水中的悬浮污染物，使其浮力大于重力和阻力，从而使污染物上浮至水面，形成泡沫，然后用刮渣设备自水面刮除泡沫。气浮法主要用于从废水中去除相对密度小于 1 的悬浮物、油类和脂肪等，油水分离效率很高，对于去除胶态油与乳化油具有较好的作用。目前广泛应用于含油废水的处理。

依照产生微气泡方式的不同，气浮装置可分为电解气浮装置、布气气浮装置、生化气浮装置、离子气浮装置和溶气气浮装置等。气浮法常用的气体有空气、CO_2、N_2 和天然气。采用天然气可避免氧气在水中的溶解和氧气对气浮室及后续设备的

腐蚀。气浮装置多种多样，结构各有其优缺点。

国内油田目前采用有诱导气浮和溶气式气浮两种除油技术。溶气式气浮适用于水温较低的水处理场所；加压溶气式气浮选法是在一定压力下，将天然气溶入水中，并使其达到指定压力状态的饱和值，然后将过饱和液体突然降至常压，这时溶解在水中的天然气即以非常细微的气泡释放出来。这些数量众多的细微气泡与预处理污水中呈悬浮状态的油滴和颗粒产生黏附作用，形成许多夹带着无数细微气泡的悬浮体，它们的密度小于水，因而产生上浮作用浮于水面之上而除去。

影响气浮处理效果的主要因素有气泡的性质、颗粒物的性质、气泡和颗粒物的相互作用等。气泡与颗粒物的相互作用分为碰撞、黏附与分离3个过程，碰撞主要由颗粒与气泡的物理性质及其周围的水力学条件决定；黏附是颗粒与气泡间液膜变薄与破裂的过程，由此形成稳定的接触湿周（流体与固体壁面的接触长度称为湿周）来维持聚集体的稳定。固定颗粒在气泡表面的吸附（碰撞和黏附）是气浮过程中最重要的步骤，取决于颗粒与气泡表面的物理化学性质。

图 4-41 为气泡与颗粒物相互作用的三区作用模型。区域 1 是液相主体区。该区域的主要作用力是水流动力。在惯性力和重力的共同作用下，悬浮颗粒物沿流线向气泡表面运动，液流黏性对该运动施以阻力。区域 2 是剪切力区。运动气泡周围的水流剪切力使气泡上表面吸附的颗粒物向其下半部移动，颗粒物或者吸附粒子因其性质不同而不均匀地分布在气泡表面。区域 2 颗粒的运动还受扩散与电场力的影响，朝向气泡表面吸引

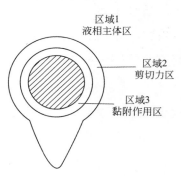

图 4-41　气泡表面作用区分类

或排斥。在区域 1 和区域 2 中，颗粒与气泡的相互作用属于碰撞过程，对于胶体颗粒，扩散与电场力的作用大于重力与惯性力的作用。区域 3 是黏附作用区。一旦液膜厚度降低到几百纳米以下，表面力将会在碰撞过程中起主导作用。从热力学角度而言，液膜一旦形成，其自由能将有异于主体自由能，多出的自由能称作分离压力，代表液膜内部压力与液相主体压力之差。通过对气泡周围流场的分析，可将气泡与胶体颗粒的相互作用分为以下 3 个子过程：①碰撞过程，两者近距离相遇；②稳定黏附过程，指液膜的排除与破裂，三相接触线扩展形成稳定的接触湿周；③如果剪切力超过黏附力，则会发生气泡颗粒聚集体的分离，胶体颗粒能否被气浮去除的条件在与气泡的相互碰撞过程中，能否形成稳定的三相接触，这主要受颗粒物的动能影响。

根据以上理论分析，一方面，全溶气气浮系统中，由于气泡和絮体颗粒在呈

素流气浮状态的泵体内接触碰撞，因此两者之间的碰撞机会最多，有利于气泡和絮体颗粒间的黏附，而回流加压溶气气浮系统中絮体颗粒和气泡在气浮池中同向推流接触，碰撞次数最少；另一方面，对于已在絮凝阶段形成的良好絮体颗粒来说，内部水流呈素流状态的气液混合泵对絮体颗粒的剪切力最大，并且剪切力超过了絮体颗粒和气泡的黏附力，使形成的气粒聚集体重新分离，而回流加压溶气式气浮系统仅对气浮出水回流加压，对絮体颗粒没有干扰，水流剪切力对絮体颗粒和气泡的黏附力影响最小。

悬浮颗粒与气泡黏附的原理：水中悬浮固体颗粒能否与气泡黏附主要取决于颗粒表面的性质。颗粒表面易被水湿润，该颗粒属亲水性；如不易被水湿润，属疏水性。亲水性与疏水性可用气、液、固三相接触时形成的接触角大小来解释。在气、液、固三相接触时，固、液界面张力线和气液张力线之间的夹角称为湿润接触角以 θ 表示。为了便于讨论，气、液、固体颗粒三相分别用 1、2、3 表示。

如图 4-42 所示，如果 $\theta<90°$ 为亲水性颗粒，不易与气泡黏附，$\theta>90°$ 为疏水性颗粒，易于与气泡黏附。在气、液、固相接触时，三个界面张力总是平衡的。以 σ 表示界面张力有：

$$\sigma_{1,3} = \sigma_{1,2}\cos(180°-\theta)+\sigma_{2,3} \tag{4-16}$$

式中　　$\sigma_{1,3}$——水、固界面张力；

$\sigma_{1,2}$——液、气界面张力；

$\sigma_{2,3}$——气、固界面张力；

θ——接触角。

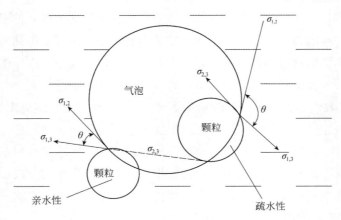

图 4-42　亲水性和疏水性物质的接触

水中气泡与颗粒黏附之前单位界面面积上的界面能为 $W_1=\sigma_{1,3}+\sigma_{1,2}$，而黏附后则减为 $W_2=\sigma_{2,3}$，界面能减少的数值为：

$$\Delta W=W_1-W_2=\sigma_{1,3}+\sigma_{1,2}-\sigma_{2,3} \tag{4-17}$$

将式（4-16）代入式（4-17）得：

$$\Delta W=\sigma_{1,2}(1-\cos\theta) \tag{4-18}$$

亲水性和疏水性物质的接触，当 $\theta\to0°$ 即颗粒完全被水湿润，$\cos\theta\to1$，$\Delta W\to0$，颗粒不与气泡黏附，就不宜用气浮法处理；当 $\theta\to180°$，颗粒完全不被水湿润；$\cos\theta\to-1$，$\Delta W\to2\sigma_{1,2}$，颗粒易于与气泡黏附，宜于气浮法处理。此外，如 $\sigma_{1,2}$ 很小，ΔW 亦小，也不利于气泡与颗粒的黏附。

生产实践表明，气浮不仅在除色、去浊上优于沉淀池，而且在降低污染水的 COD 以及提取氧等方面都显出极其独特的优点。

为确保气浮法最佳的效果，可以通过投加化学药剂促进气浮作用。其促进作用表现在：①投加表面活性剂维持泡沫的稳定性；②利用混凝剂脱稳，以油粒为例，表面活性物质的非极性端吸附于油粒上，极性端则伸向水中，极性端在水中电离，使油粒被包围了一层负电荷，产生了双电层现象，增大了 ζ-电位，不仅阻碍油粒兼并，也影响抽粒与气泡黏附；③投加浮选剂改变颗粒表面性质。

三个聚驱油田目前共有多台加气浮选器在运行，其中，绥中 36-1 油田 CEPK 平台加气浮选器目前存在的问题主要是没有加入合适的浮选剂，除油仅靠气体上浮和旋转分离的作用，效率难以提高，且除油效果易波动，处理效果有待提高。同时，机械收油频繁造成污油罐进液增多。

绥中 36-1 油田 CEP 平台加气浮选器目前存在的问题主要是：①气浮目前因曝气头堵塞，没有明显处理效果，进出口水质基本相同，气浮处理效果还有待进一步提高。之前采用空气气浮，当采用空气时将提高污水中的氧含量，加大设备的腐蚀速率。②气浮底部的气泡释放器堵塞，影响气泡的释放，以及回流泵渗漏漏水等原因，目前已经停止回流和曝气，气浮罐相当于沉降罐，并且改为敞开式操作。③气浮顶部含聚污油泥易聚集，流动性差，造成顶部收油困难，目前基本靠人工收油。④气浮的含聚污油泥排入开排，再通过闭排流入流程，造成部分含聚污泥内部循环，无法及时排出流程。

旅大 10-1 油田加气浮选器目前存在的问题主要是气浮并未进行曝气，气浮内部积聚有大量污油泥，仅作为沉降罐在使用。

综上分析可知，目标油田（绥中 36-1 油田及旅大 10-1 油田）在用气浮设备结构的研究表明压力溶气气浮法净水存在几个问题：一是压力溶气相对能耗较大；二是溶气水量的加入增大了气浮池内的水力负荷，给分离带来困难；此外，气浮目前没有加入合适的浮选剂，对于黏度较大的含聚污水除油仅靠气体上浮和旋转分离的作用，效率难以提高，且除油效果易波动，处理效果有待提高。同时，机械收油频繁造成污油罐进液增多。

绥中 36-1-CEPK 平台每个加气浮选器撬由 1 台加气浮选器、3 台溶气瓶和 3 台回流泵组成，并且在加气浮选器上安装有 1 台刮渣机，还设有监控仪表和各进出管线等附件。图 4-43 为绥中 36-1 油田 CEPK 平台加气浮选器内部结构简图。该设备主要由液体进口、诱导气管线、文丘里管、循环泵、循环管线、油桶、入口转向板、油相出口、水相出口等组成。

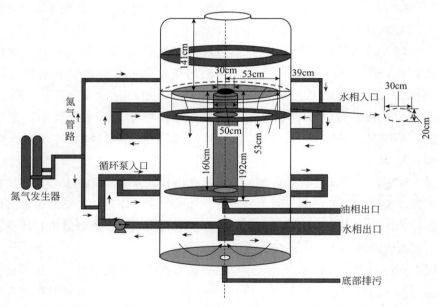

图 4-43 绥中 36-1 油田 CEPK 平台加气浮选内部结构简图

图 4-44 为绥中 36-1 油田 CEP 平台的加气浮选器内部结构示意图。该设备主要由入口管、入口波纹板、收油管、曝气管等组成。该设备目前存在问题：没有添加合适的浮选剂，除油仅靠气体上浮作用，处理效率较低。

图 4-45 为旅大 10-1 油田三期平台新增浮选器内部结构简图。该设备主要由进水口、收油槽、溶气释放器、气浮泵供水口、水室出口等组成。该设备目前存在的问题：没有添加合适的浮选剂，除油仅靠气体上浮作用，处理效率较低。

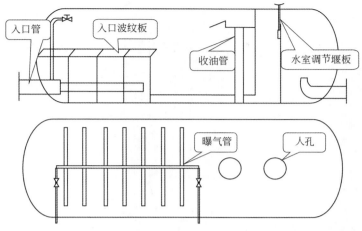

图 4-44　绥中 36-1 油田 CEP 平台的加气浮选器内部结构示意图

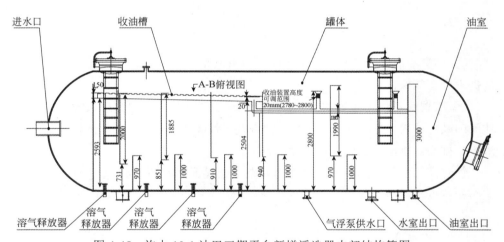

图 4-45　旅大 10-1 油田三期平台新增浮选器内部结构简图

解决上述问题的理想办法是：①增加浮选剂加药口，优选合适的浮选药剂，增加浮选剂与原液充分混合的时间和空间，使油、水及悬浮物迅速分离；②增加集油筒，避免频繁排油；③研制直接产生微气泡的布气装置，通过该装置将气体切割成稳定、微细、密集的微气泡群，从而极大限度地降低能耗，而且不会增加气浮池容积。

针对立式加气浮选器目前存在的问题，建议采用如图 4-46 所示的结构形式。该设备主要由原液与浮选剂入口、进气口、气体释放器、出水口、混合室、集油筒、排油口等组成，其技术特点是：

① 整机运行自动控制，采用压力流程，可以定期排油排泥；

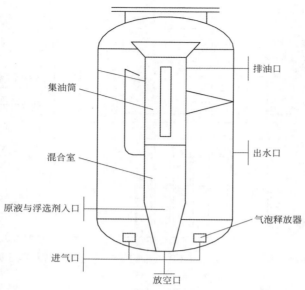

图 4-46　立式气浮装置内部结构优化设计简图

② 装置设有混合反应室，使浮选剂与原液充分混合絮凝，为下一步的气浮分离提供了有效保证；

③ 装置底部均匀布置的防堵塞型气泡减压释放器，将来自气罐的大量压缩气体瞬间减压释放，携带污水中的细小油滴及悬浮物不断上浮，至收油筒顶部聚并，最终从排油口排出，达到净化水体的目的。

针对卧式加气浮选器目前存在的问题，建议采用如图 4-47 所示的结构形式。该结构特点是：

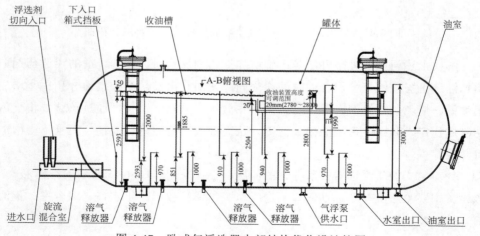

图 4-47　卧式气浮选器内部结构优化设计简图

① 该设备在原旅大 10-1 油田三期平台新增浮选器结构的基础上将进水口由中间部位改在罐体下方，增加下入口箱式挡板。

从 5.1.3 节五种入口构件内流场的对比分析知道下孔箱式入口构件的流动特性最好，它不仅为分离流场提供了均布而稳定的流动条件，而且也提供了水洗及剪切破乳的功能，对油水的预分离有极大的帮助。

② 增加浮选剂切向入口、旋流混合室等。

浮选剂从进水口切向进入形成旋流，在混合室内与来液充分接触，有助于进一步气浮分离。

3. 过滤装置问题分析及优化改进

核桃壳滤料具有亲水疏油性、吸附截污能力强、除油效率高、耐磨性好、硬度高、抗压能力强等优点。对采油废水可实现高速（20～30m³/h）的过滤处理。而较低的颗粒密度（$1.25 \times 10^3 kg/m^3$）易于进行水力反冲洗，且反冲洗强度较低，再生效果好。

绥中 36-1 油田 CEPK 平台核桃壳过滤器存在的问题主要是：①由于来水含油的波动较大，入口含油超标，滤料容易受到污染，达不到过滤效果，需要加强过滤器运行参数的控制，同时反冲洗效果还需要进一步提升；②反冲洗时截留的聚合物通过污水罐进入开排罐，开排罐 2 个月左右即需清理一次；③后续注水缓冲罐杂质较多，收油管线不通畅（罐内收油槽出口处），容易造成二次污染。

绥中 36-1 油田 CEP 平台核桃壳过滤器共 10 台，并联运行。平时 6 用 4 备，平均每台核桃壳处理量在 85m³/h，滤料大约每年更换一次。过滤器的滤料采用双层滤料有机级配，总层高为 1500mm。上层为核桃壳滤料，高度为 1100mm，密度为 1.23g/cm³，粒径为 1.6～2.0mm。下层为优质金刚砂，高度为 400mm，密度为 4.35 g/cm³，粒径为 0.5～0.8mm。A、B、C、D、E、F 过滤器的底部采取平行筛管结构，G、H、I、J 过滤器的底部采用筛板结构。目前存在的问题是核桃壳过滤器进行部分罐的滤料更换，更换滤料后，处理效果明显得到改善，但由于前面气浮设备处理效果差，造成核桃壳过滤器入口含油较高，核桃壳滤料很容易受到污染。

旅大 10-1 油田 CEP 平台共有核桃壳过滤器 6 台，每天进行一次反洗。目前存在的问题是：①入口含油超标，滤料容易受到污染，达不到设计的过滤效果，需要加强过滤器运行参数的控制，同时反冲洗效果还需要进一步提升；②核桃壳过滤器前一级气浮的处理效果有待提升，以保证核桃壳入口含油达到设计标准值，从而提高核桃壳处理效果。

近年来，随着聚合物驱采油的发展，聚合物的作用使部分微小的悬浮物与油滴在滤层内部结合，使油滴粒径逐步变大，即粗粒化作用，水体黏度增加，油污与滤料之间的黏附力也加大，致使大量的悬浮物与油滴在短时间内一起吸附在滤料表层。黏附有油污和悬浮物的滤料密度变小。根据 Ergun 理论，滤层膨胀高度与滤料密度成反比，即：

$$L_e \propto \frac{u}{\rho_s} \tag{4-19}$$

式中　L_e——滤料的膨胀高度，m；

　　　ρ_s——滤料密度，kg/m^3；

　　　u——反冲洗速率，m/s。

从式（4-19）可以看出，在维持原反冲洗强度下，ρ_s减小，将导致滤料膨胀高度L_e加大。启动搅拌系统后，增加了滤料轴向上升的速度，在这两种因素的影响下，滤料膨化率急剧升高。黏附有杂质的相对密度较小的滤料在没有阻挡的情况下进入布水筛管和罐顶死角，黏附在布水筛管上，导致反冲洗压力由开始阶段的 0.08MPa 迅速升高到 0.5MPa，反冲洗水量则迅速降低到 0，这种情况随水中聚合物的增加而变得愈发严重，从而影响反冲洗效果，使滤料无法实现再生，出现水质恶化。

改进措施：

（1）结构改造

为了解决反冲洗过程中滤料膨化严重、反冲洗整压、滤料漏失及再生困难等问题，对原有过滤器结构进行改造：①在原有过滤器反冲洗出口增加防护筛板，采用机械截流的方法，防止滤料膨化冲出过滤器；②在过滤中层增加反洗装置，冲洗彻底，有效防止滤料板结。

在结构改造的基础上，改进搅拌系统，通过改变桨叶的结构、方向、角度及位置，改变流场方向，使桨叶位于滤料之下，增加滤料间的摩擦，促进滤料的再生。

（2）反冲洗方式的选择

为了强化反冲洗效果，可以将反冲洗分为启动、搅拌和水冲三个阶段。

启动阶段，打开反冲洗进水阀和出水阀来液进入滤层。随着反冲洗水流速度的提高，开始流化。滤料的完全流化需要提供最小的流化冲洗流速，该流速可根据 Ergun 理论进行推导，按式（4-20）计算：

$$M_{mf} = \frac{(\psi D)^2 g(\rho_s - \rho_w)}{150\mu} \times \frac{\varepsilon_{mf}^3}{1 - \varepsilon_{mf}} \tag{4-20}$$

式中　M_{mf}——最小流化态的冲洗流速，m/s；

D——滤料直径，mm；

ψ——形状系数；

g——重力加速度，m/s^2；

ρ_s——滤料密度，kg/m^3；

ρ_w——水的密度，kg/m^3；

ε_{mf}——最小流化态滤料孔隙率；

μ——水的动力黏度，Pa·s。

为了能够使滤料完全流化且防止滤料流失，反冲洗强度可根据最小流化态的流速按式（4-21）确定：

$$q=10kM_{mf} \tag{4-21}$$

式中　q——反冲洗强度，L/(s·m^2)；

　　　k——安全系数，均质滤料取 $k=1.3$。

搅拌阶段，滤料完全膨化，关闭进水阀和出水阀，启动搅拌桨，既减小了启动阻力对搅拌轴的破坏，同时又能使滤料在短时间内开始悬浮运动，减少搅拌死角，增加滤料的碰撞机会，从而加大滤料间的碰撞冲击力。滤料处于完全悬浮状态，可根据式（4-22）Zwietering 公式计算：

$$N_c=Kd^{-0.85}D^{0.2}X^{0.13}\gamma^{0.1}\left|g\frac{\rho_s-\rho_w}{\rho_w}\right|^{0.45} \tag{4-22}$$

式中　N_c——完全悬浮临界转速，r/min；

　　　K——常数，与搅拌器形式有关；

　　　X——固液质量比，%；

　　　γ——液体运动黏度，m^2/s；

　　　d——搅拌器直径，m。

根据实际经验确定反冲洗转速的计算方法如式（4-23）：

$$N_{co}=k_cN_c \tag{4-23}$$

式中　N_{co}——最佳转速，r/min；

　　　k_c——经验系数，取 $k_c=2.5\sim3$。

水冲阶段，关闭搅拌器，打开进水和出水阀。在水流剪切作用下，杂质进一步脱附，并随着水流一起排出罐外，实现滤料再生。为了保证反洗效果，需要保持较高的反冲洗强度。提高反冲洗强度后，滤料孔隙率与反冲洗水流速度之间的关系见式（4-24）。

$$u = \frac{(\psi D)^2 g(\rho_s - \rho_w)}{150\mu} \times \frac{\varepsilon_3^3}{1 - \varepsilon_e} \qquad (4\text{-}24)$$

式中　u——反冲洗水流速，m/s；

　　　ε_e——膨化后滤料孔隙率。

滤料理论膨胀高度与滤料孔隙率直接相关，可按式（4-25）计算：

$$L_e = L\frac{1 - \varepsilon}{1 - \varepsilon_e} \qquad (4\text{-}25)$$

式中　L——原滤料高度，m；

　　　ε——原滤料孔隙率。

综上所述，滤料再生就是通过滤料的摩擦、碰撞将黏附在滤料上的油和悬浮物清洗下来，再在高速水流作用下排出罐外，实现滤料的再生。

目标油田在用过滤器包括核桃壳过滤器、双介质过滤器结构的研究表明，常规污水过滤器应用于含聚污水处理存在两个问题：①来水含油波动较大，入口含油经常超标，滤料容易受到污染，达不到过滤效果；②滤料漏失严重。

解决上述问题的理想办法是：应当优化滤料选择，同时在滤器反洗时增加反洗时间和反洗强度，并选择在反洗水管线上增加清洗剂的化学药剂注入，增强水反洗时对黏附在滤料上的聚合物的脱除。

图 4-48 所示为目标油田在用核桃壳过滤器内部结构简图，该设备主要由搅拌系统、上布水筛管体、核桃壳滤料、下集水筛管体等组成。绥中 36-1 油田 CEP 平台目前核桃壳过滤器共 10 台，并联运行。平时 6 用 4 备，平均每台核桃壳处理量在 85m³/h，滤料大约每年更换一次。过滤器的滤料采用双层滤料有机级配，过滤器的顶部有采取平行筛管，也有采取放射状筛管。锦州 9-3 油田 CEP 平台核桃壳过滤器为 2 用 1 备，滤料根据现场情况，一年更换一次或两次。上述设备目前存在的问题主要为：①来水含油波动较大，入口含油经常超标，滤料容易受到污染，达不到过滤效果；②滤料漏失严重；③反洗效果不佳，导致滤料污染严重，频繁更换。

分析其原因主要为：①设备内部集、布水系统的活动连接密封处可靠性差，造成滤料大量漏失，设备对含油波动抵抗力低；②滤料反洗不彻底，不能充分保证反洗效果，最终导致滤料的频繁更换。

针对现有核桃壳过滤器存在问题，设计采用如图 4-49 所示的结构形式。该设备主要由上布水筛管体、中间筛管体、集水筛管体、排油口、排污口、喷射系统、中间喷射进口、滤料等组成，其结构特点是：不同级配的多层介质分层填装，确保出水精度；辐射式布水，鱼翅式集水，保证了滤层的稳定性；凹凸式筛管连接，

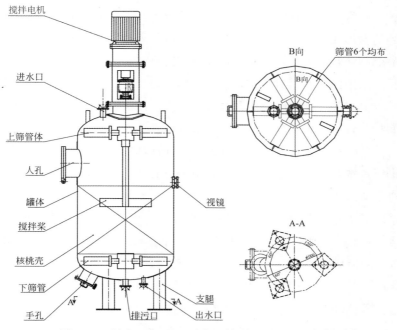

图 4-48　绥中 36-1CEP 平台、锦州 9-3CEP 平台及
旅大 10-1 油田核桃壳过滤器内部结构简图

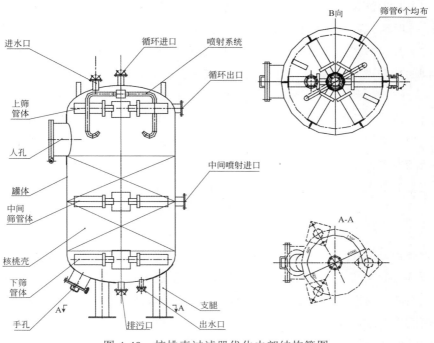

图 4-49　核桃壳过滤器优化内部结构简图

楔形不锈钢筛管内衬孔管结构，增加了筛管强度，避免滤料漏失以及设备憋压或受压引起的变形或垮塌，提高了集、布水系统的寿命。滤料反洗方式上采用搓洗与旋流喷射相结合的方式，首先通过搓洗使污染严重的表层滤料快速松动，与此同时，反洗水由滤层不同部位进入，经环向喷射系统，产生旋流，水流沿滤床深度方向形成适宜的速度梯度，达到对滤床的充分冲洗，避免清洗死角的产生，可以实现滤料的有效彻底反洗。确保过滤水质和滤料寿命。

优化后的核桃壳过滤器具有较强的抗含油波动能力和充分的反洗措施，实现滤料的彻底清洗，可以避免滤料的频繁更换，有效延长其使用寿命，改善处理效果，促进水质的达标。

通过详细排查现场关键水处理设备问题发现，目前含聚污水处理的三级关键处理设备运行效能由高到低依次为斜板除油器>核桃壳过滤器>加气浮选器，同时各级设备的处理效能均不稳定，都存在明显的波动现象，建议积极维保和优化改进各级处理设备，确保设备处理效能的稳定，避免抖升抖降，影响设备性能和注水水质。

（二）提高药剂配伍性及优化加药方式

1. 海上聚合物驱油田加药方式存在问题分析

三个注聚油田化学药剂加药情况分别见表 4-17，由表中数据可以看出：

（1）目前注聚油田使用的化学药剂种类主要是破乳剂、消泡剂、清水剂、缓蚀剂、防垢剂、杀菌剂等几种类型，且不同油田所用的药剂类型及浓度差异较大。

（2）加药方式主要是同一注入点同时加入了多种类型药剂，同一药剂也注入到不同的加药点。这种紧凑的化学药剂加药方式在实际应用过程中存在诸多问题：

① 化学药剂注入点多集中在油水管汇顶部区域，药剂注入管汇后，靠液流摩擦携带、流体紊流扰动或油气混合扰动等作用，实现药剂在油水管汇中与流体的混合，混合方式单一，无法实现药剂与流体的快速充分混合，达不到最佳溶解效果，药剂发挥作用的反应时间延长，也即药剂效能无法快速释放，一定程度上影响了正常的油水处理效果。

② 化学药剂注入油水管汇中，在注入点附近无法快速溶解混合，形成药剂局部高浓度区，多个注入点则形成多个药剂聚集区（见图 4-50）。而目前化学药剂注入点间距一般在 20~25cm，多种类型的化学药剂在注入点附近必然互相干扰，如果药剂之间互相不配伍，则有可能在加药点附近相互反应，生成大量沉淀，影响药剂性能正常发挥，严重者反而污染水质。药剂之间的相互干扰，必然需要更多的药剂用量才能发挥正常的油水处理效果，这也是海上油气田化学药剂加药浓度高于陆地油田的原因之一，致使化学药剂用量逐年上升，油水处理成本增大。

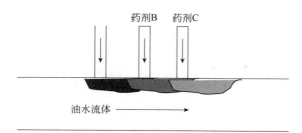

图 4-50　海上油气田化学药剂加药方式示意简图

③ 药剂注入点及附近的管汇长时间接触高浓度的药剂液体，使这一部位更加容易腐蚀刺漏，主要受化学药剂注入点焊接方式、连接点金属材质变化、化学药剂本身 pH 值影响。渤海多个油气处理平台上曾多次发生破乳剂、清水剂、杀菌剂和其他水处理药剂在药剂注入点处发生过不同程度的腐蚀导致管线泄漏的情况。尤其是当油、气管线发生泄漏时，轻则需要停产影响油气产量，重则影响生产安全。化学药剂注入点发生刺漏后，多数流程管段（原油管汇或高含油污水管汇）无法在线隔离补焊或堵漏，只能停产后将管线放空以便堵漏工作的进行，进而影响油田产量和油水井生产时率。表 4-22 为绥中 36-1 油田 Ⅱ 期平台化学药剂注入情况。

表 4-22　绥中 36-1 油田 Ⅱ 期平台化学药剂注入情况

平台	加注点	药剂名称	加药浓度/(mg/L)
SZ36-1-CEP	斜板入口	清水剂（BHQ-10）	85
		缓蚀剂（BHDH-02）	15
		防垢剂（BHDF-04）	15
	核桃壳入口	二氧化氯	10
	水源水系统	缓蚀剂/杀菌剂	32
SZ36-1-CEPK	一级分离器入口	破乳剂（BH-33）	102.95
		消泡剂（BHX-03）	29.76
		清水剂（BHQ-10）	53.71
	斜板入口	清水剂（BHQ-04）	328.58
		缓蚀剂（BHDH-02）	28.57
		防垢剂（BHDF-04）	28.57
	气浮入口	杀菌剂（BHDS-01）	84.06
LD10-1	斜板除油器入口	清水剂 BHQ-402	191
		缓蚀剂 BHH-08	74
		防垢剂 BHF-04	80
		杀菌剂 BHDS-01	50

2. 产出聚合物与水处理药剂共同作用对水质的影响规律

为使油田污水在回注前达到各项指标，添加各种药剂（清水剂、缓蚀剂、防垢剂、杀菌剂和气浮选剂）必不可少。大量资料报道，污水处理过程中伴随着固含量增加而阻垢缓蚀效果下降的情况。分析其原因有二：一是可能由于污水中含有一定量黏度强且分子量较大的聚合物（HPAM），与各种注入药剂间发生物理化学变化，导致絮团产生；二是随着注入各种药剂量的累增，药剂间发生凝结，致使药效减弱，污水处理不达标。

根据现场污水处理流程，分别研究了不同加药情况下，聚合物对悬浮物含量的影响规律。其中，所有药剂加药量均与现场一致，聚合物为 HPAM，其分子量为 28 万。其结果如表 4-23 所示。在单一清水剂加药情况下，污水中悬浮物浓度随聚合物浓度的增大而增大，同时多种药剂的加入进一步增加了悬浮物含量，说明药剂之间相互的物理、化学作用将显著影响水质。现场工艺流程中，缓蚀剂、防垢剂及杀菌剂加药口过于靠近，造成药剂之间以较大浓度相互混合，可能产生更为强烈的物理及化学作用，造成水质更为严重的恶化。为此，首先将含聚污水精细过滤（滤膜孔径 0.45μm），加入现场加药浓度下的各种处理药剂。然后在此基础上，在不改变污水含聚浓度的前提下，成倍扩大现场药剂加量，测试悬浮物的变化规律。实验结果见表 4-24，随药剂量的成倍增加，出现大量白色不溶物，固含量也随之显著增大。同时多种高浓度药剂协同作用产生大量悬浮物，严重恶

表 4-23　不同含聚浓度污水加入水处理药剂后水质测定结果

聚合物浓度/(mg/L)	固含量/(mg/L)	
	清水剂	清水剂+缓蚀剂+阻垢剂+杀菌剂
80	30	40
100	35	60
150	42	87
200	64	105
300	96	135

表 4-24　成倍扩大药剂加药量对含聚污水中悬浮物含量的影响（聚合物浓度 80mg/L）

药剂浓度扩大倍数	悬浮物/(mg/L)	
	清水剂	清水剂+缓蚀剂+阻垢剂+杀菌剂
扩大 5 倍	35	125
扩大 10 倍	183	246
扩大 20 倍	239	467

化水质。悬浮物的 XRD 分析显示，该悬浮物未见任何明显的特征晶体峰，说明其主要组成为有机物。故药剂与聚合物之间的不配伍以及高浓度药剂混溶造成了水质变化，导致水体中悬浮物增加。

通过上述实验可知，化学药剂之间不配伍将会导致药剂功能减弱甚至是失效，同时由于不配伍产生沉淀物导致注入水中悬浮物含量增加，甚至粒径增大，加大对储层造成伤害。因此，有必要针对目前的加药方式开展优化研究。

3. 加药方式优化改进

本节采用数值模拟的方法来模拟药剂最佳溶解距离，也即药剂最佳加药点间距。

（1）湍流数值模拟

在三维模型中，以水系统为例，主管路进口流量为 4000m³/d。根据流量和管路尺寸计算出内部与主体流动方向垂直的最大的截面处的流速为 $u = 0.9\text{m/s}$。从而，得到此处雷诺数为 46567，远远大于 2000。所以，此处流动呈湍流流动状态。因为此处是流场中平均流速最低的地方，所以管道的流动区域内也是湍流流动状态。

当前在工程中广泛采用的湍流模型主要是基于雷诺平均思想的零方程模型、单方程模型和双方程模型，而以 $k-\varepsilon$ 双方程模型用得最多。零方程模型就是用代数关系式把湍流黏性系数与时均值联系起来，它直观、简单，但只能用于射流、管流、边界层流等比较简单的流动；单方程模型考虑了湍动能的对流和扩散，较零方程模型合理，但必须事先给出湍流尺度的表达式；$k-\varepsilon$ 双方程模型较前面两种模型要复杂些，但它用于复杂结构的数值模拟中能有效地考虑曲率变化对流动的影响。结合实际流场的特点，为达到合理的精确解，选择标准 $k\text{-}\varepsilon$ 模型进行加药装置的流场流动模拟。

对于药剂浓度分布的模拟，选用混合物模型最能符合实际流动的模式。

药剂混合物模型的连续方程为：

$$\frac{\partial}{\partial t}(\rho_\text{m}) + \nabla \cdot (\rho_\text{m}\bar{v}_\text{m}) = 0 \tag{4-26}$$

式中　ρ_m 和 $\bar{v}_\text{m}$ ——分别是混合物的平均密度和平均速度，计算式如下：

$$\bar{v}_\text{m} = \frac{\sum_{k=1}^{n} \alpha_k \rho_k \bar{v}_k}{\rho_m} \tag{4-27}$$

$$\rho_\text{m} = \sum_{k=1}^{n} \alpha_k \rho_k \tag{4-28}$$

式中 α_k——第 k 相的体积分数。

混合物模型的动量方程可以通过对所有相各自的动量方程求和来获得。它可表示为：

$$\frac{\partial}{\partial t}(\rho_m \vec{v}_m) + \nabla(\rho_m \vec{v}_m \vec{v}_m) = -\nabla p + \nabla[\mu_m(\mu\nabla\vec{v}_m + \nabla\vec{v}_m^T)] + \rho_m \vec{g} + \vec{F} + \nabla\left(\sum_{k=1}^{n}\alpha_k\rho_k\vec{v}_{dr,k}\vec{v}_{dr,k}\right) \tag{4-29}$$

这里，n 是相数；$\vec{F}$ 是体积力；μ_m 是混合物的动力黏度：

$$\mu_m = \sum_{k=1}^{n}\alpha_k\mu_k \tag{4-30}$$

式中 $\vec{v}_{dr,k}$——第二相 k 的漂移速度：

$$\vec{v}_{dr,k} = \vec{v}_k - \vec{v}_m \tag{4-31}$$

相对速度（也指滑流速度）被定义为第二相（p）的速度相对于主相（q）的速度：

$$\vec{v}_{qp} = \vec{v}_p - \vec{v}_q \tag{4-32}$$

漂移速度和相对速度($\vec{v}_{qp}$)通过以下表达式联系：

$$\vec{v}_{dr,p} = \vec{v}_{qp} - \sum_{k=1}^{n}\frac{\alpha_k\rho_k}{\rho_m}\vec{v}_{qk} \tag{4-33}$$

混合物模型使用了代数滑移公式。代数滑移混合物模型的基本假设是规定相对速度的代数关系，相之间的局部平衡应在短的空间长度标尺上达到。相对速度的形式由下式给出：

$$\vec{v}_{qp} = \tau_{qp}\vec{a} \tag{4-34}$$

这里，$\vec{a}$ 是第二相的加速度；τ_{qp} 是粒子的弛豫时间。τ_{qp} 的形式为：

$$\tau_{qp} = \frac{(\rho_m - \rho_p)d_p^2}{18\mu_q f_{drag}} \tag{4-35}$$

这里 d_p 是第二相颗粒(或液滴或气泡)的直径，曳力函数 f_{drag}：

$$f_{drag} = \begin{cases} 1 + 0.15Re^{0.687} & Re \leqslant 1000 \\ 0.0183Re & Re > 1000 \end{cases} \tag{4-36}$$

因为加药装置中的 Re 远远大于 1000，因此加速度 $\vec{a}$ 的形式为：

$$\vec{a} = \vec{g} - (\vec{v}_m \nabla)\vec{v}_m - \frac{\partial \vec{v}_m}{\partial t} \qquad (4\text{-}37)$$

从第二相 p 的连续方程，可以得到第二相 p 的体积分数方程为：

$$\frac{\partial}{\partial t}(\alpha_p \rho_p) + \nabla(\alpha_p \rho_p \vec{v}_m) = -\nabla(\alpha_p \rho_p \vec{v}_{dr,p}) \qquad (4\text{-}38)$$

（2）加药装置混合理论

加药装置混合过程十分复杂，其中存在着液滴破碎、条纹厚度变化和组分界面面积变化等过程，但机理根本在于扩散。

混合分为层流混合和湍流混合。层流混合主要依赖分离-位置移动-重新汇合，分离可以使流体分为多层，使流体厚度变薄易于不同浓度流体间的扩散；位置移动也是混合中的重要步骤之一，在移动过程中流体会发生拉伸、旋转，这些都有利于提升混合效果。湍流混合除了以上三个要素外，湍流的紊动对混合也有较大的促进作用。

湍流混合的机理比较复杂，当两束流体相遇后，将发生如下混合过程：

① 宏观混合。流体流经静态混合器时，由于混合元件的扰动作用，不可避免产生较大的涡旋，通过它物质可以在较大的范围内运动，从而使分布更为均匀。随着混合过程的进行，较大的漩涡一端在中心区、另一端在边壁区，两端存在着速度差，此时便产生了剪切力。在剪切作用下，较大的漩涡分裂成多个较小的漩涡，同时较大漩涡的能量也分配给较小漩涡。此时在宏观上，即大于漩涡尺寸的观察尺度上，物质达到了均匀地分布，而在涡旋内部，即比漩涡尺寸更小的尺度上，混合并没有达到均匀性。

② 介观混合。较小漩涡由于两端速度不同所产生的剪切力作用下的进一步变形或分割成更小的微团，直到最小尺度——Kolmogorov 尺度。此时，从大于 Kolmogorov 尺度观察来看，两种物质已混合均匀。但是，从小于 Kolmogorov 尺度观察来看，即在分子尺度上仍未达到均匀混合。通过该阶段混合，物质分布均匀程度达到 Kolmogorov 尺度大小，不均匀只存在分子水平上。

③ 微观混合。微观混合即分子尺度上的混合，该过程主要依靠分子扩散和颗粒的布朗运动来实现。因为分子扩散只在很短的距离内起作用，而布朗运动具有随机性和不确定性，受环境影响较大，所以要实现分子水平上的均匀混合十分困难。在实际过程中实现介观混合时可以认为达到了混合均匀。

混合过程具体表现为：液滴破碎、条纹厚度变化和组分界面面积的变化。

当流体和液滴间存在足够大的相对速度时，液滴的破碎经常发生，但这种相对速度很快降低，变形也随之消失。导致液滴破碎的因素可归结为：①速度梯度引起的黏性剪切力；②湍流产生的瞬时剪切力和局部压力波动（雷诺剪切应力）。前者主要使液滴产生变形，增加液滴间的碰撞概率，是液滴聚积的重要条件；而后者作用远远大于前者，更容易使液滴产生破碎。所以混合器的设计应当引入高剪切区，并保证所有颗粒都重复地通过高剪切区。最终的混合效率取决于混合器内最大的有效剪切速率和剪切次数。

条纹厚度变化及组分界面面积的变化是相伴发生的，两者呈反比例关系。不同组分在混合器内混合过程中，次相的条纹厚度变化的同时组分界面面积也发生了变化。

总之，要实现良好的混合效果有两个可选措施：增强湍动和加大停留时间。

（3）混合效果的评价指标

以两种流体混合为例，设次相的浓度为 c_2，满足 $0<c_2<1$。将混合器某个截面分为 n 个取样区，取样区在划分时应注意保证各个取样区的面积与速度的乘积是相同的，因为这是根据体积流率来划分的。根据这一原则，由于壁面的阻滞作用，壁面附近速度较低，所以壁面附近的取样区的面积应该大一些。这样得到某个截面次相的平均浓度为：

$$\overline{c}_2 = \frac{1}{n}\sum_{i=1}^{n} c_{2,i} \tag{4-39}$$

式中，$c_{2,i}$ 表示第 i 个取样区的次相的浓度。则标准偏差为：

$$\sigma = \sqrt{\frac{\sum_{i=1}^{n}(c_{2,i} - \overline{c}_2)^2}{n-1}} \tag{4-40}$$

用来评价混合效果的参数非常多，这里选择应用最为广泛的评价混合性能的标准：变异系数。

变异系数（CV）又称不均匀系数，其计算式为：

$$CV = \frac{\sigma}{\overline{c}_2} \tag{4-41}$$

本项目对混合效果的描述将采用 CV 值，当出口面该值小于 5% 时，可以认为完全混合，在实践中该值小于 10% 时可以认为混合已达到均匀状态，而当该值为 1 时认为完全没有混合。

（4）现行加药方式药剂混合效果分析

选择单一加药点和多加药点这两种不同的加药装置进行对比。模拟计算时对流场建立模拟的几何模型，单加药点和三加药点模型如图 4-51 和图 4-52 所示，为了便于对比，混合装置的加药注入装置相同，注入管均为羽状管，出口倾斜角度 45°，开口朝向来流方向，出口位于主管路中心。同时对注入管口位于主管路顶部的装置进行了模拟。混合器的混合长度均为 5.8m。系统参数如表 4-25 所示。

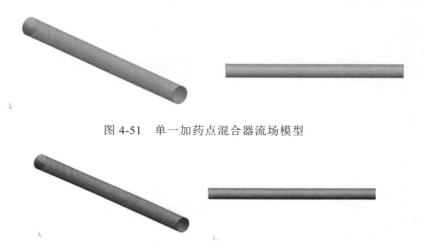

图 4-51　单一加药点混合器流场模型

图 4-52　三加药点混合器流场模型

表 4-25　水处理系统数值模拟相关参数

物理量	单位	水系统
加药后的药浓度	mg/L(百万分之一)	50
加药后的药浓度	量纲为1，质量比	0.00005
介质流量	m³/d	4000
介质密度	kg/m³	1000
药物溶液密度	kg/m³	1200
加药量	kg/d	200
加药的流量	m³/d	0.167
介质黏度	mPa·s	2
药剂黏度	mPa·s	200
介质温度	℃	50
药剂温度	℃	25

对单加药点和三加药点混合器模拟设置，在现场水系统的条件下进行流场模拟，并以流场内部各截面的药剂体积浓度为参数，来显示各区域的混合效果。以下各图中的颜色代表了相应的浓度值，但是红色区域代表了浓度大于等于标尺的最大值。

图 4-53 和图 4-54 是三种光管混合器水系统仿真结果。从浓度分布图来看，没有静态混合器，药剂从加药口进入主管道内，扩散的非常慢。图 4-53（a）是注入口位于管上部的单加药点混合器纵截面药剂浓度分布图，从图上可见，药剂主要集中在管的上部，下部药剂浓度很低；图 4-53（b）是注入口位于管中部的

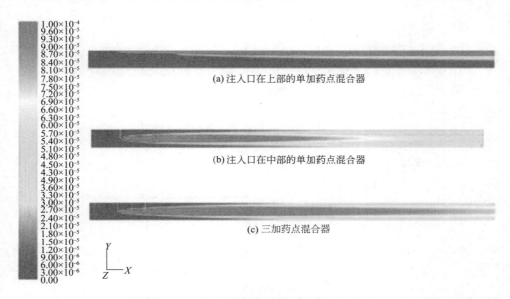

图 4-53　混合器纵截面药剂浓度分布图

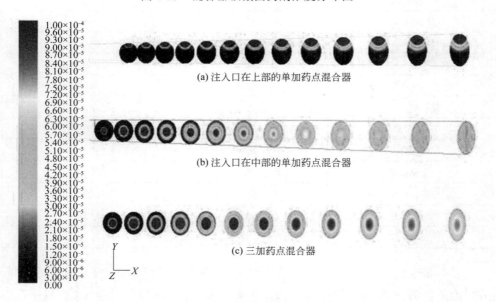

图 4-54　混合器各横截面药剂浓度分布图

单加药点混合器纵截面药剂浓度分布图，模拟结果显示，药剂主要集中在管的中部，贴近管壁处药剂浓度很低；图 4-53（c）是三加药点混合器纵截面药剂浓度分布图，该混合器的三个加药管的注入口都位于管中部，并且每个加药管的加药量和单加药点相同，其药剂浓度分布情况也与单加药点相似，均是高浓度药剂集中在管中心部位，靠近管壁处药剂的混合效果最差，而且高浓度区域面积较单加药点大，这表明三加药点混合器的混合效果比注入口位于管中部的单加药点混合器混合效果差。

图 4-54 是三种光管混合器自注入口后，每隔 200mm 处横截面的浓度分布图。从三种混合器的混合效果对比结果看，注入口位于管中部的单加药点混合器要略好于三加药点混合器，而注入口位于管上部的单加药点混合器最差。无论是单加药点还是多加药点，即使混合距离为 5.8m，药剂的混合效果都不好。

图 4-55 为在水系统的条件下，单加药点和三加药点混合器在相同外形尺寸条件下，从距离加药管后 200mm 位置至出口的轴向药剂浓度变异系数（CV）分布。从 CV 值来看，对于单加药点混合器，注入口位于上部的 CV 值明显高于注入口位于中部的 CV 值，这也说明了注入口位于上部的单加药点混合器混合效果较差。三加药点混合器在管路前部要比注入口位于中部的单加药点的 CV 值小，但是在管路后部的数值比较接近，这说明三加药点虽然前部混合效果较好，但后来的混合效果主要受主管路结构的限制，与注入口位于中部的单加药点没有太多区别。此外，即使在出口位置，CV 值仍然较大，要达到混合均匀，即 CV 小于 0.1，还需要更长的混合距离。

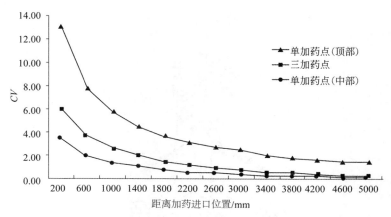

图 4-55　不同加药点混合器轴向位置药剂混合效果对比（介质为水）

因此，在水系统中的药剂混合，单加药点和三加药点混合器的最终混合效果都不好。

三种形式的混合器在水系统中，经过相同的混合距离（5.8m）所产生的压差见表4-26。

表4-26 水系统中混合器进出口压差

混合器结构	进出口距离/m	压差/Pa
注入口位于上部的单加药点	5.8	506
注入口位于中部的单加药点	5.8	444
三加药点	5.8	445

（5）新型加药系统优化设计方案

为解决目前海上平台存在的上述问题，依据海上平台对化学药剂注入流程优化改造的现场实践经验，结合周边平台及自身平台的生产实际，对该平台的化学药剂注入方式进行了优化设计，以彻底解决上述问题，提高油田生产系统的稳定性。根据平台实际情况和水力流场模拟研究的结果，制订以下优化方案。

1）设计可在线更换化学药剂注入点

目前，海上平台化学药剂注入点连接方式普遍采用药剂管线与处理液管线直接焊接的连接方式，无法实现在线更换。为防止药剂注入点因腐蚀造成流程停运，现场人员结合平台管线防腐挂片检测的方式，设计出可以在线更换的喷嘴和更换工具。

该化学药剂喷嘴及其上部结构（如图4-56中所示）与防腐挂片的结构类似，并且将防腐挂片更换工具进行了改良。这种设计可利用改良后的防腐挂片更换工

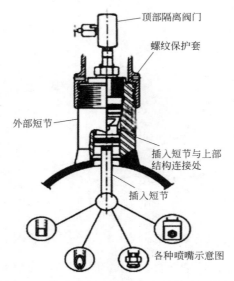

图4-56 化学药剂注入点基本结构设计简图

具将损坏或需要更换的药剂喷嘴进行在线更换。在管线设计施工中，现场人员设计了一用一备两个化学药剂注入点，避免了更换药剂喷嘴时药剂无法正常投加的情况。

2）设计插入式充分混合注入喷嘴

为避免化学药剂与焊缝处接触产生的应力腐蚀，可设计插入式喷嘴，将化学药剂与焊缝隔离，降低化学药剂对焊缝的腐蚀作用；同时，为避免化学药剂在注入点处聚集导致浓度增加，改善药剂与处理液的反应程度，可将插入式喷嘴深入管线中心位置，或设计成简单实用的布液孔道或喷嘴，改善流体混合程度。

目前，绥中 36-1 油田 CEP 平台已设计出新型的插入式喷嘴（如图 4-57 所示）。该插入式喷嘴主要包括隔离阀门、螺纹保护套、插入短节、下插入短节等几部分。隔离阀门的作用是需要更换喷嘴时可将下部喷嘴隔离，避免管线内流体溢出；螺纹保护套是喷嘴更换工具与外部短节的螺纹连接，它的作用是保护外部螺纹以便使用喷嘴更换工具；插入短节可与上部结构选择合适的连接方式，包括螺纹连接、焊接等，它的作用是将化学药剂充分注入管道中下部，使药剂与处理液迅速混合，避免药液聚集；下插入短节的下部可连接不同形式的喷嘴，可根据实际需要更换不同类型的喷嘴，使化学药剂可与处理液充分、及时混合，提高药剂的使用效率，降低混合时间。

图 4-57 注入装置模型示意图

喷嘴设计有 4 个方案，根据水力流场模拟结果，采用顺流羽状管，如图 4-58 所示。

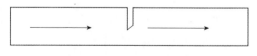

图 4-58 注入喷嘴示意图

3）设计静态混合装置

为提高化学药剂与处理液的混合程度，在管道中设计静态混合装置，混合器分别为左右旋静态混合器和 SK 型静态混合器。左右旋混合器结构如图 4-59 所示，为左右旋两种，一体式。螺旋叶片与套筒之间无间隙，螺旋叶片中间的固定杆出口端固定，不能转动，其螺距420mm，转数1.5。SK型混合器如图4-60所示，由单孔道左右扭转的螺旋片组焊而成。两种混合装置的加药注入装置相同，注入管均为羽状管，出口倾斜角度45°，方向正对来流方向。

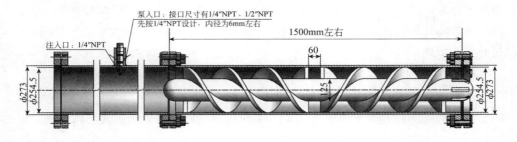

图4-59 左右旋静态混合器的加药混合装置

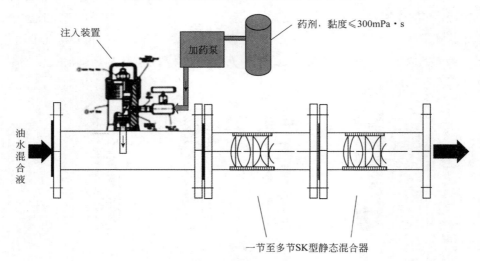

图4-60 SK型静态混合器的加药混合装置

为便于对比，两种静态混合器的直径相同，并且使用相同的加药装置。加药装置长度为400mm，静态混合器为单级，长度1.8m。首先，对两种静态混合器在水系统的条件下进行流场模拟，并以流场内部各截面的药剂体积浓度为参数，来显示各区域的混合效果。以下各图中的颜色代表了相应的浓度值，但是红色区域代表了浓度大于等于标尺的最大值。

左右旋混合器纵截面药剂浓度分布图如图4-61所示，药剂从加药口出来后，在到达混合器前，主要依靠直管内的湍流流动进行混合，药剂的扩散很慢，并集中在管的中间区域。当混合物进入混合器后，在第一个左旋区域药剂被分散开，但是仍能见到明显的高低浓度区分，随着流动距离的增加，这种差别逐渐变小，当进入下一个右旋区域后，这种差别变化的更快，在混合器的后部药剂几乎到达了均匀的混合。

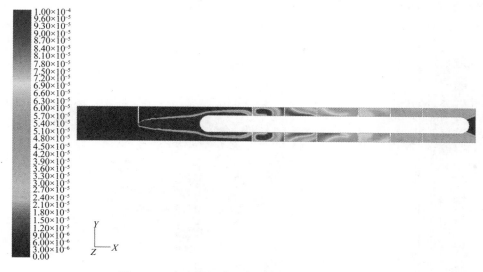

图 4-61　左右旋混合器纵截面药剂浓度分布图

加药口后 400mm、900mm、1300mm、1700mm、2100mm 处各横截面的药剂浓度分布如图 4-62 所示，可见随着混合距离的增加，药剂的混合逐渐变得均匀。

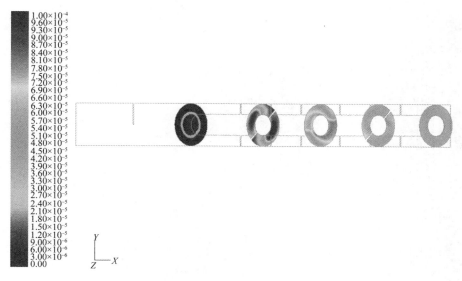

图 4-62　左右旋混合器各横截面药剂浓度分布图

但是，由于结构的原因，左右旋混合器的螺旋结构产生了离心力，导致在单级混合器的出口处出现了不均匀的浓度分布，如图4-63，但是在出口前100mm处，药剂的混合基本均匀，如图4-64。这种情况是由于管路里事先已经充满了介质水，而药剂是后加入的，并且模拟时设置的混合器右端为出口，即在出口处已不能混合，加上离心力的影响使得出口处原来残存的水无法混合。实际系统不会出现此种

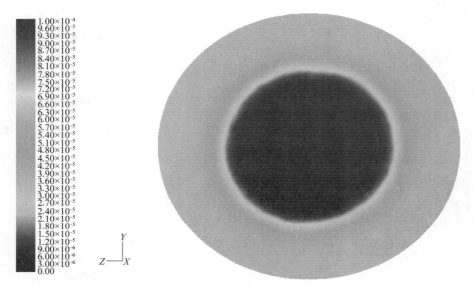

图4-63　混合器出口药剂浓度分布图

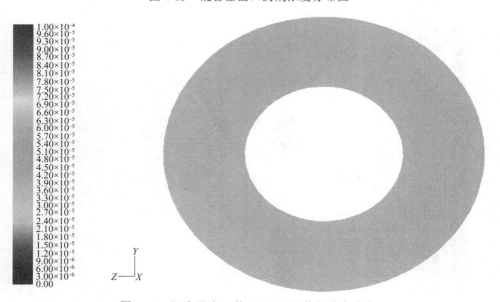

图4-64　混合器出口前100mm处药剂浓度分布

情况。但是离心力确实影响了混合效果。这种影响可从图 4-65 中的药剂主体流线看出，药剂的流动，特别在混合器后部，流动的规律性很强，不利于药剂的混合。

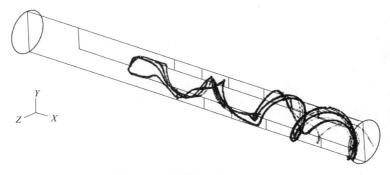

图 4-65　装置内药剂主体流线

从以上结果可见，左右旋静态混合器对药剂的混合效果是，随着混合距离的增加，药剂浓度分布逐渐均匀。但是由于结构上采用的是螺旋形叶片固定在轴上的设计，使得轴所占的空间没有得到充分利用，特别是轴对出口处的混合影响较大，出现了大浓度差的环形浓度分布。此外，由于螺旋形叶片的螺距较长，在后半个螺旋叶片内，流场流动时产生了离心力，这对混合也不利。

相比之下，SK 型混合器的混合效果要优于左右旋混合器。由 SK 型混合器纵截面药剂浓度分布可见，在距离加药口更短的距离内就达到了均匀的颜色，见图4-66。横截面的变化也比左右旋混合器明显，见图 4-67。

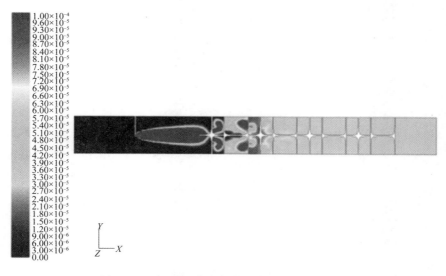

图 4-66　SK 型混合器纵截面药剂浓度分布图

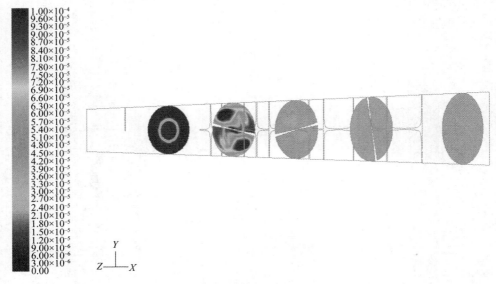

图 4-67　SK 型混合器各横截面药剂浓度分布图

　　由于没有长距离螺旋流动的影响以及中间轴的影响，SK 型混合器的出口处浓度分布要比出口前 100mm 处的浓度分布更加均匀，见图 4-68 和图 4-69。整个流场内的药剂流线也是杂乱的，这也有助于加速混合，见图 4-70。

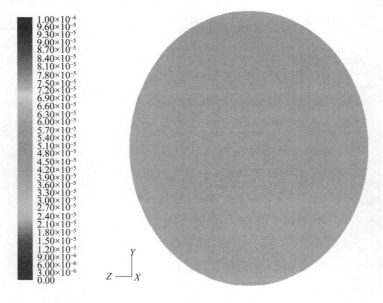

图 4-68　SK 型混合器出口药剂浓度分布图

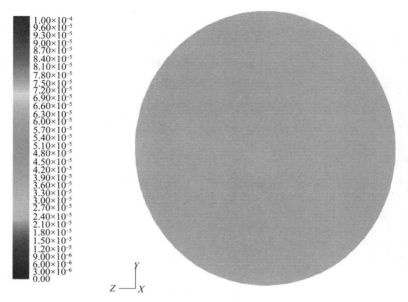

图 4-69　SK 型混合器出口前 100mm 处药剂浓度分布图

图 4-70　装置内药剂主体流线

　　从以上结果可见，SK 型静态混合器对药剂的混合效果明显优于左右旋型的。首先，随着混合距离的增加，药剂浓度分布更加均匀。其次，由于结构上的特殊设计，不需要轴结构，在相同外形尺寸的条件下，有效的混合空间增加，有利于药剂的充分混合，使得出口处浓度得到均匀分布，如图 4-68。此外，由于螺旋片的螺距较短，在整个流场内，没有产生离心力的影响，这也增加了混合效果。

　　图 4-71 为在水系统的条件下，左右旋型和 SK 型静态混合器在相同外形尺寸条件下，从距离加药管后 400mm 位置（即静态混合器的进口）至出口的轴向药剂浓度变异系数（CV）分布。与左右旋型混合器相比，在静态混合器的有效混合距离内 SK 型混合器的 CV 值一直低于左右旋型，效果较好，如图 4-71（a）所示。但是自距离加药口后 800mm 之后左右旋型混合器的 CV 值变化缓慢，SK 型 CV 值迅速降低到 0.05 以下，如图 4-71（b）所示，即达到了完全混合的状态。而左右旋型达到相同的状态所需的距离要长 750mm。

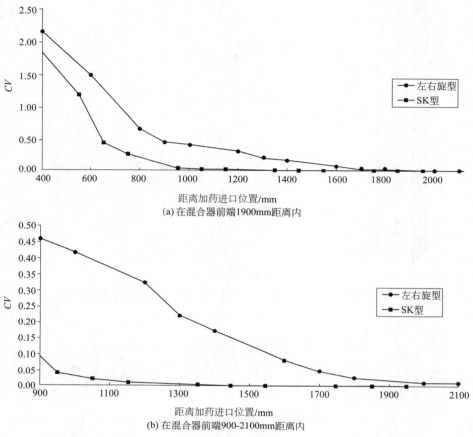

(a) 在混合器前端1900mm距离内

(b) 在混合器前端900-2100mm距离内

图 4-71　两种静态混合器轴向位置药剂混合效果对比（介质为水）

因此，在水系统中的药剂混合，使用 SK 型混合器效果较好。

综上分析，优化后的加药装置采用在线可更换的化学药剂注入装置和效果更优的顺流式喷嘴，以及混合效果更好的 SK 静态混合器。

因为新型加药装置具有以下优点：①增强化学药剂注入管线的耐腐蚀程度，静态混合器的设计，改善了药剂与处理液的混合效果，提高了药剂的作用效果。最终实现了降低化学药剂注入量，节约生产成本。②可在线更换相关部件，保证了流程稳定运行，降低了生产时间消耗，提高了生产时间的利用率。

通过药剂配伍性实验发现，现行集中加药的方式会干扰各药剂性能的正常发挥，甚至不配伍产生新的沉淀。鉴于新型加药系统在设计理念上的创新和科学性，建议油田现场在停产检修阶段对现行加药方式进行优化改造。暂时不具备改造条件的油田建议优化各化学药剂加药点间距，避免多种类型药剂集中加入。

（三）实施水质分级调控技术

1. 对水处理设备定期检测，制订合理的规章制度，发现问题及时解决

对斜板除油器、加气浮选器、核桃壳过滤器等设备填料或滤料进行定期更换，必要时对注水缓冲罐进行清罐，以确保注水含油和悬浮物达标，降低二次污染。含聚污水所占比例越来越高，加上清水剂等对残余聚合物的絮凝等作用，各级水处理设备堵塞严重，冲洗过于频繁。

因此，定期请相关技术人员或者厂家技术人员定期对 V-3010 和 V3020 斜板除油器、V-3030 气浮选器、V3045 核桃壳过滤器进行检测，判断斜板除油器油室、水室是否存在渗漏、调节阀是否内漏、气浮选器鼓气量是否足、曝气头存在堵塞现象、核桃壳滤器的进口分配筛管是否堵塞等等。对反冲洗水罐、污水缓冲罐进行彻底清洗。对水质进行分级管理，对斜板除油器、气浮选器、核桃壳过滤器等均要制定水质处理标准，保障每级水处理系统水质合格，不加重下一级水处理的负荷，各级设备有序良性循环，有问题及时发现。

污水系统共同存在的问题是有机物质的堵塞或沉淀，一部分是由于加药点过于集中导致药剂不配伍所致；最主要的是由于残余聚合物被絮凝沉淀所致，有资料显示残余聚合物浓度沿流程逐渐降低，直接证明了残余聚合物被水处理药剂絮凝从而形成有机沉淀。因此，优化整个污水系统的加药点以及加药类型、定期维护或更换水处理设备填料等措施是保证水质合格的关键。

注水水质监测时发现的水质超标，通常措施如下：

① 加密监测水处理系统进出口及各级设备的水质数据，查找问题的环节；

② 了解水处理系统的运行状况，包括各种参数设定是否合理，设备是否按操作规程进行操作，如果是污水回注，要了解原油脱水状况等；

③ 了解化学药剂的加药情况，包括注入量是否达到要求，加药泵是否工作正常等；

④ 如果确认系统运行正常、加药正常，无法找到其他原因，那么生产监督应及时与作业区联系，协同各级管理部门综合分析提出相应的解决方案，或安排服务工程师到现场进行进一步的调研，分析具体的原因，提出解决的措施或建议。

2. 定期在线检测水质指标和主要药剂性能

海管或者注水管线污染水质是一个普遍性的问题，预防其污染水质是一个世界性难题。但通过水质指标监控，诊断出恶化关键因素，加强治理，能够将其对水质恶化程度降到最低。定期对平台各节点，重点是井口水质指标进行检测，掌握油田水质指标最新动态，及时发现问题。要求平台作业人员，每天检查主要水质指标（固悬、粒径中值、含油率），对指标异常的滤膜送样到陆地做相关测试；

SRB 一周检测一次。在重点管汇或井口水质在线监测控制系统,实现水质的实时检测和实时调控。

目前 LD10-1 油田清水的腐蚀性严重,含聚污水中聚合物絮凝堵塞滤料、设备滤网导致水处理设备不能正常工作,加药点过于密集药剂间相互不配伍等,已经成为水质恶化的重要原因。

对矿场使用的各类化学药剂随时抽样检查,药剂评价尽量在平台上完成,优选应用性能优良的破乳剂,优化清水剂,降低其对残余聚合物的絮凝是目前需要解决的当务之急。

二、新型清水剂的研发与应用

在水质达标控制技术方面,现场还对破乳剂、清水剂、防垢剂、杀菌剂等关键水处理药剂进行了浓度调整,个别药剂进行过换型。通过处理设备和化学药剂的双重优化等含聚污水水质达标控制技术的应用,基本能够抑制水质的进一步上涨,但是不能大幅改善水质和提高水质达标率,这也是海上油田含聚采出液达标处理成为世界性难题的主要原因。为此,必须研发出既能起到处理水质、确保水质达标的作用,还能起到弱化产出聚合物絮凝水中悬浮物等机械杂质目的的新型水处理药剂。

绥中 36-1 油田含聚污水的 Zeta 电位值在−33∼−46mV 之间,说明含聚污水的稳定性非常好,理论上,含聚污水中的聚合物不会絮凝水中机械杂质。从聚驱油田水处理药剂消耗量和水质的变化趋势(图 4-72)可以看出,水处理药剂用量逐

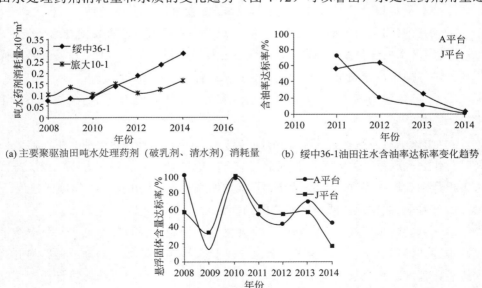

(a) 主要聚驱油田吨水处理药剂(破乳剂、清水剂)消耗量　　(b) 绥中36-1油田注水含油率达标率变化趋势

(c) 绥中36-1油田注水悬浮固体含量达标率变化趋势

图 4-72　海上聚驱油田吨水药剂消耗量及主要水质达标率

年在增加，但水质达标率却呈波动下降趋势，说明目前影响水质不达标的关键因素在于现场所用的水处理药剂效果逐步变差，且所用的阳离子型清水剂对水中带负电的油滴、产出聚合物和固悬物会无差别絮凝，形成了粒径大小不一的堵塞物质[68]。

研发具有选择性功能、只除油而不絮凝产出聚合物和固悬物的清水剂是弱化含聚污水中机械杂质絮凝成团的有效措施，因此，本节重点采用非离子型聚醚降低油水界面膜强度，促进油滴聚并破乳，实现选择性除油功能，确保含聚污水的水质达标、水中机械杂质不絮凝或弱絮凝，实现回注水质与储层孔喉的配伍，达到保护储层的目的。

（一）新型清水剂设计的理论依据

对于表面活性剂-油-水体系，其稳定性与体系组成和表面活性剂的亲水亲油差异值（hydrophilic-lipophilic deviation，HLD）有密切关系。对于非离子型表面活性剂：

$$\text{HLD} = b(S) - K \times N_{C,O} - \varPhi(A) + c_T(T - T_{ref}) + C_{ni} \tag{4-42}$$

式中　S——水相的矿化度，g/100mL；

$N_{C,O}$——油相的等效烷烃碳数；

$\varPhi(A)$——表面活性剂类别和浓度效应的线性函数；

T_{ref}——通常为298K；

C_{ni}——非离子型表面活性剂的特性曲线；$C_{ni} = \alpha - N_{E,S} = 0.28N_{C,S} + 2.4$，$\alpha$ 为非离子表面活性剂分子结构中的亲油基团，$N_{E,S}$ 为非离子表面活性剂分子结构中的亲水基团（EO）的数目，$N_{C,S}$ 为表面活性分子结构中亲油基团的等效烷烃碳数；

b，K，c_T——与非离子型表面活性剂类型相关的常数（为正值）。

当体系中油水两相性质不变、油水比不变，表面活性剂加入时，对于非离子型表面活性剂-油-水体系，由 HLD 的表达式可知，此时体系的 HLD 仅与温度相关。油水界面张力与 HLD 和油水界面张力与温度间的关系见图 4-73。研究界面张力、温度和 HLD 三者间关系可以发现，当 HLD=0 时，体系在相转变温度（PIT）附近，此时有超低界面张力。

乳液稳定性与 HLD 之间的关系见图 4-74。由图可知，在 HLD=0（即表面活性剂中亲油基和油相相互作用力等于亲水基和水相作用力）附近时乳液稳定性急剧下降。结合界面张力、温度和 HLD 三者间关系可以发现，体系在相转变温度（PIT）附近（即 HLD 趋近零附近）稳定性最差，最易破乳。因此可设计相转变点在油田现场使用温度附近的嵌段聚醚。

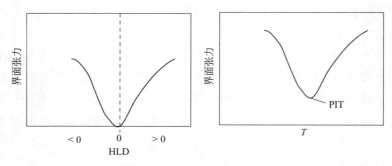

图 4-73　油水界面张力与 HLD、温度 T 间的关系

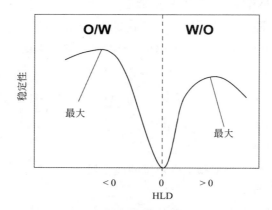

图 4-74　乳液稳定性与 HLD 之间的关系

（二）新型清水剂的设计、合成及评价

1. 新型清水剂的设计

含聚污水稳定性强的主因是聚合物吸附至油水界面后，增大了界面带电量和膜强度[69]。因此，要使含聚污水中油滴脱稳，理论上可以分别通过降低界面带电量和破坏膜强度来实现。设计合成氨基化合物为起始剂的聚醚，污水中稳定油滴的天然乳化剂通常为 HLB 相对较高的石油羧酸盐（带负电），理论上，带有氨基（强吸电）的聚醚破乳剂与石油羧酸盐有强相互作用，利于其顶替降低界面膜强度。

与 HLD 值理论及海上油田相关的参数如表 4-27 所示，使用温度设置为 65℃（相转变温度附近），由 HLD 值的公式可知，当 HLD 值为 0 时，可求得嵌段聚醚分子设计中，EO/PO 为 4/3 或 4/2，质量比为 1 或 1.52 为宜。考虑到 EO、PO 共聚反应中可控性较差，因此初步设计了以醇胺为起始剂的四嵌段共聚物（直链、分子结构为 PO-EO-PO-EO，PO 稍过量，EO/PO 质量比为 0.75，命名为 DMEA169）、聚乙烯亚胺为起始剂的嵌段聚醚（支化结构、分子结构为 EO-PO-EO，EO/PO 质量比为 1，命名为 PEI231）、聚乙烯亚胺为起始剂的嵌段聚醚（支化结构、分子结构为 EO-PO-EO，EO/PO 质量比为 1.6，命名为 PEI251）。

表 4-27　HLD 值相关参数

参数	数值
b	0.13
S	1g/100mL
K	0.17
c_T	$0.06K^{-1}$
HLD	0

2. 新型清水剂的合成路线

DMEA169 嵌段聚醚和 PEI 系列嵌段聚醚的合成路线分别如图 4-75 和图 4-76 所示。

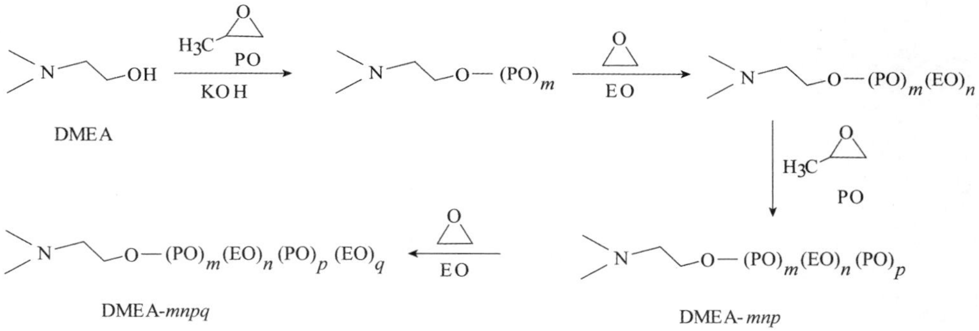

图 4-75　DMEA169 聚醚合成路线（$m:n:p:q$=1∶2∶3∶1）

3. 新型清水剂的室内评价

当温度为 65℃，嵌段聚醚加量为 300mg/L 时，对合成的嵌段聚醚进行除油性能评价，实验水样为绥中 36-1 油田注聚受益井产出液底部水样，含油率>4500mg/L，聚合物浓度为 216mg/L。将处理后的下层污水取出，测定了污水中的含油率，结果如图 4-77 所示，DMEA169、PEI231、PEI251 具有良好的净水性能，污水经嵌段聚醚处理后，水中含油率明显降低，并且处理后水中的聚合物浓度仍>200mg/L，其中以 DMEA169 的选择性除油效果更为显著，因此选取 DMEA169 嵌段聚醚进行了室内系统评价。

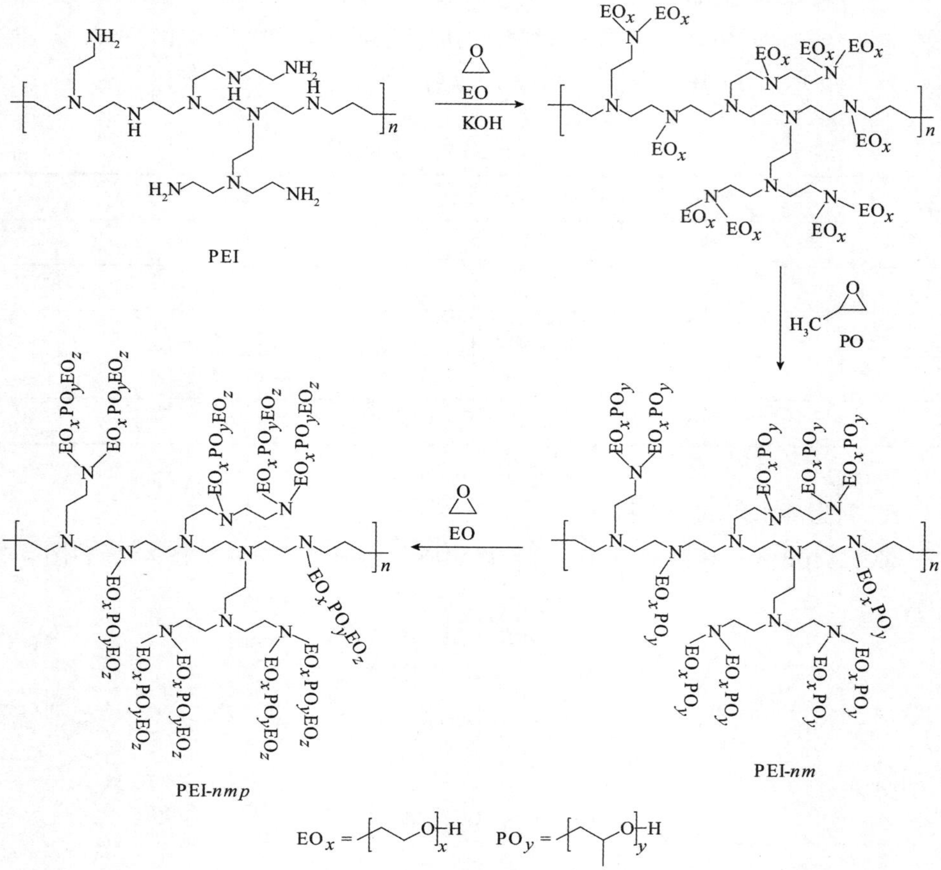

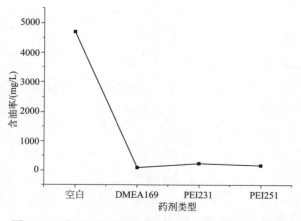

图 4-76　PEI 系列聚醚合成路线（$m:n:p$=2:3:1、2:5:1）

图 4-77　聚醚亚组分处理后污水中含油率测试结果

（1）药剂加量对水质的影响

图 4-78（a）显示了 65℃下不同 DMEA169 加量下污水（聚合物浓度 173mg/L）中含油率的变化，由图可知，随着 DMEA169 加量的增大，水中含油率逐渐下降，当 DMEA169 加量为 350mg/L 时水中含油率可降至 25mg/L，水中聚合物浓度未发生明显降低，说明该药剂具有较好的选择性除油功能，且能最大程度保留水中的聚合物，弱化其絮凝析出水相。含油污水经 350mg/LDMEA169 处理后，抽取下层水样，利用 C2 显微镜统计水中固悬物的粒径分布［见图 4-78（b）］，根据此分布可得其粒径中值为 2.1μm。另外，测定此时水中固悬物含量为 4.8mg/L。

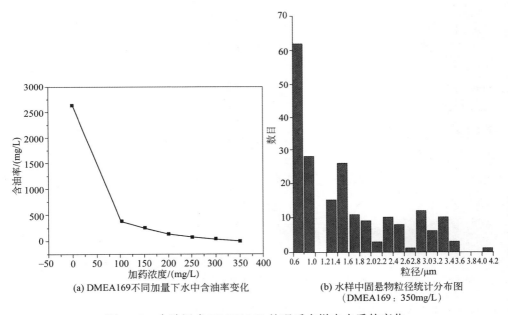

(a) DMEA169不同加量下水中含油率变化　　(b) 水样中固悬物粒径统计分布图（DMEA169：350mg/L）

图 4-78　含油污水 DMEA169 处理后水样中水质的变化

（2）温度对 DMEA169 效果的影响

不同温度下 DMEA169 处理含油污水后水中含油率变化见图 4-79。由此可知，只有当温度大于 50℃后，DMEA169 才具有良好的清水效果。

4. 新型清水剂的 HLD 值验证

（1）相转变温度 PIT 的测定

针对具有良好净水性能的嵌段聚醚，当浓度为 300mg/L 时，利用界面张力法测定了其相转变温度，以 DMEA169 和 PEI231 为例，结果如图 4-80 所示。从图中可以看出，对于 DMEA169，油水界面张力随温度变化明显，呈先减小后增大的趋势，在 55℃时出现转折点；对于 PEI231，油水界面张力均随温度逐渐减小，

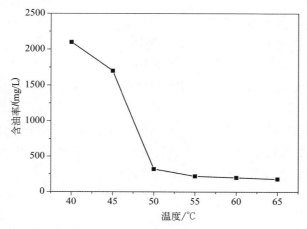

图 4-79 不同温度下 DMEA169 处理含油污水后水中含油率变化

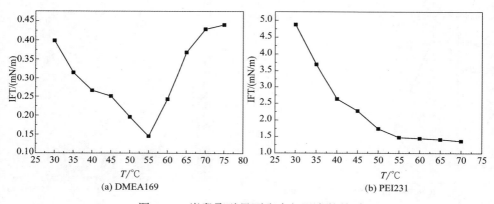

图 4-80 嵌段聚醚界面张力与温度的关系

在 50～70℃逐渐趋于平缓，未出现转折点，这可能是相转变温度范围较宽，介于50～70℃之间。

（2）污水中原油等效烷烃碳数的测定

1976 年，Cayias 等人提出等效烷烃碳数（EACN）的概念[70]。对于一种表面活性剂水溶液，测定它与一系列纯正构烷烃的界面张力时，发现与其中一种烷烃的界面张力为最低，此正构烷烃的碳数称为该表面活性剂的碳数最低值（n_{min}）。在固定盐浓度和表面活性剂浓度情况下，测定某一种油与 n_{min} 值不同的系列表面活性剂溶液的界面张力，产生最低界面张力的表面活性剂的 n_{min} 值称为该油相的 EACN 值。确定原油 EACN 值的方法有多种，本文采用以下方法测定污水中原油的 EACN 值。

① 由高、低两种不同分子量的表面活性剂配制一系列不同平均等价浓度的表

面活性剂水溶液，平均等价浓度 $\bar{M}$ 按下式计算：

$$\frac{m_1}{m_2} = \frac{\bar{M} - M_2}{M_1 - \bar{M}} \tag{4-43}$$

本文以十二烷基三甲基溴化铵（$C_{12}TAB$）和十六烷基三甲基溴化铵（$C_{16}TAB$）为混合表面活性剂，按不同摩尔比配制成总质量浓度为 300mg/L 的混合水溶液；

② 测定每一种水溶液与一系列不同碳数的纯正构烷烃之间的界面张力，找出与每种水溶液产生最低界面张力的烷烃碳原子数 n_{min}；

③ n_{min} 值与平均等价浓度之间的关系曲线 n_{min}—$\bar{M}$，即为测定原油 EACN 值的标准曲线；

④ 测定原油与标尺中表面活性剂水溶液之间的界面张力，找出与该原油产生最低界面张力值的表面活性剂的平均等价浓度，从标准曲线中查找出与该平均等价浓度值相对应的 n_{min}，即为该原油的 EACN 值。

当温度为 60℃，表面活性剂质量浓度为 300mg/L 时，纯正构烷烃、原油与混合表面活性剂水溶液产生最低界面张力的碳原子数 n_{min} 与溶液平均等价浓度 $\bar{M}$ 之间的标准曲线如图 4-81 所示。

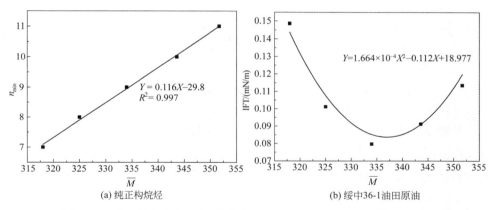

图 4-81　纯正构烷烃与不同等价浓度混表面活性剂的 n_{min}-$\bar{M}$ 标准曲线

由图 4-81 可以看出，界面张力与 $\bar{M}$ 之间的函数关系为：

$$Y = 1.664 \times 10^{-4} X^2 - 0.112X + 18.977 \tag{4-44}$$

Y 对 X 求导得：$Y' = 2 \times 1.664 \times 10^{-4} X - 0.112$

令 $Y'=0$ 解得 $X=336.5$，即当混合表面活性剂平均分子量为 336.5 时，原油与其可产生最低界面张力，代入图 4-46（a）中标准曲线方程

$$Y = 0.116X - 29.8 \qquad (4\text{-}45)$$

解得 $Y=9.2$，即原油的等效烷烃碳数 EACN 值为 9.2。

（3）HLD 值计算

以 DMEA169 为例计算并验证 HLD 值理论。对于 DMEA169，分子中起始剂含量极少，其分子中 EO/PO 摩尔比约为 1，分子结构中亲水基团为 EO，亲油基团为 PO。对于 DMEA169 存在的油水体系，当相转变温度 PIT 为 55℃时，HLD 值计算结果如表 4-28 及图 4-47 中 A 点所示。

表 4-28　DMEA169 的 HLD 值计算结果及计算中所用到的参数

参数	数值
b	0.13
S	1g/100mL
K	0.17
$N_{C,O}$	9.2
c_T	$0.06K^{-1}$
$N_{C,S}$	3
α	3.24
$N_{E,S}$	3
HLD	0.606

若令 HLD=0，由

$$PIT = 298K + \frac{(N_{E,S} - \alpha) + K \times N_{C,O} - b(S)}{c_T} \qquad (4\text{-}46)$$

及表 4-22 中参数计算得到 PIT=45℃，如图 4-82 中 B 点所示，这与采用实验所得结果基本一致，从而验证了 HLD 值理论的正确性，稍有偏差的原因可能是相转变温度测定实验过程中某些因素与理论计算中不一致所致，例如原油中含有其他活性组分。

（三）新型清水剂的现场中试应用

SZ36-1 油田 CEP 平台在用清水剂 BHQ-10 日耗达到 1900L 左右，原油系统清水剂 BHQ-10 日耗达到 1100L 左右，注水含油、悬浮物浓度均超标。为改善 CEP 污水水质，降低药剂消耗，中试应用 DMEA169 药剂，根据现场的生产规定，中试期间将清水剂 DMEA169 命名为 BHQ-14。针对高效分离器综合污水水样，经过现场评价，清水剂 BHQ-14 清水效果明显，2015 年 5 月 23 日至 26 日开展了清水剂 BHQ-14 在绥中 36-1 油田 CEP 平台的现场中试工作。

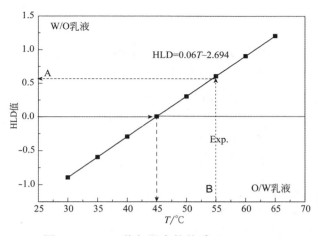

图 4-82　HLD 值与温度的关系（DMEA169）

（1）中试药剂 BHQ-14 与在用清水剂 BHQ-10 配伍性实验

BHQ-14 中试过程中将采用的药剂罐，是现场在用药剂 BHQ-10 的药剂罐，注入管线也采用 BHQ-10 注入管线，为确定可采用此罐和管线，考察了 BHQ-14 与 BHQ-10 的配伍性，BHQ-14 与 BHQ-10 复配后无沉淀及絮状物产生，即二者配伍性良好。

（2）BHQ-14 药剂中试浓度初选

对中试成品药剂的清水效果验证实验采用两种加药方式：稀释后注入和原液注入。原液注入采用微量进液器完成，两种加药方式的结果基本一致，成品药剂的清水效果略好于小样，小样浓度为 80mg/L 时，清水效果较差，但成品药剂 80mg/L 时效果基本与 100mg/L 相当，100mg/L 时水样中的悬浮油粒略少。见表 4-29。

表 4-29　中试药剂效果验证实验

序号	药剂名称	加药浓度/(mg/L)	絮团上浮速度	絮团大小	水质清澈度
1	空白	—	—	—	C−
2	BHQ-10	130	—	—	C
3	BHQ-14（小样）	80	慢	小	B−
4	BHQ-14（小样）	100	快	大	A
5	BHQ-14（0599）	80	快	中	A
6	BHQ-14（0599）	100	快	大	A
7	BHQ-14（0408）	80	快	中	A
8	BHQ-14（0408）	100	快	大	A

（3）矿场试验结果

为定量分析药剂浓度和水质变化关系，选取气浮入口，即斜板出口污水中的含油率变化表征整个污水系统水质。图 4-83 为 BHQ-14 与污水系统 BHQ-10 切换后，BHQ-14 浓度调整过程中的水质变化。由图可知，污水系统切换为 BHQ-14 后，水质显著改善。此后调整其浓度从 120mg/L 逐步降低至 80mg/L，水质变化不大；浓度降低到 70mg/L 时水质略有变差，略好于中试前水质；浓度降低到 60mg/L 以下后，水质恶化较为明显。

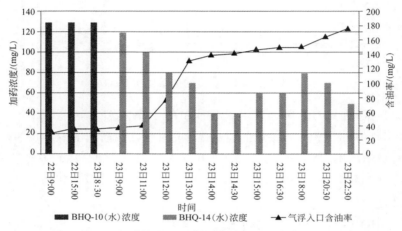

图 4-83　污水系统 BHQ-14 浓度调整及水质变化趋势图

图 4-84 为固定污水系统 BHQ-14 浓度后，调整原油系统 BHQ-10 浓度过程中水质变化。数据显示原油系统 BHQ-10 浓度从 35mg/L 逐步降低至 25mg/L，水质

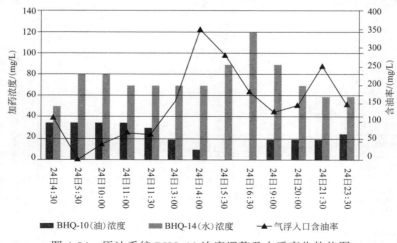

图 4-84　原油系统 BHQ-10 浓度调整及水质变化趋势图

变化不大，继续降低至 20mg/L 后，水质开始恶化，最终停注后水质显著恶化，此时将 BHQ-14 浓度提高后，水质略有改善，但即使 BHQ-14 浓度提高到 120mg/L，水质依然不能恢复。恢复原油系统 BHQ-10 后，水质逐步改善。

图 4-85 为原油系统加注 BHQ-14 后现场水质变化图，由图可知，将原油系统 BHQ-14 浓度控制在 15～20mg/L 之间，污水系统 BHQ-14 浓度从 90mg/L 逐步降低至 70mg/L，水质变化不大，继续降低至 60mg/L 以下时，水质恶化明显。

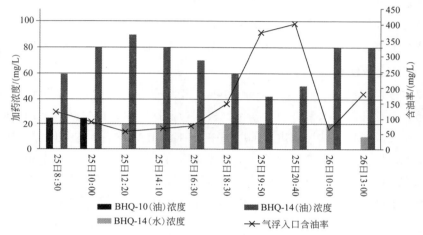

图 4-85　原油系统注入 BHQ-14 后水质变化趋势图

控制污水系统 BHQ-14 浓度为 80mg/L，调整原油系统 BHQ-14 浓度，原油系统 BHQ-14 浓度为 20mg/L 时水质较好，但浓度降低至 10mg/L 后水质恶化明显。

从试验过程中药剂的调整和相应水质的变化，可以得出如下结论：

① 污水系统中注入 BHQ-14，其浓度达到 80mg/L 以上时水质极佳，斜板除油器出口水质透澈，核桃壳过滤器出口污水中含油率能控制到 15mg/L 以下；

② 当原油系统注入 20mg/LBHQ-14 时，污水系统 BHQ-14 浓度在 70mg/L 以上时水质较好，斜板除油器出口水质明显好于现用药剂，可将注水含油控制在 15mg/L 以下，是现行水质的 1/3 左右。

三、保持合理的注入强度

储层的速敏性是指当流体在储层中流动时，引起储层中微粒运移并在孔喉窄小处堵塞造成储层渗透率下降的现象。对于特定的储层，由储层中微粒运移而造成的储层损害主要与储层中流体的流动速度、地层微粒的润湿性以及地层中流体的性质有关。速敏实验目的是评价储层中流体流速变化与渗透率损害的关系，并找出渗透率下降的临界流速及速敏程度，为后期的敏感性评价提供合理的实验流速，为今后注水选择合理的注水强度提供参考依据。

在注水过程中如果注水量过大，达到微粒运移的临界注入流速将会造成储层微粒运移产生伤害。渤海三个注聚油田主力油层均为高孔高渗储层，储层岩石胶结疏松，黏土矿物含量相对较高，平均相对含量>8%，下面以绥中 36-1 油田为例。

绥中 36-1 油田储层岩石胶结疏松，储层颗粒表面以及孔喉中充填可移动微粒，当注水强度/开采强度过大时容易造成微粒运移，在油井中表现为出砂，注水井表现为堵塞。酸化作业结束后由于酸液对储层物质的改造，不可避免产生一系列新的微粒及杂质，因此，需要保持合理的注入强度，避免速敏伤害的发生。

（一）速敏伤害室内评价

绥中 36-1 油田黏土含量在 5%～24%，平均含量为 11.2%，以伊蒙混层及高岭石为主，存在潜在水敏、速敏伤害。根据行业标准 SY/T 5358—2010《储层敏感性流动实验评价方法》规定，采用绥中 36-1 油田 M 平台 M5 井储层天然岩心，使用模拟地层水直接测取对应流速下的渗透率。由速敏实验结果（表 4-30，图 4-51，5-008A 岩心）可知 SZ36-1 油田储层岩心随着注入速率的提高渗透率不降反增，速敏伤害程度为强，临界流速仅为 0.1 ml/min，且渗透率不断升高。主要原因可能为：

① SZ36-1 油田储层富含高岭石、黏土矿物等速敏性矿物，易发生微粒运移。但由于实验岩心较短且孔喉粗大，随着流速增大，胶结疏松的粒间填隙物被不断驱替出岩心，没有产生颗粒架桥堵塞造成渗透率降低的现象，实验过程表现为渗透率不断升高。

② 在渗流速度较大情况下，雷诺指数较大，此时必须考虑惯性力的影响，渗流速度与压力梯度不再成线性关系，岩心呈现高速非达西渗流，也会使得实验过程表现为渗透率不断升高。

表 4-30 SZ36-1 油田 M5 井储层岩心速敏实验结果

样号	K_g/mD	ϕ/%	K_i/mD	K_r/mD	临界流速/(mL/min)	D_v/%	伤害评价	评价方法
5-008A	1228.5	34.3	8.8	96.3	0.1	994	强	行业标准
5-018A	746.4	32.3	44	57	3	28.89	弱	改进方法

注：K_g 为岩心气测渗透率；ϕ 为孔隙度；K_i 为地层水测初始岩心渗透率；K_r 为渗透率变化率最大的流速下的渗透率；D_v 为速敏伤害率。

绥中 36-1 油田储层岩心以中高孔渗为主，孔喉均值较大，但是仍然存在部分细小孔隙，这些细小孔隙需要在较高的压力下才会参与渗流，即部分细小孔隙存在启动压力。现行的敏感性行业标准（SY/T 5338—2010）通常针对孔隙分选较好、孔隙较粗的储层岩心，而部分孔喉细小（<2μm）在低流速下流动时存在启动压力梯度，这部分孔喉未参与渗流，随流速增大，更多的小孔喉参与渗流。因此，低流速下的渗透率值为微粒运移、启动压力梯度共同作用的结果，如果按照现有的行业标准进行速敏性实验，势必会影响速敏现象的正确评价。为此，需要对速敏实验方法进行改进，改进的基本原则是：减少启动压力梯度对速敏实验的影响。其改进办法为使用模拟地层水分别测取对应流速下以及回归至流速为 0.10mL/min 时的渗透率，再次开展了储层岩心的速敏评价实验（图4-86、表 4-24，5-018A 岩心）。由此可知，采用改进后的方法得到速敏伤害程度为弱，伤害率为 28.89%，渗透率变化均主要发生在 3mL/min 之内，呈缓慢上升趋势，临界流速为 3mL/min。改进方法所测得的渗透率明显小于行业标准所测渗透率值，表明改进方法能够有效地修正由于启动压力梯度导致的实验误差，反映出储层真实速敏性。

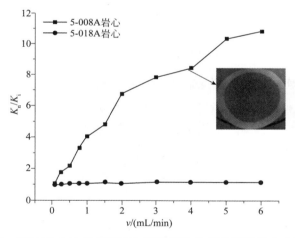

图 4-86 绥中 36-1 油田储层岩心速敏实验曲线及驱除液中含砂情况

为了进一步验证速敏的伤害是否由于微粒运移引起，应用改进后的速敏实验评价方法开展高流速到低流速的反向实验，使用模拟地层水分别测取对应流速下和回归至流速为 0.5mL/min 的渗透率，实验结果见图 4-87。行业标准法评价表明，随着流速的下降，渗透率逐渐下降，渗透率变化主要发生在 3mL/min 以下，渗透率伤害不可逆，且渗透率逐渐减小。主要原因是初始流速较大，岩心内可动微粒首先发生运移，一部分冲出岩心，一部分沉积在孔喉内部，随着后续流速的进一步降低，岩心内粒径较小的微粒接着发生运移，进一步堵塞在初始沉积微粒的孔喉处，造成渗透率降低。由此实验表明，一旦现场注入井的注入强度过大，储层中发生微粒运移伤害的程度也较大，因此现场初始日配注量不宜过大。改进行业标准法评价表明，随着流速从 11mL/min 逐步下降至 3mL/min 时，渗透率相对较平稳，有轻微波动；当流速降至 3mL/min 以下时，渗透率出现明显下降。由此实验也得出绥中 36-1 油田储层岩心的临界流速在 3mL/min。

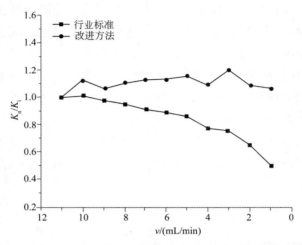

图 4-87　绥中 36-1 油田储层天然岩心高速-低速反向速敏实验曲线

因此，通过实验综合分析及储层物性条件分析认为，SZ36-1 油田主力注水层位的储层速敏伤害程度弱，临界流速为 3mL/min。一旦流速超出临界流速，储层的速敏伤害程度增大，易产生微粒运移造成储层伤害。

（二）典型含聚污水注入井注水强度计算

据实验室临界流速与实际流速之间的关系式，将实验流量换算成渗流速度：

$$v = \frac{14.4Q_c}{A \times \phi} \qquad (4\text{-}47)$$

式中　v——流体渗流速度，m/d；

　　　Q_c——流量，cm^3/min；

　　　A——岩石横截面积，cm^2；

　　　ϕ——岩样孔隙度。

根据速敏试验结果得到的采油或注水时单位地层厚度的产量或注入量，将其换为油田常用单位[71]：

$$Q = \frac{1.152r_w Q_c}{D^2} \qquad (4\text{-}48)$$

因此，最终得到的储层临界产量或注入量为：

$$Q_{临} = Q \times h \qquad (4\text{-}49)$$

上两式中　h——油层有效厚度，m；

r_w——井眼半径，cm；

Q_c——实验岩心的临界流量，cm^3/min；

D——实验岩心直径，cm。

通过上述公式计算得到绥中 36-1 油田典型含聚污水注入井的临界流速，具体情况如表 4-31 所示。

表 4-31　绥中 36-1 油田 M 平台注水井实际注水现状（2016 年 4 月）

井号	垂厚/m	临界流速/(m³/d)	初始配注量/(m³/d)	最大配注量/(m³/d)	历史最大注水量/(m³/d)	目前配注量/(m³/d)	目前注入量/(m³/d)	目前注入压力/MPa
M08	66.8	386.46	150	750	750	359	176	10
M09	70.2	406.13	250	600	600	430	168	10
M10	70.5	407.84	258	800	830	977	165	10
M11	61.8	357.51	265	1074	710	1011	56	10
M12	69	399.19	150	637	720	706	142	10
M13	66.7	385.88	102	650	623	344	186	10
M34	36.4	210.59	160	350	350	320	142	10
M35	36.5	211.17	160	300	462	297	116	10

从上述 8 口注水井的注水情况可以看出，各注水井初期配注量均低于临界流速。最大配注量均明显超出临界流速，尤其是 M11 井，配注量在临界流量的 3 倍以上。各井历史最大实际注水量基本在临界流速的 1.6～2.2 倍，各注水井发生了较明显的储层伤害，注水量持续下降，注水压力持续上升，目前各井注水压力均已达到最大安全注水压力，欠注较为明显。因此针对含聚污水回注井，注水过程中或酸化解堵成功后，应逐步提高注水量，最大配注量不宜大于临界流速。

四、现场应用效果

含聚污水水质达标技术、新型清水剂以及控制注水强度等储层保护技术在渤海三个注聚油田进行了应用，从水质达标率等多方面均取得了较好的效果。

（1）水质达标率

成果矿场试验实施以来，SZ36-1、JZ9-3 和 LD10-1 三个注聚油田注水水质得到了极大改善，节支效果明显。2012 年目标区块 SZ36-1 油田含聚污水回注水质指标在线监测的达标率为 60%，JZ9-3 油田含聚污水回注水质指标在线监测的达标率为 78%，LD10-1 油田含聚污水回注水质指标在线监测的达标率为 40%；2013 年目标区块 SZ36-1、JZ9-3 和 LD10-1 三个注聚油田注水水质达标率分别为 75%、90%、65%；2014 年和 2015 年，上述三个目标区块注水水质达标率分别为 90%、100%、85%，注聚油田含聚污水回注水质指标连续 2 年达到优，尤其是 JZ9-3 油田，连续 2 年水质达标率均为 100%，实现了"注好水"的研究目标。

（2）油泥处理

三个聚驱油田共有斜板除油器 15 台，加气浮选器 9 台，核桃壳过滤器 39 台。2012 年，斜板除油器和加气浮选器共清罐 8 台次，每次清罐时，罐内全部被污油泥覆盖，每罐清出污油泥 200 方左右；核桃壳过滤器更换滤料 46 台次，每罐更换出被污油泥污染的滤料约 5 方，平均更换滤料频次为 1-2 次/罐·年。正常情况下，仅绥中 36-1-CEPK 平台斜板、气浮两级处理设备每天顶部收油近 2000 方，回收污油全部进入污油罐，再经污油泵打回流程入口一级分离器内重新处理。污油罐、开排、闭排滤网每天清洗 15～20 个左右，冲洗后剩余干油泥 0.24m³/d，三个注聚油田仅是处理流程各级滤网清出的干油泥量在 1.3m³/d。成果进入矿场应用后，斜板和气浮设备共清罐 2 台次，每罐清出污油泥约 50m³；核桃壳过滤器共更换滤料 8 台次，各级滤网清出的干油泥不到 0.3m³/d。2014 年和 2015 年，斜板和气浮设备均未进行清罐作业，核桃壳过滤器共更换滤料 14 台次（2014 年 8 台次，2015 年 6 台次），各级滤网清出的干油泥同样不到 0.3m³/d。成果应用三年来，节约清罐作业和更换滤料作业 138 次，减少对外运输的油泥量为 5100m³，实现了"环保注水"的研究目标。

（3）解堵周期延长

因 SZ36-1、JZ9-3 和 LD10-1 三个注聚油田注水水质得到较大改善，三个油田注水井解堵周期由以往的平均 6 个月增加到 9 个月，每年减少解堵作业井次近 35 井次，有效降低了生产成本，实现了"经济注水"的研究目标。

（4）油田注采比与日注水量

自含聚污水回注储层保护技术在现场逐步应用以来，注聚油田年注采比逐渐增加，其中 SZ36-1 油田从 2012 年的 1.00 增加到 2015 年的 1.20，LD10-1 油田从 2012 年的 0.90 增加到 2015 年的 1.16，JZ9-3 油田从 2012 年的 0.89 增加到 2015 年的 1.13，注水效果逐渐变好；SZ36-1 油田日注入量从 2013 年 1 月的 56000m³/d 增加到 2015 年 9 月的 61000m³/d，地层静压稳中有升；从单井注水动态曲线来看

（图 4-88），以 JZ9-3-B5H 井为例，日注水量从 115m³/d 逐渐增加，至 2015 年增加至 400m³/d。实现了"注够水"的研究目标。

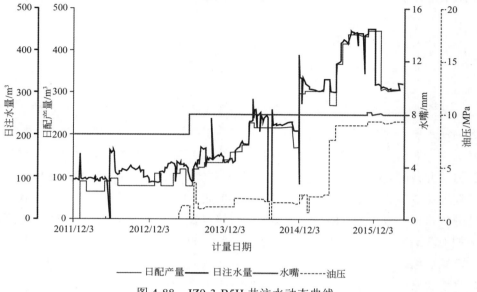

图 4-88　JZ9-3-B5H 井注水动态曲线

第五章 含聚污水回注井解堵增注技术

从渤海 3 个注聚油田注水井注入压力和欠注情况统计数据看，仍存在部分井区高注水压力井数多，欠注井占总注水井数量比例大等问题，其中锦州 9-3 油田日欠注 1685 方左右，绥中 36-1 油田日欠注 10165 方，欠注情况较为严重，欠注井占总井数的 43%。LD10-1 油田日欠注 975 方左右。针对性地开展欠注井解堵工艺研究是提高注水效果、恢复生产的首要问题。通过含聚污水回注井井下堵塞物的分析得出，含聚污水回注井返出的井下堵塞物物质组分与注聚井井底堵塞物组分相似度高，无机组分的含量及元素分布基本相同，物质来源主要是注入水中的悬浮物。结合含聚污水的堵塞机理、堵塞范围，提出"解堵+微压裂"增注技术，确立了含聚污水回注井解堵工艺的发展方向。

第一节 典型欠注井历次酸化效果分析

以绥中 36-1 油田典型欠注井为例分析历次酸化效果（表 5-1）。其中，M 平台的 M10、M11、M12 井在 2015 年分别实施过酸化解堵作业，但酸化有效期较短，注水压力在酸化结束恢复注水的第二天基本上涨至 10MPa。注水量仅在酸化后恢复注水的前 5～10 天的时间内能够满足配注要求，之后便出现欠注，平均在

表 5-1　2015 年 M10、M11、M12 井酸化基本情况

井号	酸化时间	酸液类型及用量/m³	解堵半径/m	视吸水指数增倍数	有效期/d
M10	2015.1.28	氟硼酸（50）	0.75	1.9	60
	2015.7.5—7.6	清洗剂 I（50）+有机清洗剂 II（20）+氟硼酸（30）	0.58	1.6	28
M11	2015.1.24—1.25	多氢酸（60）	0.96	3.3	37
	2015.6.22—6.23	清洗剂 I（50）+清洗剂 II（20）+氟硼酸（30）	0.68	1.6	56
M12	2015.6.28	BHJ3-G(6)+BHJ3-A(20)+BHJ3-C(60)	0.95	1.72	10

一个月内吸水能力即下降到解堵前水平，无法满足油藏配注要求，甚至部分井进行酸化解堵作业后仍然不能满足配注需求。目前大部分井注水量基本在 200m³/d 左右，所有注水井均存在欠注严重的问题，表现出酸化作业效果差、有效期短的问题。

酸化施工曲线是进行酸化施工过程中压力及排量的真实记录，它可客观地反映出储层的一些特点，深入分析总结可检查出酸化工艺的适用性及存在的问题，部分反映出酸化的解堵效果。在低于储层破裂压力条件下，进行酸化施工作业，一般表现出三种典型特征：

① 彻底解堵型：高压挤酸一开始，施工压力逐渐升高，而施工排量和吸水指数都比较小，施工压力达到一定值后，压力突然下降到零或者很低，而施工排量和吸水指数却大幅度地增加。解堵后地层一般都"大吃大喝"，吸水指数一般都异常地高，直至施工结束。

② 部分解堵型：近井地带的堵塞物部分得到解除，但仍存在着堵塞现象。表现在施工压力虽然突然降低，但仍有一定压力且压力较高，施工排量和视吸水指数均得到较大幅度提高。

③ 不能解堵型：如果注入的解堵体系对堵塞物不具有针对性，不能有效解除储层堵塞物，表现在施工曲线上施工压力基本不变，施工排量出现波动变化，排量和视吸水指数略有增加。

M10 井 2015 年共实施过两次酸化作业，第一次酸化作业过程中随着解堵体系的注入，注入压力从 12MPa 最终降低到 4MPa，注入排量从 0.3m³/min（432m³/d）最终上升到 0.7m³/min（1008m³/d），尤其在处理液注入过程中压力从 10MPa 降低到 5MPa，注入排量上升较快（见图 5-1）。因此，通过施工曲线可知此次酸化施工具有一定的效果，能够部分解除储层伤害，此施工曲线属于部分解堵型，与初

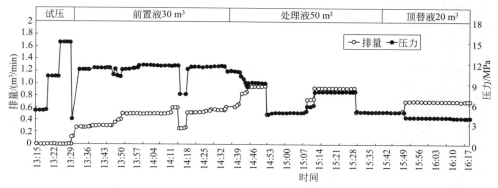

图 5-1　SZ36-1 M10 井第一次酸化作业施工曲线（2015 年 1 月 28 日）

期注水的视吸水指数仍存在一定差距，但可能会达到 800m³/d 的注水配注要求。根据酸化后的注水情况证明酸化后注水量确实达到 800m³/d，但注水压力居高不下仍为 10MPa，仅达到了部分解堵的效果。第二次酸化作业过程中注入压力基本保持在 12MPa 左右最终下降到 10.7MPa，注入排量从 1.85bbl/min（423m³/d）上升到 4.3bbl/min（984m³/d），通过酸化施工曲线表现出第二次酸化施工解堵效果不如第一次，虽然排量相差不大，但注入压力存在较大差距，第二次酸化施工曲线也属于部分解堵型。

　　M11 井 2015 年共实施过两次酸化作业，第一次酸化作业过程中随着解堵体系的注入，注入压力一直维持在 12MPa 左右最终降低到 9MPa，注入排量从 0.2m³/min（288m³/d）最终上升到 1m³/min（1440m³/d），此施工曲线属于典型的部分解堵型（见图 5-2），主要表现出提高注入排量但注入压力降低幅度有限，仍然保持在较高的注入压力。第二次酸化作业过程中注入压力一直保持在 12.5MPa，注入排量从 1bbl/min（228.96m³/d）最终上升到 2.5bbl/min（572.4m³/d），此施工曲线属于部分解堵型（见图 5-3），但此次解堵效果明显低于第一次解堵效果，在 12.5MPa 下最终注水量达到 572.4m³/d，根据施工曲线推断认为酸化解堵后注水量不可能在 10MPa 压力下达到 800m³/d 的配注量，因此酸化过程中并没有完全解除污染。

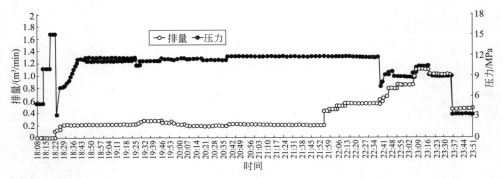

图 5-2　SZ36-1 M11 井第一次酸化作业施工曲线

　　M12 井开展过一次酸化作业，酸化注入压力在 11MPa 左右，注酸过程中压力一直保持波动没有出现压力骤降的现象，注入排量从 1bbl/min（228.96m³/d）上升到 5.5bbl/min（1259.28m³/d），酸化施工曲线属于部分解堵型曲线，能够部分解除堵塞伤害，但没有出现典型"X"形明显解堵曲线。

　　通过 2015 年 M 平台典型欠注井的 5 次酸化措施施工曲线得出以下认识及结论：①酸化作业能部分解除堵塞伤害，提高注水井视吸水指数；②所有酸化曲线均属于部分解堵型曲线，解除部分堵塞伤害，但不能形成明显的"大吃大喝型"

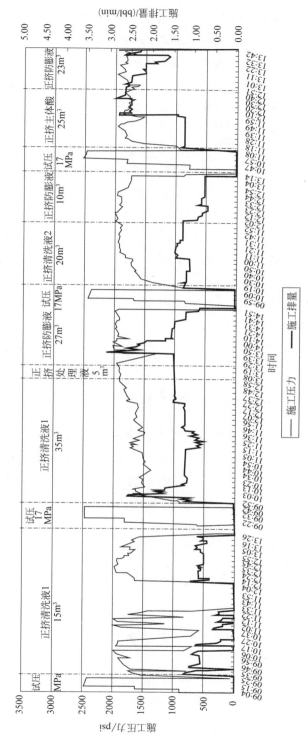

图 5-3　SZ36-1 M11 井第二次酸化施工曲线

（1psi=0.006896MPa）

的 "X" 形完全解堵曲线；③首次酸化作业从施工曲线上分析，解堵效果一般好于重复酸化；④酸化施工过程中，施工曲线上表现出的压力降幅较小，部分井酸化施工曲线上最终达到的最高注入量仍达不到 600m³/d，导致酸化作业后注水压力一直维持在 10MPa，注水量仍达不到配注要求。

综合分析得出，含聚污水注入井酸化效果差主要存在以下原因：①注水井采取的多次酸化措施均为部分解堵型，存在堵塞物解除不完全的情况，酸化解堵后注水井注入压力一直保持较高注入压力，注水量提高能力有限；②当存在酸化解堵不完全的情况时，酸液中的主体酸主要起到部分溶解可溶性储层矿物、结垢产物的作用，酸液中的有机溶剂、强氧化剂解除片团状、膜状的含聚有机絮团物质不完全，残余的聚合物、有机垢堵塞物滞留在储层，酸化后恢复注水时，由于注入水的携带能力及内聚力作用，可能使零星散落的堵塞物聚集在一起，导致酸化后注水量下降较快，此类现象在其他含聚污水注入井中也存在；③目前的解堵液体系仍然存在一些不足，主要选择的是常规酸化体系，未针对含聚油泥等复杂堵塞物质研发相应的清洗液体系；④M11、M12 井 2016 年两次酸化作业解堵较为完全时，依然出现类似的情况，注水压力攀升迅速达到最高注水压力后注水量迅速下降，这与注入水水质及注水制度存在密不可分的关系，后期恢复注水后又产生新的伤害。

第二节　含聚污水回注井高效解堵剂研发

一、含聚污水回注储层伤害预防及解除措施研究现状

控制渤海聚驱油田含聚污水结垢与不配伍性的主要措施是尽量避免高成垢离子污水与清水混合回注[9]。避免水源井水与含聚污水以 1∶1 的比例混合回注；另外还可加大含聚污水的混合比例，有利于降低清污不配伍产生的结垢量。

含聚污水堵塞岩心后，通过筛选以氧化剂、表面活性剂和酸液为主体的复合解堵液可有效解除聚合物的堵塞[72]，并在大庆油田某区块开展了 18 口井的现场试验，平均单井注水压力由 12.2MPa 下降至 11.9MPa，日注水量由 7m³ 增加到 27m³，取得了良好的效果。

针对聚合物的吸附伤害，又开展了解除聚合物吸附的解吸剂优选实验，以河南油田某注聚区块为目标油田确定了两种解吸剂 LA-I 和 LA-II 的配方[73]。其中 LA-I 主要为低相对分子量的聚乙二醇 PEG-40，LA-II 主要为乙醇胺。随后开展了岩心解吸实验，结果表明注解析剂可有效预防聚合物早期吸附。

在解堵或预防堵塞的基础上，提出了聚合物循环利用技术研究，即如何利用地层中产出聚合物提高原油采收率的研究[74]。针对这一问题，提出向地层中注入

絮凝剂来达到上述目的。于是对大庆油田开展了不同渗透率介质中聚合物的吸附机理实验研究，并完成了絮凝剂注入时机、注入量等实验研究。同时，结合数值模拟优化了注入参数，随后开展了现场试验。现场有 6 口注入井，13 口生产井。单井平均注入絮凝剂 5161m³，单井平均增油达到 3.1t/d，含水率下降 3.11%，产出聚合物浓度下降 105mg/L，累积增油 4230.5t，投资产出比为 1∶3.62。该技术实质上是利用产出聚合物进行深部调剖[75]，使得后续注入水进入中低渗储层，极大地提高了后续水驱的驱油效率。

综合分析可知，要预防含聚污水回注对储层造成的伤害，一方面可以通过引进先进的工艺技术对含聚污水进行深度处理，使含聚污水水质达标，另一方面可以调整清污混注比例，使含聚污水尽量与储层及储层流体配伍。同时，在认识清楚伤害机理的前提下，加入相应的化学药剂（防垢剂、解吸剂等）。对于已经引起储层伤害的地层，可以应用酸化解堵、利用产出聚合物进行深部调剖等措施。

二、高效有机溶剂体系筛选

在含聚污水回注井筛管及近井地带形成的堵塞物是由大量的有机垢、无机垢、储层颗粒、聚合物相互包裹、相互混杂、相互侵入形成的复杂的堵塞物体系，单纯应用有机溶剂、破胶剂及酸液体系，均不能达到高效溶解有效解堵的目的，必须相互作业协同增效。当用有机溶剂清洗堵塞物后，仍有部分有机垢存在，有机溶剂只能作用在与之相接触的堵塞物表面，而不能更有效地溶解堵塞胶团内部的有机物，必须要充分分散堵塞物，使有机溶剂能够充分接触堵塞物表面，更高效溶解，因此考虑选用高效有机溶剂与良好分散剂相结合，表 5-2 为实验所用有机溶剂的性能特点，表 5-3 为溶解含聚油泥中原油的实验结果。

表 5-2　有机溶剂特点

有机溶剂类型	有机溶剂	特　　　点
常用有机溶剂	环己酮	环丙烷的氧代衍生物，很不稳定
	甲醇	甲醇是小分子的极性助剂
	二甲苯	特臭、易燃，与乙醇、氯仿或乙醚能任意混合，在水中不溶
	石油醚	不溶于水，溶于无水乙醇、苯、氯仿、油类等多数有机溶剂。易燃易爆，与氧化剂可强烈反应。主要用作溶剂和油脂处理
新型有机溶剂	超级溶剂 T	溶于水，溶于苯、氯仿、油类等多数有机溶剂，渗透性好
	超级溶剂 D	稳定性强，溶于水，强极性助剂
	超级溶剂 F	溶于水，溶于氯仿、醇类等

表 5-3　有机溶剂溶解含聚污油泥及油泥所含原油的效果

编号	反应前	反应 4h 后	溶解效果
1. 超级溶剂 T			溶解效果好
2. 超级溶剂 D			未溶解原油，但对胶团有较好降解效果
3. 环己酮			有一定的溶解效果
4. 超级溶剂 F			胶团变性，硬化在底部
5. 甲醇			胶团变软，有分散趋势
6. 环己烷			无效果

编号	反应前	反应 4h 后	溶解效果
7．甲苯			无效果
8．二甲苯			无效果
9．石油醚			无效果

由表 5-3 各有机溶剂对堵塞物的溶解实验可知，超级溶剂 T 体系对复杂堵塞物有机质的效果最好，能够有效分散堵塞物体积及高效溶解有机物。超级溶剂 D 体系体系能够对胶团有较好降解效果并具有一定的分散能力。甲醇使胶团变软且有分散趋势，可能原因是甲醇是小分子的强极性助剂，作用是破坏氢键，促进溶解。环己烷、环丙酮、甲苯、二甲苯、石油醚对胶团及胶团中的原油均无溶解效果。因此可以考虑具有一定分散性能的甲醇与超级溶剂 T 体系进行复配，高效分散溶解含聚油泥堵塞物。

三、含聚油泥解堵剂筛选

1．酸类降解剂

酸液是强氧化剂，可作为降解聚合物的降解剂。酸液体系用盐酸、土酸、多氢酸、甲酸、硝酸。各酸液体系配方见表 5-4。

图 5-4 为各酸液体系溶解聚合物溶液（SZ36-1 注聚用聚合物 AP-P4，浓度 1200mg/L）实验情况，由图可看出，加入酸液后，4h 后聚合物溶液大多由清澈变浑浊。加入盐酸、土酸、甲酸、硝酸的聚合物溶液均有不同程度的白色絮状物生成。加入多氢酸的聚合物溶液无白色絮状物生成。

表 5-4　酸液体系配方

编号	配　　方
1	12%HCl
2	12%HCl+2%HF
3	5%HCl+3%SA-601
4	5%HCl+3%SA-601+4%SA-701
5	10%甲酸
6	10%HNO₃

图 5-4　加入酸液 4h 后聚合物溶液的降解情况

图 5-5 为 AP-P4 聚合物溶液加入酸液 4h 后测试的表面张力结果，由图可知，加入酸液后，聚合物溶液表面张力有一定下降，其中加入甲酸的聚合物溶液后表面张力最小，由 50mN/m 下降为 41.22mN/m。

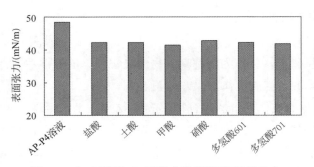

图 5-5　加入酸液 4h 后聚合物溶液的表面张力

图 5-6 为 AP-P4 聚合物溶液加入不同酸液反应不同时间后测试的聚合物溶液黏度变化情况，由图可知，酸液的降黏速率均很快，2h 后黏度基本趋于稳定。相对盐酸和土酸，多氢酸的降黏速率相对缓慢。

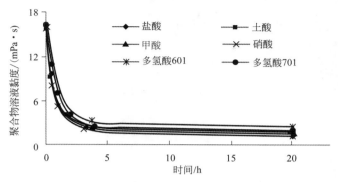

图 5-6　不同类型酸液的降黏速率

2. 氧化型降解剂

二氧化氯、二氧化氯与酸液（土酸、硝酸、甲酸）复配的配方体系如表 5-5 所示。

表 5-5　二氧化氯型聚合物降解剂配方体系

编号	配　　方
1	$1\%ClO_2$
2	$1\%ClO_2+12\%HCl+2\%HF$
3	$1\%ClO_2+10\%HNO_3$
4	$1\%ClO_2+10\%$甲酸

图 5-7～图 5-9 为 AP-P4 聚合物溶液加入不同类型氧化型解堵液体系后的宏观现象以及表面张力和黏度变化情况。由图 5-7 可看出，由于二氧化氯溶液的强氧化性，接触聚合物溶液的瞬间即发生反应，聚合物溶液黏度下降明显，且有白色胶状物质生成。

图 5-7　加入二氧化氯型聚合物降解剂 4h 后的聚合物溶液

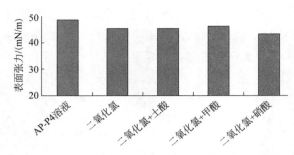

图 5-8　加入二氧化氯型聚合物降解剂 4h 后聚合物溶液的表面张力

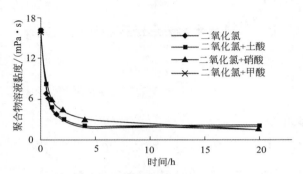

图 5-9　二氧化氯型聚合物降解剂的降黏速率

由图 5-8 可知，加入二氧化氯后聚合物溶液表面张力有略微下降，其中加入二氧化氯与硝酸复配后的聚合物溶液，其表面张力最小，由 50mN/m 下降为 43.29mN/m。

由图 5-9 可知，二氧化氯型聚合物降解剂降黏速率快，2h 后黏度基本趋于稳定，但是相对酸液体系降黏速率相对缓慢。其中二氧化氯与甲酸复配的降黏速率最快。

3. 破胶型降解剂

破胶剂Ⅰ、破胶剂Ⅱ、破胶剂Ⅰ+破胶剂Ⅱ及其与有机溶剂的配方体系如表 5-6 所示。

表 5-6　破胶剂Ⅰ+Ⅱ为主体的配方体系

编号	配方
1	0.5%破胶剂Ⅰ+0.5%破胶剂Ⅱ
2	0.5%破胶剂Ⅰ+0.5%破胶剂Ⅱ+5%超级溶剂 T
3	0.5%破胶剂Ⅰ+0.5%破胶剂Ⅱ+5%超级溶剂 D
4	0.5%破胶剂Ⅰ+0.5%破胶剂Ⅱ+5%超级溶剂 F

表 5-7　破胶剂Ⅰ、Ⅱ对胶团的降解效果

编号	反应前	反应 4h 后	降解效果
1			胶团完全降解，分散出的原油大量附着在烧杯壁上
2			胶团几乎完全降解，少量膜状聚合物漂浮在液面，原油完全溶解
3			胶团部分降解，原油未溶解
4			胶团部分降解，原油部分溶解

　　破胶剂Ⅰ与破胶剂Ⅱ复配后，对胶团的降解效果较好（见表 5-7）。在加入超级溶剂 T 后，胶团完全降解，原油完全溶解于溶液。

4．自生热型聚合物降解剂体系

　　自生热体系及其与有机溶剂复配的配方体系如表 5-8 所示。

表 5-8　自生热为主体的配方体系

编号	配　　方
1	10%NaNO$_2$+10%NH$_4$Cl+5%HCl
2	10%NaNO$_2$+10%NH$_4$Cl+5%HCl+5%超级溶剂 T
3	10%NaNO$_2$+10%NH$_4$Cl+5%HCl+5%超级溶剂 D
4	10%NaNO$_2$+10%NH$_4$Cl+5%HCl+5%超级溶剂 F

　　由表 5-9 中实验情况可知，亚硝酸钠与氯化铵的自生热体系对胶团的降解效果较好，一方面，自生热反应时产生大量气体，气泡在上升过程中运动接触胶团，有物理冲击现象。另一方面，放热使得胶团分散。但亚硝酸钠、氯化铵自生热体系与超级溶剂 T 配伍性差，反应后生成棕色絮状物。

表 5-9　自生热体系对胶团的降解效果

编号	反应前	反应 4h 后	降解效果
1	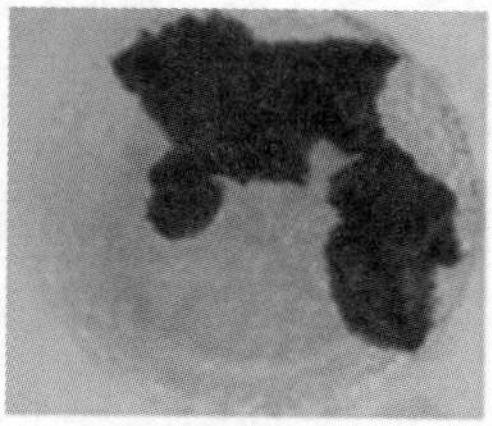	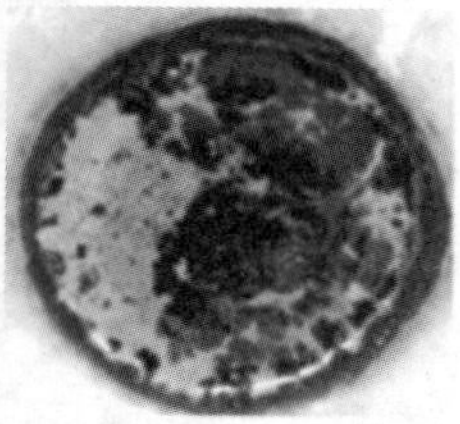	胶团大部分降解
2	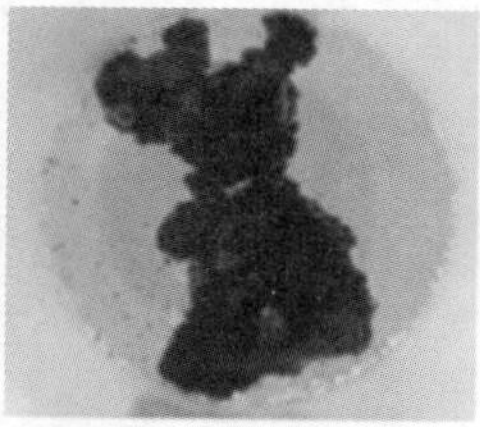	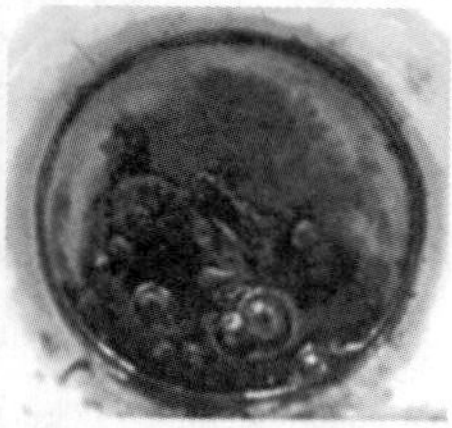	胶团大部分降解，剩余胶团呈膜状，烧杯底部有棕色絮状物生成
3		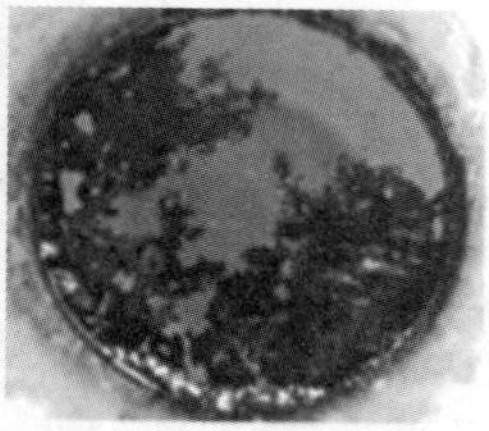	胶团部分降解
4	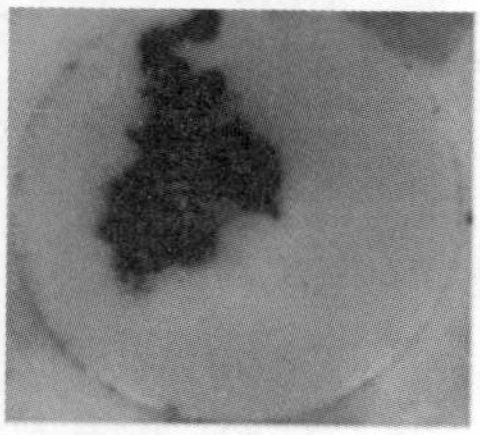	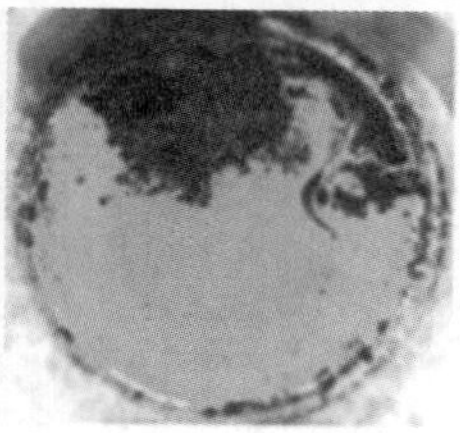	胶团部分降解

通过各类型解堵剂的筛选实验，得到以下结论：

① 强氧化剂中酸液、破胶剂复配、二氧化氯及其与酸液复配对聚合物溶液的降解效果良好，其中二氧化氯与硝酸复配后聚合物溶液黏度下降率最高，下降率为90.6%，但加入酸液、二氧化氯及其与酸液复配后的聚合物溶液中均不同程度地生成了絮状物。加入破胶剂后的聚合物溶液清澈，聚合物溶液黏度下降率为75%。

② 超级溶剂T对含聚污油泥中原油的溶解效果最好，超级溶剂D次之。甲酸与超级溶剂D对聚合物及胶团的分散效果最好，破胶剂Ⅰ、Ⅱ与超级溶剂T对聚合物及胶团的降解效果最好。

因此针对这种含聚复杂堵塞物胶团优选出的解堵剂体系Ⅰ为甲酸+超级溶剂D，作用是分散胶团；解堵剂体系Ⅱ为破胶剂Ⅰ+破胶剂Ⅱ+超级溶剂T，作用是进一步降解胶团，有效溶解油垢。

四、高效解堵剂体系优化

1. 复合解堵剂Ⅰ体系优化

解堵剂Ⅰ的作用在于甲酸与超级溶剂D共同作用分散胶团。选取不同浓度的解堵剂Ⅰ进行胶团降解实验，对解堵剂Ⅰ的加量进行优化（见表5-10）。

表5-10 解堵剂Ⅰ的加量优化

编号	配　　方
1	5%甲酸+2%超级溶剂D
2	8%甲酸+2%超级溶剂D
3	10%甲酸+5%超级溶剂D

表5-11 不同配方解堵剂Ⅰ降解含聚油泥后溶液的吸光度测试结果

测定时间/h	吸光度		
	5%甲酸+2%超级溶剂D	8%甲酸+2%超级溶剂D	10%甲酸+5%超级溶剂D
0.5	0.613	0.618	0.627
1	0.624	0.635	0.639
2	0.636	0.641	0.647
4	0.638	0.641	0.651

由计算可知，4h后5%甲酸+2%超级溶剂D、8%甲酸+2%超级溶剂D、10%甲酸+5%超级溶剂D对含聚油泥堵塞物胶团的降解率依次为97.38%、97.93%、99.75%。

由表 5-11、图 5-10 可知，随时间延长，溶液吸光度增大，2h 后基本不变，即解堵剂 I 在 0~2h 对胶团的分散速率快，2~4h 分散速率减缓至趋于平稳。随解堵剂 I 中甲酸含量的增大，溶液的吸光度增大，即溶解胶团而生成的聚合物含量增加。因此推荐解堵剂 I 浓度为 5%甲酸+2%超级溶剂 D。对于长时间老化变性的复杂聚合物胶团堵塞物，推荐配方体系：纯甲酸+2%超级溶剂 D（体积比为 2 : 1）。

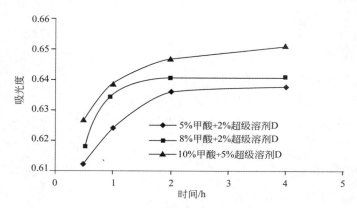

图 5-10　不同浓度解堵剂 I 的吸光度对比

2. 复合解堵剂 II 体系优化

首先，通过胶团降解实验确定超级溶剂 T 的最佳加量。将破胶剂 I 和破胶剂 II 的加量定为 0.5%，超级溶剂 T 的加量分别为 0.5%、1%、3%、5%（见表 5-12 和图 5-11）。

表 5-12　超级溶剂 T 的加量优化

编号	配方
1	0.5%破胶剂 I +0.5%破胶剂 II +0.5%超级溶剂 T
2	0.5%破胶剂 I +0.5%破胶剂 II +1%超级溶剂 T
3	0.5%破胶剂 I +0.5%破胶剂 II +3%超级溶剂 T
4	0.5%破胶剂 I +0.5%破胶剂 II +5%超级溶剂 T

(a) 0.5%破胶剂 I +
0.5%破胶 II +
0.5%超级溶剂T

(b) 0.5%破胶 I +
0.5%破胶剂 II +
1%超级溶剂T

(c) 0.5%破胶剂 I +
0.5%破胶剂 II +
3%超级溶剂T

(d) 0.5%破胶剂 I +
0.5%破胶剂 II +
5%超级溶剂T

图 5-11　超级溶剂 T 对含聚污油泥堵塞物胶团中原油的溶解效果

通过实验可得，浓度 3%以上的超级溶剂 T 可达到对原油较好的溶解效果。

其次，使用分光光度法确定破胶剂的最佳加量。将超级溶剂 T 的加量定为 3%，破胶剂Ⅰ与破胶剂Ⅱ的加量分别为 0.25%、0.5%、0.75%（见表 5-13 和表 5-14）。

表 5-13　破胶剂加量的优化

编号	配方
1	0.25%破胶剂Ⅰ+0.25%破胶剂Ⅱ+3%超级溶剂 T
2	0.5%破胶剂Ⅰ+0.5%破胶剂Ⅱ+3%超级溶剂 T
3	0.75%破胶剂Ⅰ+0.75%破胶剂Ⅱ+3%超级溶剂 T

表 5-14　不同浓度解堵剂Ⅱ的吸光度

测定时间/h	吸光度		
	0.25%破胶剂+3%超级溶剂 T	0.5%破胶剂+3%超级溶剂 T	0.75%破胶剂+3%超级溶剂 T
0.5	0.552	0.571	0.590
1	0.563	0.585	0.598
2	0.579	0.603	0.613
4	0.585	0.614	0.621

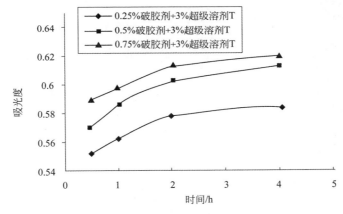

图 5-12　不同浓度解堵剂Ⅱ的吸光度

由计算可知，4h 后 0.25%破胶剂+3%超级溶剂 T、0.5%破胶剂+3%超级溶剂 T、0.75%破胶剂+3%超级溶剂 T 的降解率依次为 87.74%、93.1.%、94.29%。

由图 5-12 可知，随时间延长，溶液吸光度增大，2h 后基本不变，即解堵剂Ⅱ在 0～2h 对胶团的降解速率快，2～4h 降解速率减缓至趋于平稳。随解堵剂Ⅱ

中破胶剂含量的增大，溶液的吸光度增大，即降解胶团而生成的聚合物含量增加。因此推荐解堵剂 I 浓度为 0.5%破胶剂+3%超级溶剂 T。

3．复合解堵剂降解性能评价

凝胶渗透色谱法具有分析时间短、峰形窄、灵敏度高等优点，主要用于分离生物大分子和高聚物（相对分子量 $2 \times 10^3 \sim 2 \times 10^6$）等，由于一些高聚物的相对分子量的变化是连续的，凝胶色谱不能将其逐一分离，但可测定其相对分子量的分布状况。

通过凝胶渗透色谱法测定聚合物溶液中加入聚合物降解剂后，聚合物相对分子量的分布状况，以说明聚合物溶液的降解情况，测得结果如图 5-13～图 5-16 所示。

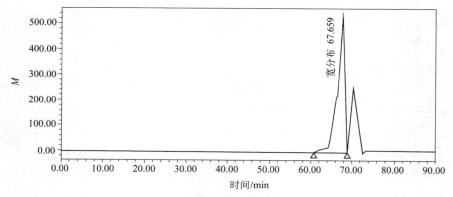

图 5-13　聚合物溶液自动缩放色谱图

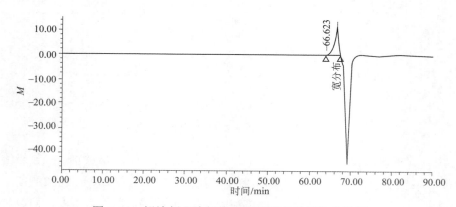

图 5-14　解堵剂 I 降解聚合物溶液自动缩放色谱图

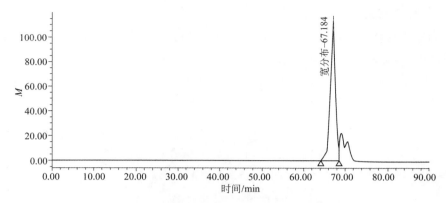

图 5-15 解堵剂Ⅱ降解聚合物溶液自动缩放色谱图

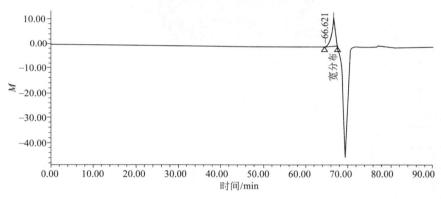

图 5-16 多氢酸降解聚合物溶液自动缩放色谱图

解堵剂Ⅰ、Ⅱ降解聚合物溶液后，聚合物溶液的数均分子量 M_n、重均分子量 M_w、均分子量 M_z、多分散性都下降明显（见表 5-15），说明聚合物溶液的弹性、硬度下降明显，聚合物分子链断裂，分子量下降明显，弹性下降。因此复合解堵剂对聚合物的降解能力显著。

表 5-15 添加不同药剂后聚合物溶液的 GPC 结果

药剂	M_n/D	M_w/D	M_z/D	M_z+1/D	多分散性
蒸馏水	1798	1936	2106	2304	1.076548
解堵剂Ⅰ	1379	1382	1385	1389	1.002385
解堵剂Ⅱ	1349	1351	1352	1354	1.001108
多氢酸	1334	1335	1335	1336	1.000548

注：M_n 为数均分子量，反映了聚合物的拉力、抗冲击性；M_w 为重均分子量，反映了聚合物的脆度；M_z 为均分子量，反映了聚合物的弹性和硬度。多分散性表征聚合物分子量分散指数，数值越大，说明聚合物分子链长短分布不均。

4. 复合解堵剂解堵效果评价及现场应用

为验证复合解堵体系对绥中 36-1 油田含聚污水典型欠注井的堵塞效果，将现场取回的 A8 井井筒返出油泥与绥中 36-1 油田储层砂按不同比例（油泥含量为 5%、10%、15%）混合，制成人造岩心进行岩心流动实验（图 5-17），验证各解堵剂的解堵效果。实验采用配方及驱替顺序见表 5-16。

图 5-17　含不同垢样的人造岩心（垢样取自 SZ36-1A8 井井筒返出油泥）

表 5-16　岩芯驱替顺序与配方

驱替顺序	液　体	组　　成	作用/特点
1	模拟地层水	3%NH₄Cl	测定岩心渗透率
2	解堵剂 I	5%甲酸+2%超级溶剂 D+1.5%SA1-3	分散胶团成溶液状
3	解堵剂 II	0.5%破胶剂 I +0.5%破胶剂 II +3%超级溶剂 T+1.5%SA1-3	降解聚合物,溶解分散原油
4	模拟地层水	3%NH₄Cl	测定岩心渗透率
5	处理液	7%HCl+3%SA601+4%SA-701+0.5%SA1-7+1%SA-18+1%SA1-3+1%SA5-5	缓速多氢酸液体系,溶解堵塞物;溶解垢、黏土、粉砂等
6	模拟地层水	3%NH₄Cl	测定岩心渗透率

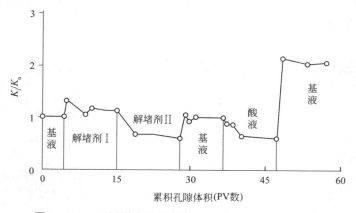

图 5-18　15%垢样岩芯解堵剂 I 、 II 流动实验曲线图

从实验结果看，高效解堵剂Ⅰ、Ⅱ对含5%、10%、15%堵塞物的人造岩心渗透率恢复率分别为90.7%、104.2%、105.1%，解堵效果良好。图5-18为15%垢样岩心的解堵效果K/K_0与累积孔隙体积倍数PV的关系曲线。

应用优选出的高效复合解堵体系于2016年10月针对典型欠注井M35井进行了酸化解堵作业。该井于2015年1月按照配注量150方/天注水，初期注入压力5MPa，至1月中旬注入压力降至2MPa，此后随着配注量提升至250方/天，注入压力逐渐回升，至2月15日，注入压力已上升至10MPa。注入压力过高，注水量减小，欠注。4月降低配注量为300方/天，4月27日开始再次出现欠注。

2016年9月30日～10月1日对M35井进行了高效解堵体系的现场试验，本次施工注液规模如表5-17所示。

表5-17　M35井酸化解堵注入液规模设计表

液　体	组　　成	作用/特点	液量/m³	备　注
解堵液D	5%多氢酸+4%清洗剂D+1.5%SA1-3	分散胶团成溶液状	20	30m³酸罐1个配制
解堵液T	0.5%破胶剂Ⅰ+0.5%破胶剂Ⅱ+6%清洗剂T+1.5%SA1-3	降解聚合物，溶解分散原油	20	30m³酸罐1个配制
处理液	7%HCl+3%SA601+4%SA-701+0.5%SA1-7+1%SA-18+1%SA1-3+1%SA5-5	缓速多氢酸液体系，溶解堵塞物；溶解垢、黏土、粉砂等	30	30m³酸罐1个配制
顶替液	淡水+铁离子稳定剂+助排剂+防膨剂	顶替井筒中酸液	16	配制清洗剂Ⅰ的酸罐配制

注：所有配液用罐必须彻底清洗干净。

此次酸化作业效果如图5-19所示，注入压力由作业前的10MPa降低至1.1MPa，注水量由作业前的50方/天增加至240方/天左右，满足配注要求，目前

图5-19　SZ36-1油田含聚污水回注井M35井注水曲线

正常注水，但压力呈上升趋势。压力上升的原因与注入水水质及注水制度存在密不可分的关系，建议油田现场重点对水质进行详细排查，如水质严重超标，可对在用水处理药剂进行换型，更换为非离子型高效清水剂，确保水质的达标回注。根据 M35 井酸化效果及经验，可进一步扩大高效解堵体系的应用范围和解堵半径。

第三节　深部解堵增注技术研究

常规酸化解堵作业已经难以满足近井 2m 范围内的解堵需求，必须寻求能够有效提升储层近井渗透性，解除污染带伤害，扩大作业波及范围，针对性解除含聚复杂堵塞物的解堵新工艺。

目前临界压力注水或高压注水已经在国外及国内陆地油田得到广泛应用，特别是对中低渗透率油田。临界压力或超高压力注水不仅能有效提高注水井单井的注水量，增加储层的有效吸水厚度，改善吸水剖面，而且能降低注水井修井等作业的频率[76,77]。当注水压力接近或略高于地层的破裂压力时，在水井井筒附近形成微裂缝，在高压下的注入水可沿微裂缝进入地层并通过岩层中的连通孔隙驱替油气向油井方向流动，从而达到驱油的目的。在高压注水开发时，对某些油藏渗透性较差、厚度小、延展弱、连通差以及非均质性强的油藏，射孔井段岩石产生一系列微裂缝，这些裂缝在延伸过程中，与渗透性较差的岩石相互作用，形成了有效渗透性能较好的注水层，注水开发效果显著增加[78]。因此，高压注水微压裂工艺不仅能形成微小裂缝形成新的渗流通道沟通原油流动孔道，同时能够有效启动低压注水条件下未启动的小层，部分改善吸水剖面，最终达到增注的效果。

目前在疏松砂岩储层高压注水形成微裂缝工艺并未进行过相关的研究，因此对渤海油田疏松砂岩储层开展微压裂研究是一种新的尝试。

含聚污水回注井由于筛管及近井地带存在含聚复杂堵塞物严重堵塞渗流通道，导致在近井地带有效渗透率降低，由于堵塞物大量滞留吸附往往导致大量压力截流。在不解堵处理的条件下直接实施高压注水，压力可能会被大量截流，压力不能得到有效的传递，无法使储层发生破裂。因此提出"解堵+微压裂"的解堵新思路。主要存在以下作用机理：①利用高效解堵剂针对性解除含聚复杂堵塞物伤害，提高储层及井筒的渗流通道，达到有效解堵的目的；②当注水压力与地层破裂压力接近或略高时，在储层近井周围会产生微裂缝，在高压注水顶替条件下注入水会通过微裂缝进入储层，最终达到提高储层近井地带渗透率及注水量的目的。两种工艺相结合协同增效，"解堵+微压裂"工艺具有切实意义。

一、微压裂裂缝模拟研究

1. 裂缝形态模拟

绥中 36-1 油田含聚污水注入井井口最大注入压力如表 5-18 所示。

表 5-18　M 平台注水井最大注入压力统计表

井号	油管摩阻损失	注水层破裂压力（破裂压力梯度 0.02）/(MPa/m)	井口最大安全注入压力（破裂压力梯度 0.02）/MPa
M8	0.3	27.6	12.2
M9	0.5	27.9	12.5
M10	2.1	27.8	14.1
M11	2.2	27.6	14.1
M12	0.8	28.3	13.0
M13	0.3	28.4	12.5
M34	0.3	28.4	12.5
M35	0.2	28.2	12.4

　　M10 井在 2015 年 1 月 28 日酸化解堵作业时，以 15MPa 高压进行顶替，已经超过 M10 井井口最大安全注入压力 14.1MPa。理论上，在储层中超过破裂压力会导致储层岩石断裂形成裂缝。为进一步研究高压注水形成的裂缝形态及规律，将模型简化，把多个微裂缝看成一条主裂缝进行等效处理，研究过程中应用 MFrac Suite 软件模拟计算高压注水过程中形成的微裂缝形态，考虑注入水黏度小、滤失大的特征，选用与储层耦合的椭球模型，液体滤失选择动力-动态模型。M10 井具有 4 个防砂段，高压注水过程中可能根据不同的防砂段形成不同裂缝，因此模拟计算过程中对每个防砂段进行裂缝形态模拟。

　　第一防砂段斜深在 1504.8～1524.4m 之间，当净裂缝延伸压力为 0.532MPa 条件下，形成裂缝总缝长为 2.55m，射孔处最大缝宽为 0.075cm，平均水力缝宽 0.05cm，缝高 15.343m，裂缝形态如图 5-20 所示。

　　第二防砂段斜在 1542.5～1555.2m，与第一防砂段条件基本一致，选用模型一致，超临界注水时，净裂缝延伸压力 0.837MPa 时，形成缝总长 4.12m，射孔处最大缝宽 0.076cm，平均水力缝宽 0.05cm，缝高 9.87m，裂缝形态如图 5-21 所示。

　　第三防砂段斜深在 1569.5～1615.6m 之间，计算得出净裂缝延伸压力为 0.272MPa 条件下，形成裂缝总缝长为 1.2071m，射孔处最大缝宽为 0.088cm，平均水力缝宽 0.059cm，缝高 35.398m，形成的裂缝形态如图 5-22 所示。

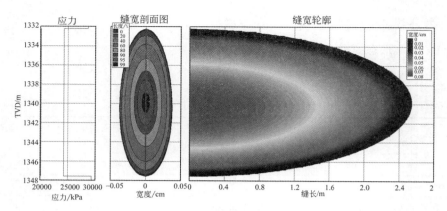

图 5-20 第一防砂段形成的裂缝形态

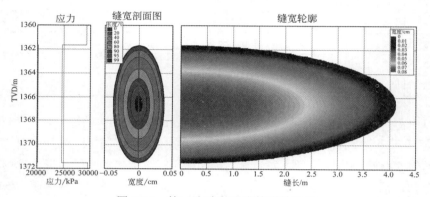

图 5-21 第二防砂段形成的裂缝形态

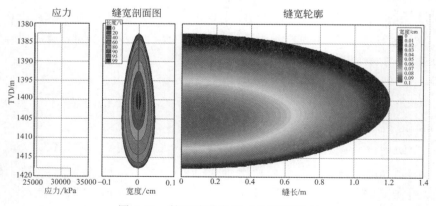

图 5-22 第三防砂段形成的裂缝形态

第四防砂段斜深在 1692.8～1801.5m 之间，最终计算得到当净裂缝延伸压力为 0.171MPa 条件下，形成裂缝总缝长为 0.53m，射孔处最大缝宽为 0.131cm，平均水力缝宽 0.092cm，缝高 78.24m，形成的裂缝形态如图 5-23 所示。

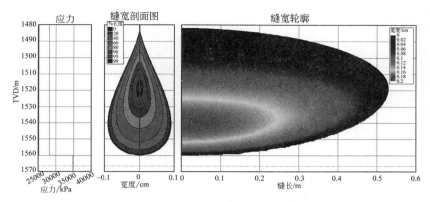

图 5-23　第四防砂段形成的裂缝形态

研究表明 4 个防砂段临界压力注水条件下，可产生不同形态的裂缝，裂缝内延伸压力均在 1MPa 内，根据注水井最大注入压力分析认为，当注入压力在 15～16MPa 时，可满足超临界注水压力的需求，形成微裂缝。模拟计算结果显示，在超临界注水压力条件下，形成的裂缝缝长一般在 5m 范围内，缝宽基本在 1mm 左右，缝高主要取决于储层条件从几米到十几米不等。根据形成裂缝的形态及延伸长度等，考虑典型欠注井井控区域范围内基本无断层的实际储层条件，因此临界压力注水条件下不会沟通断层，从理论上分析认为基本不存在作业风险。

2. 注水时间对裂缝长度的影响

高压注水过程中形成的裂缝均为微裂缝，一般缝宽在 1mm 左右，微压裂工艺的主要作用是形成微小通道并不需要形成主长缝，裂缝能够突破低渗区有效沟通高渗区即可，因而对微压裂注水而言，形成裂缝的缝长显得尤为重要，因此研究过程中重点研究了高压注水过程中微裂缝缝长的延伸规律。

高压注水并不是长期、持续超过破裂压力注水，为降低注水安全隐患及水窜的产生，同时达到降压增注的目的，提出在短时间内实施高压注水。当注水量为 600m³，注水速率为 0.5m³/min 时，裂缝缝长随时间的变化规律模拟结果如图 5-24 所示，裂缝缝长并不会随着注水时间的延长而不断增加，而是注水一段时间后呈现缓慢增加的趋势。因此现场实际作业过程中，根据污染范围考虑裂缝需要突破的半径，综合缝长随时间的变化规律，而选择合理的高压注水时间。

3. 注水排量对裂缝长度的影响

高压注水过程中不仅要考虑合理的注水时间，更要确定合理注水排量。注水排量一方面与注入压力密切相关，直接关系到整个施工过程的泵压，另一方面也

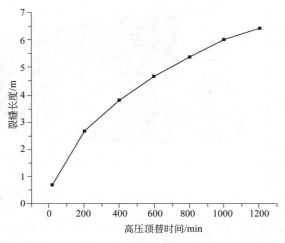

图 5-24　裂缝缝长随高压注水顶替时间的变化关系

与形成的裂缝形态密切相关。注水排量较高虽然会扩大裂缝缝长但也会增大裂缝缝高,容易压穿小层形成水窜。与缝长延伸规律不同,裂缝起裂时便会形成一定大小的缝高,后期注水排量不变情况下缝高只会缓慢地增加,最终缝高的大小主要取决于裂缝起裂时形成的缝高。裂缝缝长随注入排量之间的关系模拟结果(图 5-25)显示,裂缝缝长随注水排量的变化出现两个阶段,排量在 $2m^3/min$ 左右存在一个转折点,前一个阶段裂缝缝长随注水排量的增加迅速增大,而后一个阶段随注入排量的增大缓慢增加。因此,根据储层情况及需求,高压注水井存在最优的注水排量。

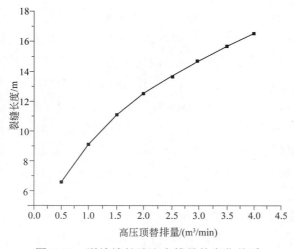

图 5-25　裂缝缝长随注水排量的变化关系

4. 裂缝缝长与增注量之间的关系

高压注水形成微裂缝的缝长与增注量之间密切相关，根据无因次裂缝导流能力计算方法，假定液体不可压缩为稳态单相流动，缝高不变约为油层厚度，此时增注倍比公式如下所示：

$$\frac{J}{J_0} = \frac{\ln(r_e / r_w)}{\ln(r_e / 0.5L_f)} \tag{5-1}$$

式中　r_e——泄油半径，m；

　　　r_w——井筒半径，m；

　　　J/J_0——无因次裂缝导流能力；

　　　L_f——裂缝半长，m。

目标注水井泄油半径在 200m 左右，井筒半径在 0.108m 左右，因此得到裂缝长度与增注倍数之间的关系曲线如图 5-26 所示，因此通过现场视吸水指数增注量可反算形成裂缝长度，从而进一步估算现场作业过程中形成的裂缝缝长。

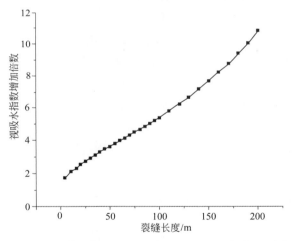

图 5-26　裂缝缝长与视吸水指数增加倍比之间的关系曲线

二、微压裂深部解堵技术应用及评价

根据以上研究，针对含聚污水回注井存在的问题，提出了"解堵+微压裂"的思路，利用高效解堵液首先有效解除井筒、筛管及近井地带堵塞物，形成注入水能够有效通过的渗流通道，后续利用高压大排量进行顶替作业，形成微裂缝。

M10 井 2014 年 5 月 27 日完井作业结束，当天 14:00 试注，试注期间注水量 250m³/d，配注量 250m³/d，试注期间注水压力在 0～1.4MPa；2014 年 7 月份，油藏配注量 503m³/d，实际注水量满足配注要求，注水压力逐步上升至 3.4MPa，2014

年 8 月初，油藏配注提高至 531m³/d，注水量满足配注要求，注水压力较为平稳，维持在 3.2MPa 左右；2014 年 8 月 18 日，油藏配注提高至 690m³/d、709m³/d，注水量虽然达到配注要求，但是注水压力在不到 2 个月的时间内迅速攀升至 8.2MPa；2014 年 10 月 1 日，油藏进一步提高配注至 800m³/d，10 月 1 日至 10 月 31 日实际注水量在 830m³/d 左右，注水压力从 8.2MPa 升高至 9.6MPa，11 月 1 日开始，由于注水压力高，注水井开始欠注，注水量呈明显下降趋势，注水压力稳定在 10MPa。2015 年 1 月 27 日，该井注水量下降至 420m³/d，每天欠注近 400m³。2015 年 2 月 18 日，该井进行酸化作业，酸化结束后恢复注水，恢复注水的前 5 天，注水量在 802m³/d，注水压力由酸化后的 7.5MPa 快速上升至 9.8MPa，之后又出现注入压力高，无法满足配注的现象。注水量开始明显下降，下降趋势与 2014 年 11 月出现欠注后的趋势基本一致。2015 年 7 月 1 日，注水量下降至 385m³/d 左右，油藏配注量在该月提高至 816m³/d，每天欠注 430m³。2015 年 7 月 6 日和 7 月 7 日该井进行酸化作业，酸液用量为 150m³，7 月 7 日酸化作业结束，当天恢复注水，注水时间为 12h，注水压力为 3.9MPa，注水量为 155m³/d，7 月 8 日注水量为 309m³/d，注水压力为 7.8MPa，7 月 9 日，注水量提至 522m³/d，注水压力涨至 8.8MPa，7 月 10 日，注水量提至 634m³/d，注水压力涨至 10MPa，之后开始出现注水量逐渐下降的趋势，注水压力维持在 10MPa。2015 年 8 月 1 日，油藏配注量提高至 977m³/d，但该井已处于注水压力高，注水量逐渐降低的趋势当中；2016 年 6 月分别对 4 个防砂段进行常规酸化解堵作业，注水量稍有恢复，但仍延续注水量逐渐降低、注水压力逐步升高的变化趋势；2017 年 2 月、6 月又分别开展了 2 次常规酸化作业，仍未能改善该井注水情况。为此，对 M10 井进行分层微压裂解堵及酸化解堵作业，增加注入量，改善该井注入状况。

根据目标井 M10 井的实际情况，应用步骤如下：

① 注入方式：油管正挤；

② 施工排量：0.1～1.2m³/min；

③ 施工压力：解堵注液过程中<12MPa。

施工压力计算公式：

$$p_{\max} = p_f + p_F - p_H \qquad (5\text{-}2)$$

式中　p_f——地层破裂压力，MPa；

　　　p_F——沿程摩阻，MPa；

　　　p_H——静液柱压力，MPa。

④ 施工泵注顺序及液量设计，如表 5-19。

表 5-19 "解堵+微压裂"注水施工泵注顺序及液量设计

序号	施工内容	阶段液量		累计液量		泵注压力	预计泵注排量		备 注
		m³	bbl	m³	bbl	MPa(psi)	m³/min	bbl	
1	有机溶剂	10	62.9	10	62.9	≤12MPa (1740psi)	0.16~1.2	1~7	在井口和管线不刺漏、注酸设备允许的情况下，尽可能提高注入排量
2	破胶剂	10	62.9	10	125.8				
3	挤顶替液	7	44.03	27	169.83				
4	关井反应 24h								
5	正挤前置液	15	94.35	42	264.18	≤12MPa (1740psi)	0.16~1.2	1~7	
6	有机溶剂	10	62.9	52	327.08				
7	破胶剂	10	62.9	62	389.98				
8	正挤顶替液	7	44.03	69	434.01				
9	关井反应 24h								
10	正挤前置液	25	157.25	94	591.26	≤12MPa (1740psi)	0.5~1.2	3~7	高压顶替过程中
11	正挤处理液	30	188.7	124	779.96				
12	正挤后置液	20	125.8	144	905.76				
13	挤顶替液	600	3774	744	1534.76	≤16MPa (2320psi)			
14	停泵，关井；酸化泵放压，拆流程，保养设备								
15	恢复注水流程，注水 12h 以上								

根据地质设计报告目标井周围无断层、边界，地层破裂压力梯度为 0.02MPa/m，充分考虑安全因素，选择射孔顶深 1400m 计算，安全系数取 0.85，通过计算认为施工压力控制在 12MPa（1740psi）左右，储层破裂压力在 15MPa 左右，考虑高压注水形成微裂缝可以短期内略微提高注水压力，但应尽量控制在 16MPa 之内。

2017 年 8 月 15 日针对 M10 井进行微压裂及酸化解堵作业，作业后注水量大幅增加至 1156m³/d，是作业前注水量的 7.2 倍以上，目前注水仍维持在 900m³/d 以上，效果持续有效，取得了良好的效果，且优于以往采取的常规酸化作业。

其他 8 口注水井均尝试进行了高压注水微压裂降压增注现场试验，均取得了良好的效果，其中 5 口注水井注水量大幅度提高，注入压力保持不变或略有降低；另外 3 口注水井注水压力显著降低，注水量略有升高。8 口注水井视吸水指数提高倍比在 1.5~5.5 倍之间，通过注水量增加倍比反推微压裂形成裂缝缝长在 3~25m 之间，其中 80%注水井作业后注水量增加倍比在 2 倍以上，因此大部分注水井形成微裂缝缝长在 10m 范围内，降压增注有效期从 1 个月到几个月不等。通过增注倍比得到的裂缝缝长与模拟结果一致，微压裂相对常规酸化波及范围广，能有效提高注水井的注入能力。

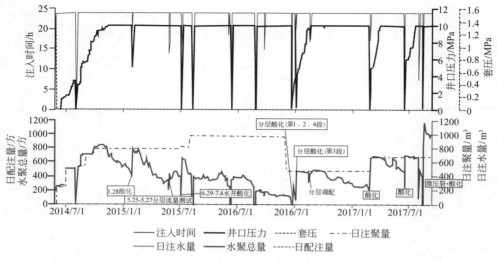

图 5-27　SZ36-1-M10 井注水动态曲线

　　由于海上聚驱油田采用的聚合物类型存在较大差异，各油田含聚采出液的性质也不尽相同，本书主要工作对象侧重于海上最大的注聚示范油田——绥中 36-1 油田。因此建议下一步工作可开展不同聚合物类型含聚污水的储层保护技术针对性研究，进一步丰富海上油田含聚污水回注储层的堵塞机理。另外，海上油田多属于疏松砂岩油藏，实行短时高压微压裂注水尚处于探索试验阶段，建议在确保安全注水的前提下，对高压注水时间、注水排量、储层地质动态特征变化开展进一步系统性的技术研究，提高技术的安全性和扩大应用价值。最后，针对现行水质达标难度大、药剂用量高的问题，建议进一步开展新型水处理药剂的中试应用，并系统性研究新型水处理药剂对水质、设备运行效能、油泥产量、油水性质的综合影响，最终实现海上油田含聚污水的高效、低成本的达标处理。

参考文献

[1] Al Kalbani H，Mandhari M S，Al-Hadhrami H，et al. Treating Back Produced Polymer To Enable Use Of Conventional Water Treatment Technologies[C]. SPE 169719, 2014.

[2] Chen H X，Tang H M，Duan M，et al. Oil–water separation property of polymer-contained wastewater from polymer-flooding oilfields in Bohai Bay，China[J]. Environmental Technology，2015, 36(11): 1373–1380.

[3] 崔月岭，董健，李毅，等. 聚结式溶气气浮工艺用于油田含聚污水除油效果分析[J]. 决策管理, 2007, 23: 52-55.

[4] 荆国林，于水利，韩强. 聚合物驱采油污水处理技术研究进展[J]. 工业用水与废水, 2004, 35(2): 16-18.

[5] 骆克峻. 聚合物降解菌的筛选评价及在油田污水生化处理中的应用[D]. 青岛: 中国海洋大学, 2008.

[6] 韩杰，唐金星，刘峥君. 聚合物分子尺寸大小及其与岩石孔喉尺寸配伍关系的试验研究[J]. 长江大学学报(自科版), 2006, 3(4): 59-61.

[7] 黄茜. 表面活性剂及聚合物体系的环境响应行为及机理研究[D]. 济南: 山东大学, 2009.

[8] 陈凯，赵福麟，崔亚，等. 原子力显微镜对聚合物絮凝体微观结构的研究[J]. 石油与天然气化工, 2007, 36(1): 59-62.

[9] 唐洪明，黎菁，刘鹏，等. 旅大 10-1 油田含聚污水与清水配伍性研究[J]. 石油与天然气化工, 2011, 40(4): 401-405.

[10] 梁伟，赵修太，韩有祥，等. 油田含聚污水处理与利用方法技术探讨[J]. 工业水处理, 2010, 10: 1-5.

[11] 梁伟. 聚合物驱采出污水处理与利用[D]. 北京: 中国石油大学, 2010.

[12] 郭亚梅，李明远，贺辉宗，等. 聚合物_表面活性剂对原油模拟油_水界面 Zeta 电位的影响[J]. 油田化学, 2009, 26(4): 415-418.

[13] 卢磊，高宝玉，等. 油田聚合物驱采出污水絮凝过程研究[J]. 环境科学, 2007, 28(4): 761-765.

[14] 盖立学. 聚合物驱含油污水油水乳状液稳定机理及油水分离化学剂研究[D]. 杭州: 浙江大学, 2002.

[15] 徐成君. 滤膜过滤法测量水中悬浮物[J]. 油气田地面工程, 2010, 29(3): 89-90.

[16] 王东. 注入水悬浮物与含油率控制指标的研究[D]. 西安: 西安石油大学, 2012.

[17] 刘义刚，唐洪明，陈华兴，等. 聚驱油田产出聚合物对注入水水质的影响实验研究[J]. 石油与天然气化工, 2011, 40(1): 63-65.

[18] 陈武，张健. 聚合物驱含油废水 zeta 电位影响因素及其处理条件研究[J].海洋石油, 2013(33): 50-53.

[19] Yuan M, Todd A C, Sorbie K S. Sulphate scale precipitation arising from seawater injection: a prediction study[J]. Marine & Petroleum Geology, 1994, 11(1): 24-30.

[20] R. Hosny, S. E. M. Desouky，M. Ramzi，et al. Estimation of the Scale Deposits Near Wellbore via Software in the Presence of Inhibitors [J]. Journal of Dispersion Science and Technology, 2009, 30: 203-211.

[21] Crabtree M, Eslinger D, Fletcher P, et al. Fighting scale-removal and prevention[J]. Oilfield Review, 1999, 11(3): 30-45.

[22] Merdhah A B B，Yassin A A M. Scale formation in oil reservoir during water injection at high-salinity formation water[J]. J Appl Sci, 2007, 7(21): 3198-3207.

[23] 殷艳玲. 结垢对储层渗流能力的影响[J]. 油田化学, 2013, 30(4): 594-596.

[24] Moghadasi J, Jamialahmadi M, Müller-Steinhagen H, et al. Formation damage in Iranian oil fields[R]. SPE 73781, 2002: 1-9.

[25] 冯于恬，唐洪明，刘枢，等. 渤中 28-2 南油田注水过程中储层损害机理分析[J]. 油田化学, 2014, 31(3): 371-376.

[26] 陈超，冯于恬，龚小平. 渤中 34-1 油田欠注原因分析[J]. 油气藏评价与开发, 2015, 5(3): 44-49.

[27] 丁博钊，唐洪明，高建崇，等. 绥中 36-1 油田水源井结垢产物与机理分析[J]. 油田化学, 2013, 30(1):

115-118.

[28] Al-Mohammed A M, Khaldi M H, Alyami I. Seawater injection into clastic formations: formation damage investigation using simulation and coreflood studies[R]. SPE 157113, 2012: 1-20.

[29] 薛瑾利, 屈撑囤, 焦琨, 等. 河水与长 6 地层水混合特征研究[J]. 油田化学, 2014, 31(2): 299-302.

[30] 卞超锋, 朱其佳, 陈武, 等. 油田注入水源与储层的化学配伍性研究[J]. 化学与生物工程, 2006, 23(7): 48-50.

[31] 杨海博, 唐洪明, 耿亭, 等. 川中气田水回注大安寨段储层配伍性研究[J]. 石油与天然气化工, 2010, 39(1): 79-82.

[32] 涂乙, 汪伟英, 文博. 定量测定绥中 36-1 油田地层结垢实验[J]. 断块油气田, 2011, 18(5): 675-677.

[33] 赵立翠, 高旺来, 赵莉, 等. 低渗透油田注入水配伍性实验方法研究[J]. 石油化工应用, 2013, 32(1): 6-10.

[34] 王骏骐, 史长平, 史付平, 等. 注入水配伍性静态试验评价方法研究——以中原油田文三污水处理站处理水配伍性评价为例[J]. 石油天然气学报, 2010, 32(4): 135-139.

[35] 宋绍富, 屈撑囤, 张宁生. 哈得 4 油田清污混注的结垢机理研究[J]. 油田化学, 2006, 23(4): 310-313.

[36] 刘丝雨, 屈撑囤, 杨鹏辉, 等.陕北低渗透油田采出水与清水回注可行性研究[J]. 化学工程, 2015, 43(6): 6-9.

[37] 刘美遥, 李海涛, 谢崇文, 等. JX1-1 油田沙河街储层注入水与储层配伍性研究[J]. 石油与天然气化工, 2015, 44(2): 86-90.

[38] 陈银霞, 赵改青. 聚合物控制碳酸钙晶型、形貌的研究[J]. 化学进展, 2009, (21):1619-1625

[39] Colfen H, Qi L. A systematic examination of the morphogenesis of calcium carbonate inthe presence of a double-hydrophilic block copolymer[J], Journal of Europe Chemistiy, 2001, 7: 106-123.

[40] Marentette J.M. Norwig J., Stockelmann E. Crystallization of calcium CaCO$_3$ in thepresence of PEO-block-PMAA copolymers [J]. Advanced Material, 1997, 9: 647-653.

[41] 仲维卓, 华素坤.晶体生长形态学[M]. 北京: 科学出版社, 1999: 114-123.

[42] Weiner S, Addadi L, Wagner H D. Materials design in biology[J]. Materials Science & Engineering C, 2000, 11(1): 1-8.

[43] Burke S, Eisenberg A. PhysicoChemical Investigation of Multiple Asymmetric Amphiphilic Diblock Copolymer Morphologies in Solution[J]. High Performance Polymers,2000, 12(4): 535-542.

[44] 孙平.合成两亲 St-AA 共聚物调控碳酸钙的结晶和形貌[D]. 浙江: 浙江大学, 2006.

[45] D'Souza S M, Alexander C, Carr S W, et al. Directed nucleation of calcite at a crystal-imprinted polymer surface[J]. Nature, 1999, 398(6725): 312-316.

[46] 万绪新. 低渗储层近井地带聚合物伤害模拟评价[J]. 石油钻探技术, 2015, 43(4): 53-58.

[47] 张艾萍, 杨洋. 超声波防垢和除垢的应用及其空化效应机理［J］. 黑龙江电力, 2010, 32(5)：321-324.

[48] 余兰兰. 超声波对成垢离子的影响及防垢效果分析[J]. 化工自动化及仪表, 2012(39): 1599-1602.

[49] 陈国华. 水体油污染治理[M]. 北京: 化学工业出版社, 2002: 1.

[50] 国家环保局《水和废水监测分析方法》编委会.水和废水监测分析方法[M]. 第 4 版. 北京: 中国环境科学出版社, 1998: 111.

[51] 刘延良, 刘京, 齐文启, 等. 水中石油类分析方法的现状[J]. 环境科学研究, 2000, 10(05): 38-39.

[52] 姚经纬. 紫外分光光度法测定废水中油类: 对油的标准有关问题的探讨[J]. 理化检验(化学分册), 1990, 26(3): 887.

[53] IGOSS. Guide to operational procedures for the IGOSS pilot project on marine pollution (petroleum) monitoring. IOC/ WNO Manuals and Guides No 7. 1976.

[54] 刘义刚, 唐洪明, 陈华兴. 聚驱油田产出聚合物对注入水水质的影响实验研究[J]. 石油与天然气化工, 2010, 40(1): 65-69.

[55] 邓述波，周抚生，陈忠喜，等. 聚丙烯酰胺对聚合物驱含油污水中油珠沉降分离的影响[J]. 环境科学，2010, 23(2): 28-29.

[56] 李娜. 聚合物对含油污水中含油量测定的影响[J]. 油气田地面工程，2009, 28(8): 19-20.

[57] 李杰训，江能. 含聚采出水悬浮固体含量测定方法的改进[J]. 油田化学，2008, (25): 293-296.

[58] 龙安厚，范洪富，李继丰. 含聚合物污水回注对高台子组油层的污染研究[J]. 钻井液与完井液，2004, 21(3): 40-43.

[59] 殷茵，刘大锰，黄金凤，等. 油层回注含聚合物污水的适应性[J]. 现代地质，2006, 20(4): 641-646.

[60] 包波，高艳丽，吴逸. 浅析含聚污水回注对油田开发的影响及相应对策[J]. 油气田地面工程，2005, 23(12): 26-27.

[61] 朱怀江，刘强，沈平平，等. 聚合物分子尺寸与油藏孔喉的配伍性[J]. 石油勘探与开发，2006, 33(5): 609-613.

[62] 刘义刚，唐洪明，陈华兴，等. 含聚污水水质变化规律及储层伤害机理研究[J]. 海洋石油，2010, 30(4): 86-91.

[63] 张红霞. 表皮系数系统分解研究与应用[D]. 北京：中国石油大学，2006.

[64] 段永刚，陈伟. 油气层损害定量分析和评价[J]. 西南石油学院学报，2001, (02): 44-46.

[65] 孔令乐. 储层近井带堵塞诊断及防治措施优选软件系统研制[D]. 北京：中国石油大学. 2009.

[66] 刘全刚，杨彬，宋爱莉，等. 表皮系数计算及分解的应用实例分析[J]. 价值工程，2012, 34:120-122.

[67] 李晓平. 地下油气渗流力学[M]. 北京：石油工业出版社，2007: 50-55.

[68] 靖波，翟磊，张健，等. 海上聚合物驱油田污水处理剂的开发利用[J]. 石油科技论坛，2014, 33(3): 9-11.

[69] 刘义刚. 海上油田含聚污水回注技术研究[D]. 成都：西南石油大学. 2013.

[70] Cayias J L, Schechter R S, Wade W H. Modeling Crude Oils for Low Interfacial Tension[J]. Society of Petroleum Engineers Journal, 1976, 16(6): 351-357.

[71] 段永刚，胡永全. 临界流速的确定及其在油田开发中的应用[J]. 西南石油学院学报，1996, (3): 18: 68-73.

[72] 李乔. 含聚污水回注对地层的伤害机理及治理技术研究[J]. 内蒙古石油化工，2013, 11: 113-114.

[73] 付美龙，胡望军. 聚合物驱地层聚合物解吸剂的研究[J]. 精细石油化工进展，2007, 8(10): 9-11.

[74] Chen Y, Zhou Y. Pilot Test of Utilizing Residual Polymer in Formation to Improve Oil Recovery: A Successful Case[C]. SPE 125346. 2009.

[75] Ding Y Y. Optimization design of profile control technique[D]. Daqing Petroleum Institute, 2005.

[76] 常琨. 疏松砂岩人工裂缝起裂及延伸规律研究[D]. 青岛：中国石油大学(华东)，2013.

[77] 余文彬. 准东低渗透油藏临界压力注水评价与应用[D]. 青岛：中国石油大学(华东)，2012.

[78] 闫范，侯平舒，张士建，等. 非均质注水开发油藏提高水驱油效率研究及应用[J]. 钻采工艺，2003, 26(6): 48-49.